JN294952

イラスト

基礎からわかる生化学

― 構造・酵素・代謝 ―

坂本 順司 著

裳華房

Illustrated Basic Biochemistry
－Structure・Enzyme・Metabolism－

by

JUNSHI SAKAMOTO

SHOKABO

TOKYO

JCOPY 〈出版者著作権管理機構 委託出版物〉

はじめに

　ヒトをはじめとする生物のからだは、糖質・脂質・タンパク質など、たくさんの物質からなっています。これらの物質は、からだの中でいつも生成・流転し続けています。このような絶え間ない生体物質の変化は、エネルギーの流れによって駆動されています。動植物が生き生きと生きられるのは、生体物質に絶妙なからくりが仕込まれており、エネルギーと絡み合いながら変転し続けているおかげです。

　生化学は、生体物質の性質とその変化のしくみを解き明かす学問です。この数十年で目覚ましい進歩を遂げてきました。たいへん魅力的な分野である一方で、わかりにくいところがたくさんあるのも事実です。そこでこの本では、いくつか親切な工夫を取り入れることによって、生化学を**自習でも十分チャレンジ**できるように解説することを試みました。その工夫とは：

1）**多彩で豊富なイラストが親切。**

　生化学がわかりにくい第1の理由は、目に見えない小さな分子とその現象を取り扱っているため、イメージしにくいからです。そこで**図版をたくさん**使い、具体的な像をとらえやすくなるようにしました。イラストにはいくつかのタイプがあります。1つのタイプは、分子レベルの内容そのものを解説した図です。硬い印象になりがちな化学構造などに彩色したり、補足説明を書き加えたりしています。もう1つのタイプは、日常的な事物の挿し絵です。目に見えない分子を日々の生活と感覚的に結びつけ、なじみを深めてもらおうとしています。

2）**言葉の意味や由来の説明が親切。**

　生化学がわかりにくい2つめの理由は、登場する物質や現象の種類が多く、見慣れぬ物質名や学術用語がたくさん出てくるからです。そこで本書では、

単語の意味や語源・相互関係をていねいに説明しました。オリゴ糖の「オリゴ」とは何か、β酸化の「β（ベータ）」とは何か、「脂質」と「脂肪」はどう違うのかなど、順を追ってやさしく解説しました。とくに、寄り道してでも詳しく補足した方がわかりやすい概念は、別途「豆知識」というコラムを立てて独立に詳述しました。

3）生化学の主役「酵素」に重みを置くのが親切。

　生化学のうち、生体物質の性質を調べる分科を「物質生化学」とよび、体内での物質変化（代謝）を研究する分野を「代謝生化学」といいます。本書ではそれぞれ、第1部構造編と第3部代謝編で学びます。三部構成のまん中の第2部では、酵素を集中的・重層的に取り扱います。酵素は多くの場合、物質生化学の中でタンパク質の一部と位置づけられたり、代謝生化学のあちこちに分散されたりして、まるで脇役のように扱われがちです。しかし実際の酵素は、生命活動の秘密をになう大事な立役者であるとともに、バイオテクノロジーなど応用分野でも有能な名職人です。そこで第2部では、酵素に多角的な照明を当て、そのマルチタレントぶりを紹介します。

4）生化学の全体像を鳥瞰（ちょうかん）するのも親切。

　20世紀の終わり頃からゲノム情報の網羅的解析が進み、分子レベルの生命現象を総合的に把握する試みが進展してきました。多数の分子や反応がそれぞれ詳しく調べられる一方で、それらの成果がデータベースなどの形で整理・統合されつつあります。本書でも、地を這（は）う虫の目で個別の知識を着実に見つめるとともに、空を飛ぶ鳥の目でおおまかな全体像もながめ下ろします。大きな表や見開きの図が、後者のまなざしを象徴しています。本文中に参照先を多数示したのも、生化学の大系的なネットワークを自ら頭の中に組み上げてほしいからです。また2章や6章で数量的な関係をていねいに導いたのも、スケール観を養うのに役立つでしょう。

　本書では生化学の基本を理解するため、おもにヒトに焦点を当てました。生態系や微生物に関わる多様な生化学については、拙著『微生物学　―地球

と健康を守る－』（裳華房）を合わせてご参照ください。また、生化学の背景にある生物学については、『理工系のための生物学』(同社)をご覧ください。

　日ごろ知的刺激を与えてくださる同僚の皆さんと、内外の学会で生化学的よもやま話につき合ってくださる研究者の方々にお礼申し上げます。また研究室で生化学の実験に取り組んでくれている学生諸君、とりわけ一部の図を描いたり内容をチェックしたりしてくれた岡田寛くん・高橋康太くん・宮本萌由さんと、協力してくれた家族にも感謝します。最後に、編集の過程でたいへんなご助力をいただいた編集部の野田昌宏さんと筒井清美さんに深謝いたします。用意してくださった多数のイラストを含め、本書は全体として野田さんたちのご尽力なしにはとうてい実現しませんでした。
　2012 年 8 月

坂 本 順 司

主要目次

第1部　構造編　1
　1章　糖質　3
　2章　脂質　30
　3章　タンパク質とアミノ酸　52
　4章　核酸とヌクレオチド　73

第2部　酵素編　85
　5章　酵素の性質と種類　87
　6章　酵素の速度論とエネルギー論　112
　7章　代謝系の全体像　140
　8章　ビタミンとミネラル　161

第3部　代謝編　183
　9章　糖質の代謝　185
　10章　好気的代謝の中心　210
　11章　脂質の代謝　228
　12章　アミノ酸の代謝　248
　13章　ヌクレオチドの代謝　263

目　次

第1部　構造編　1

1章　糖　質 ·· 3

1.1　単　糖　4

　1.1.1　単糖の多様性　4　　1.1.2　分子内の環化　9　　1.1.3　代表的な単糖　13

　1.1.4　単糖の還元性　14　　1.1.5　単糖の誘導体　15

1.2　少　糖　18

1.3　多　糖　21

1.4　複合糖質　25

2章　脂　質 ·· 30

2.1　水と油　30

　2.1.1　5種類の化学結合　31　　2.1.2　水の性質　34　　2.1.3　水の解離とpH　36

　2.1.4　緩衝液　39

2.2　脂質の性質と種類　41

2.3　誘導脂質　41

2.4　単純脂質　46

2.5　複合脂質　48

3章　タンパク質とアミノ酸……………………………………………… 52

3.1　アミノ酸　53

   3.1.1　基本構造　53　　3.1.2　種類　55　　3.1.3　荷電状態　59

3.2　ペプチド　60

3.3　タンパク質　62

   3.3.1　一次構造　62　　3.3.2　二次構造　63　　3.3.3　三次構造　66

   3.3.4　四次構造　68

3.4　特殊なアミノ酸とタンパク質　71

4章　核酸とヌクレオチド……………………………………………… 73

4.1　ヌクレオチド　73

4.2　オリゴヌクレオチド　76

4.3　核　酸　78

   4.3.1　DNA　78　　4.3.2　RNA　81

第2部　酵　素　編　85

5章　酵素の性質と種類………………………………………………… 87

5.1　酵素の基本　88

   5.1.1　酵素の実体　88　　5.1.2　酵素の名前　89

5.2　酵素の種類・分類　91

5.3　酵素の特徴　98

   5.3.1　化学的・量的特徴　98　　5.3.2　生化学的・質的特徴　102

5.4　酵素反応のしくみ　103

   5.4.1　鍵と鍵穴説　103　　5.4.2　活性化エネルギー　105

   5.4.3　酵素の触媒機構　106

6章　酵素の速度論とエネルギー論 ……………………………… 112

6.1　反応速度論の基本　112
6.1.1　酵素なしの化学反応　112　　6.1.2　ミカエリス - メンテン解析　115
6.1.3　酵素活性の単位と計算　120

6.2　速度論の応用　123
6.2.1　過渡相　123　　6.2.2　多基質酵素　124　　6.2.3　阻害様式　126

6.3　生体エネルギー学　129
6.3.1　ギブズの自由エネルギー　130　　6.3.2　ΔG の 2 つの意味　132
6.3.3　ATP；エネルギー通貨　133　　6.3.4　電気化学ポテンシャル　135
6.3.5　酸化還元電位　137

7章　代謝系の全体像 ……………………………………………… 140

7.1　代謝の概要　140
7.1.1　代謝の種類　140　　7.1.2　代謝の普遍性　144

7.2　エネルギー共役　146
7.2.1　単一酵素による共役　146　　7.2.2　前駆体の活性化　149

7.3　調　節　151
7.3.1　酵素量の調節　151　　7.3.2　酵素活性の調節　152

7.4　鋳型に基づく合成反応　158

8章　ビタミンとミネラル ……………………………………… 161

8.1　ビタミンと補酵素　161
8.1.1　ビタミンの発見　161　　8.1.2　補酵素・補欠分子族・補因子　165

8.2　水溶性ビタミン　167
8.2.1　酸化還元の補酵素　167　　8.2.2　基の運搬体　171

8.3　脂溶性ビタミン　176

8.4　ミネラル　180

第3部　代謝編　183

9章　糖質の代謝 ……………………………………………………… 185

9.1　解糖系　186
9.1.1　10段階の酵素反応　186　　9.1.2　反応全体の意味　189
9.1.3　他の糖の分解；入り口の追加　190　　9.1.4　発酵；出口の追加　193
9.1.5　エネルギー準位と調節ポイント　195

9.2　糖新生　197
9.2.1　解糖系との関係　198　　9.2.2　全身的な代謝回路　199

9.3　五炭糖リン酸経路　200

9.4　多糖の分解と合成　202
9.4.1　加水分解　202　　9.4.2　加リン酸分解　204　　9.4.3　生合成　205

9.5　膵臓ホルモンによる糖代謝の調節　207

10章　好気的代謝の中心 ……………………………………………… 210

10.1　ミトコンドリア　211

10.2　クエン酸回路　212
10.2.1　諸反応　212　　10.2.2　反応の総和　216　　10.2.3　調節と補充反応　217

10.3　酸化的リン酸化　218

10.4　酸素の毒性と活性酸素　225

11章　脂質の代謝 ……………………………………………………… 228

11.1　脂肪の分解　229
11.1.1　脂肪酸のβ酸化　229　　11.1.2　β酸化のエネルギー収支　231
11.1.3　不飽和脂肪酸の酸化　232　　11.1.4　ケトン体　233

11.2　脂肪酸の生合成　236

11.2.1　合成素材の活性化　237　　11.2.2　脂肪酸合成酵素複合体　239

　　　11.2.3　脂肪酸合成の総和　242

　11.3　脂肪とリン脂質の合成　243

　11.4　ステロイドなどの合成　245

12章　アミノ酸の代謝　……………………………………………… 248

　12.1　アミノ酸の分解　249

　　　12.1.1　脱アミノとアミノ基転移　249　　12.1.2　尿素回路　251

　　　12.1.3　炭素骨格の分解　254　　12.1.4　炭素骨格分解と病気　256

　12.2　アミノ酸の合成　258

　12.3　アミノ酸からの生合成　260

13章　ヌクレオチドの代謝　……………………………………………… 263

　13.1　ヌクレオチドの分解　264

　13.2　ヌクレオチドの合成　266

　13.3　代謝拮抗薬　270

索　引　272

豆知識

- 1-1 多価アルコール 4
- 1-2 不斉炭素原子 7
- 1-3 異性体 7
- 1-4 光学活性 9
- 1-5 立体配座 12
- 1-6 血液検査 13
- 1-7 互変異性体 15
- 1-8 オリゴ糖 18
- 1-9 細胞外マトリクス 25

- 2-1 双極子 33
- 2-2 平衡定数 36
- 2-3 pH（ピーエイチ） 37
- 2-4 脂肪族モノカルボン酸 41
- 2-5 シス形とトランス形 43
- 2-6 IUPAC（アイユーパック） 44
- 2-7 生体膜 50

- 3-1 アミノ基 53
- 3-2 必須アミノ酸 57
- 3-3 透析 70

- 5-1 触媒 88
- 5-2 立体配置の S-R 表示法 93
- 5-3 リソソーム 95
- 5-4 ラセミ化 97
- 5-5 細胞質ゾル 99
- 5-6 相同性 108

- 5-7 求核基と非共有電子対（孤立電子対） 109

- 6-1 定常状態 117
- 6-2 国際単位系（SI） 121
- 6-3 人工基質 124
- 6-4 ラインウェーバー-バークプロット 129
- 6-5 ポテンシャル 136

- 7-1 前駆体 150
- 7-2 シトクロム P450 151
- 7-3 リガンド 153
- 7-4 カスケード反応 157

- 8-1 RNA ワールド 170
- 8-2 イソプレノイド 177

- 9-1 解糖系の ATP 収支 190
- 9-2 呼吸 193
- 9-3 エンドグリコシダーゼとエキソグリコシダーゼ 203

- 10-1 P/O 比 225

- 12-1 窒素排出の物質 251
- 12-2 高アンモニア血症 254

写真提供：PIXTA（ピクスタ）

第1部
構 造 編

1. 糖　　質 ……………………………… 3
2. 脂　　質 ……………………………… 30
3. タンパク質とアミノ酸 ………… 52
4. 核酸とヌクレオチド ……………… 73

生体を構成するおもな物質には、糖質・脂質・タンパク質（とアミノ酸）・核酸（とヌクレオチド）の4群がある（表1）。糖質のうちの多糖と、タンパク質・核酸の3つは、分子量が大きく**生体高分子**（biomacromolecule）とよばれる。生体高分子はより小さな分子が連なってできている。そのような小さな構成単位を単量体（monomer）といい、**単量体**が多数重合して（連なって）できた高分子を**多量体**（polymer）という。数個の単量体が連なった中間的な大きさの分子をオリゴマー（oligomer）とよぶ。多量体と**オリゴマー**の境は、ほぼ単量体50個分くらいに置かれるが、物質ごとで異なる場合もあり、必ずしも統一的ではない。

多量体やオリゴマーの部分構造としての単量体単位は**残基**（residue）とよばれる。生体高分子は単量体が脱水縮合で連なっているので、遊離の（単独の）単量体に比べ、高分子中の各残基は、分子量が水1分子分（約18）だけ小さい。たとえば遊離のグルコース分子は$C_6H_{12}O_6$（分子量約180）だが、デンプン中のグルコース残基は$C_6H_{10}O_5$（約162）である。

基本的な糖質と脂質は、炭素C、水素H、酸素Oの3元素からなるが、他の2群の物質は窒素Nも含む（表8.2）。そのうちタンパク質・アミノ酸はさらに硫黄Sを、核酸・ヌクレオチドはリンPを含む。脂質や糖質の一部にもNやPを含むものがある。これら6つの元素は、生体物質の代表的な構成要素であり、CHONPS（チョンプス）と覚えておくとよい。

表1　おもな生体物質

	元素構成	単量体	オリゴマー	多量体
糖質	CHO	単糖	少糖（オリゴ糖）	多糖
タンパク質など	CHONS	アミノ酸	オリゴペプチド	タンパク質（ポリペプチド）
核酸など	CHONP	ヌクレオチド	オリゴヌクレオチド	核酸
脂質	CHO(NP)	脂肪酸・グリセロールなど（誘導脂質）	（単純脂質・複合脂質）	—

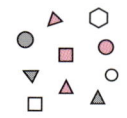

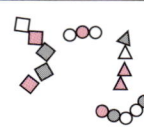

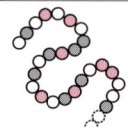

図1　生体物質の3段階

1 糖質

糖質（saccharide）は自然界に最も多く存在する有機物質であり、ヒトで最重要のエネルギー源である。また細胞の表面に結合していて、細胞の相互識別などでも重要である。糖質は重合度によって単糖（単量体）・少糖（オリゴマー）・多糖（多量体）の3群に分類される。

糖質の一般式は $C_mH_{2n}O_n$ とあらわされる。名称の語尾は、グルコース（1.1節）やアミロース（1.3節①）など「オース、-ose」とする場合が多い。化学式を $C_m(H_2O)_n$ と書くと、炭素Cに水 H_2O が化合した形になるので、糖質は**炭水化物**（carbohydrate）ともよばれる。ただし栄養学では、糖質と炭水化物は同義語ではなく、炭水化物を糖質と食物繊維の2つに分ける。炭水化物のうち、消化され熱量（カロリー）に寄与する栄養素だけを糖質とよび、消化されない炭水化物は**食物繊維**（dietary fiber）とよぶ。これは物質の化学的性質による分類というよりは、ヒトの消化酵素で分解されるか否かという生物学的な違いによる区分である。ウシなど反芻動物やシロアリなど昆虫の腸内に共生する細菌を含め、微生物にはわらや木材のような難分解性多糖を分解する酵素をもつものも多い。

食物繊維は長いあいだ栄養素ではないと位置づけられてきたが、腸内を素通りするだけでも整腸作用や有毒物質の吸着・排泄など重要な機能をもつため、2000年からは栄養素に含められた。なお糖（sugar）も、生化学では糖質や炭水化物と同義語だが、日常用語ではそれらのうち甘味を呈するものだけを指す。

第1部 構造編

1.1 単糖

単糖（monosaccharide）とは、アルデヒド基（-CHO）かケトン基（>C=O）をもつ**多価アルコール**（豆知識 1-1）をいう。一般式は $C_nH_{2n}O_n$（$n \geq 3$）である。最も代表的な単糖は、$n = 6$ の**グルコース**（ブドウ糖 glucose、$C_6H_{12}O_6$）である。

豆知識 1-1　多価アルコール（polyhydric alcohol、polyol）

ヒドロキシ基（hydroxy group：-OH。旧名は水酸基）をもつ脂肪族炭化水素（豆知識 2-4）をアルコール（alcohol）という。この基を複数（2つ以上）もつアルコールが多価アルコールである。これらのヒドロキシ基は解離せず、アルコールは中性であるのに対し、芳香族炭化水素の芳香環（ベンゼン環 -C_6H_5）に直接結合したヒドロキシ基は水素イオン（H^+）を解離して酸性を示すなど性質がかなり異なるので、そのような物質はフェノール（phenol）とよんで区別する。ただし物質名の語尾は、アルコールとフェノールで共通に -ol である。

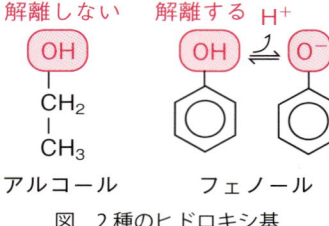

図　2種のヒドロキシ基

1.1.1 単糖の多様性

単糖にはグルコースのほかにも多くの種類がある（表 1.1）。

表 1.1　単糖の分類

分類基準	内容	糖の名称
(1) 官能基	アルデヒド基（-CHO） ケトン基（>C=O）	アルドース（aldose） ケトース（ketose）
(2) 炭素原子数	$n = 3$ 4 5 6 7	三炭糖（triose） 四炭糖（tetrose） 五炭糖（pentose） 六炭糖（hexose） 七炭糖（heptose）
(3) 立体配置 （官能基から最も遠い不斉炭素の）	図 1.1、1.2 の表示で -OH が右 同表示で -OH が左	D 体 L 体
(4) 環構造	フラン環（五角形） ピラン環（六角形）	フラノース（furanose） ピラノース（pyranose）
(5) アノマー （環化でできる不斉炭素の立体配置）	図 1.5、1.6 で -OH が下 同図で -OH が上	α アノマー β アノマー

アルデヒド基をもつ糖を**アルドース**（図 1.1）、ケトン基をもつ糖を**ケトース**（図 1.2）という。炭素原子数（n）が 3、4、5、6 の糖をそれぞれ**三炭糖**（トリオース）、**四炭糖**（テトロース）、**五炭糖**（ペントース）、**六炭糖**（ヘキソース）という。アルドトリオースのグリセルアルデヒドと、ケトトリオースのジヒドロキシアセトンは、化学式がともに $C_3H_6O_3$ である最小の糖分子であり、**9 章**の代表的な代謝経路にも登場する（図 9.2）。分子内の炭素原子には、端から順に通し番号がふられている。官能基（アルデヒド基やケトン基）の

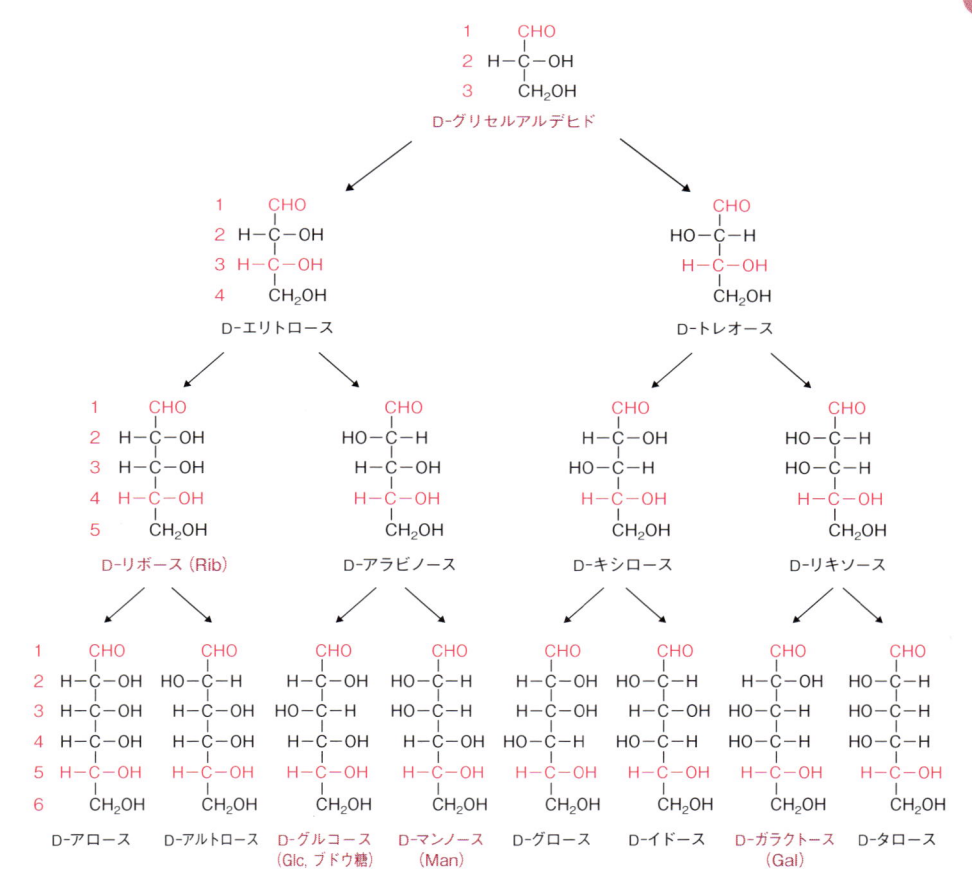

図 **1.1** アルドースの種類と鎖状構造

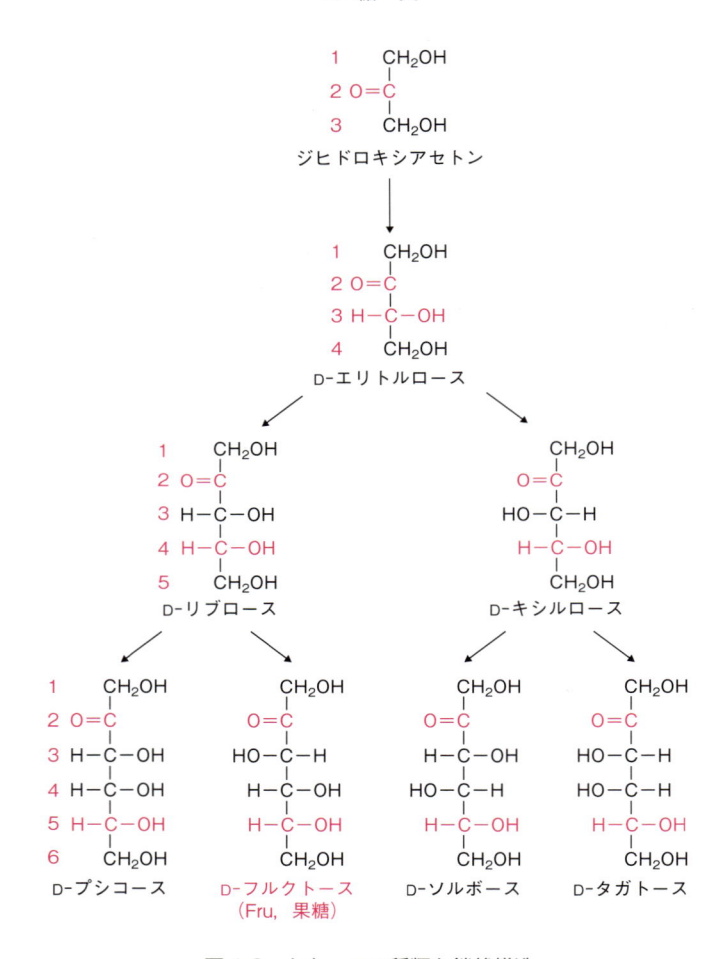

```
                    1   CH₂OH
                    2   O=C
                    3       CH₂OH
                   ジヒドロキシアセトン
                        ↓
                    1   CH₂OH
                    2   O=C
                    3   H-C-OH
                    4       CH₂OH
                    D-エリトルロース
```

```
          ↙                              ↘
1   CH₂OH                         CH₂OH
2   O=C                           O=C
3   H-C-OH                        HO-C-H
4   H-C-OH                        H-C-OH
5       CH₂OH                         CH₂OH
    D-リブロース                      D-キシルロース
```

```
    ↙         ↘                ↙          ↘
1  CH₂OH     CH₂OH           CH₂OH       CH₂OH
2  O=C       O=C             O=C         O=C
3  H-C-OH    HO-C-H          H-C-OH      HO-C-H
4  H-C-OH    H-C-OH          HO-C-H      HO-C-H
5  H-C-OH    H-C-OH          H-C-OH      H-C-OH
6   CH₂OH     CH₂OH           CH₂OH       CH₂OH
   D-プシコース  D-フルクトース      D-ソルボース    D-タガトース
              (Fru,果糖)
```

図 1.2 ケトースの種類と鎖状構造

番号が小さくなるように端が決められている。

　大部分の糖は**不斉炭素原子**（豆知識 1-2）をもつため、立体**異性体**（豆知識 1-3）がある。分子構造が最も単純なグリセルアルデヒドの場合、3つの炭素原子のうち真ん中（2位）の原子が不斉炭素であり、その結果、鏡像異性体（1対の立体異性体）が存在する（**図 1.3(a)**）。一方を D-グリセルアルデヒド、他方を L-グリセルアルデヒドとよぶ。D-、L- はそれぞれラテン語の

豆知識 1-2　不斉炭素原子（asymmetric carbon atom、chiral c. a.）

図 1.3 のグリセルアルデヒドのまん中の炭素原子のように、4 つの異なる原子（あるいは原子団）が結合している炭素原子。一般に、4 本の単結合をもつ炭素原子を正四面体の中心に置くと、4 本の結合はそれぞれ 4 つの頂点に向かい、結合どうしの角度は約 109°である。この正四面体構造と鏡像（面対称）の関係にある構造は、互いに右手と左手のようによく似ているが、ピッタリ重なることはない（鏡像異性体）。分子内のこのような不斉性すなわち非対称性を、キラリティー（chirality）ともいう。"chiral" はギリシャ語の掌（cheiro）に由来する。逆に鏡像がピッタリ重なること、つまり分子がキラル（非対称的）でなく対称的なことを、アキラルという（a- は否定の接頭辞）。

本文にあるように、不斉炭素を m 個もつ分子は、一般に 2^m 個の立体異性体がある。しかし例外もあり、たとえば酒石酸（HOOC-CH(OH)-CH(OH)-COOH）は 2 位と 3 位の 2 つの炭素が不斉だが、異性体は $2^2 = 4$ ではなく 3 つしかない。不斉炭素がともに L 型の L- 酒石酸、ともに D 型の D- 酒石酸、D 型と L 型が 1 つずつのメソ酒石酸の 3 つである。このうちメソ酒石酸は、不斉炭素（キラルな炭素）を複数（2 つ）もつのに、分子全体としてはアキラル（対称的）である。

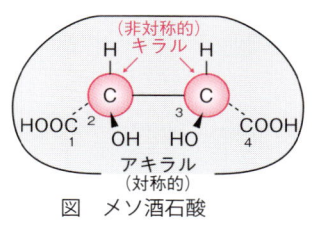

図　メソ酒石酸

豆知識 1-3　異性体（isomer）

原子の組成（種類と数）が同じでありながら構造の異なる分子を異性体という。異性体には、原子配列（原子のつながる順序）が異なる**構造異性体**と、原子配列は同じだが空間配置（立体配置）が異なる**立体異性体**とがあり、両者はそれぞれさらに細かく分類される。構造異性体には、炭化水素鎖の配列が異なる**鎖異性体**・官能基の種類が異なる**官能基異性体**・官能基の種類は同じだが鎖の中で結合する場所が異なる**位置異性体**などがある。立体異性体のうち、鏡像関係にあるものを**鏡像異性体**（対掌体、enantiomer）、それ以外を**ジアステレオマー**（diastereomer）とよぶ。立体異性体には、かつて幾何異性体や光学異性体などの分類もあり、それなりに便利だったが、多義的であったり網羅的ではなかったりなどの理由から、現在では推奨されていない。

C_4H_{10} の鎖異性体　　C_2H_6O の官能基異性体　　C_3H_8O の位置異性体

図　構造異性体の種類

(a) 分子模型

(b) 透視式

(c) フィッシャーの投影式

D-グリセルアルデヒド　　L-グリセルアルデヒド

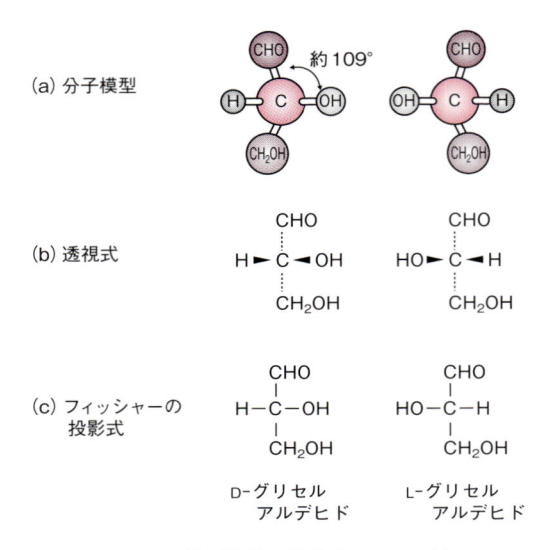

図 1.3　立体異性体の構造と D-L 表示法

dextro-（右）と levo-（左）に由来する。

　立体的な分子を平面的な紙面（画面）に表示するには、約束事が必要である。紙面の背後に向かう結合は破線で、手前側に向かう結合はくさび形であらわす（図 1.3(b)、透視式）。表記をより簡略にするため、**フィッシャーの投影式**が考案されている（図 1.3(c)）。縦の結合は紙面の背後に向かい、横の結合は手前側に向かうものと定める。図 1.1、図 1.2 もこの投影式であらわしている。この場合、斜めの線は描けないし、紙面を 90° 回転させると混乱する。グリセルアルデヒドは、糖やアミノ酸などの D・L を決める標準とされている。立体異性体の多くは光学活性（豆知識 1-4）をもつ。

　アルドース（図 1.1）の場合、三炭糖で 1 つの不斉炭素をもち、炭素数が 1 つ増えるにつれ、不斉炭素も 1 つずつ増える。ケトース（図 1.2）は四炭糖で 1 つの不斉炭素をもち、追加される炭素はやはり不斉炭素である。不斉炭素が m 個の分子には、立体異性体が合計 2^m 個ある。図 1.1、図 1.2 には D 体だけを描いているが、これらと鏡像異性体（豆知識 1-3）の関係にある L 体の糖が 1 つずつ考えられる。ただし生物界の糖はほとんど D 体なので、D・L を省略した表記は D 体を意味することが多い。

> **豆知識 1-4　光学活性（optical activity）**
>
> 　物質の結晶や溶液に偏光を当てた際に、その偏光面を左右いずれかに回転させることを**旋光性**という。その回転方向によってそれぞれ**左旋性・右旋性**とよび分ける。ある分子が左旋性だと、それの鏡像異性体（対掌体）は右旋性であり、両者の等量混合物は旋光性を示さない（豆知識 5-4）。結晶や溶液が旋光性を示す場合、その物質は光学活性をもつという。立体異性体のうち、光学活性をもつものを光学異性体とよぶことがあるが、現在この名称は推奨されていない。
> 　なお、一般に**活性**（activity）とは、物質の能力のことである。物質の機能・性質が活発であるさまを意味する。名詞 activity は動詞 act（行動する、ふるまう）や形容詞 active（行動的な、活発な）に由来し、もともと生き物の活動や運動をあらわすが、酵素など物質については「活性」と訳す。語源は擬人的表現で、狭義の機械論的な近代科学にはそぐわない生気論（生物には無生物と異なる特別な力が内在するとする考え方）的な響きがある。同様な学術用語に**親和性**（affinity、分子や粒子が互いに選択的に引きつけ合う力の程度）などもある。

　アルドペントースを例にとると、不斉炭素は 3 個あるので、立体異性体は計 $2^3 = 8$ 個となる。8 個のアルドペントースのうち、D-リボースにとって鏡像異性体は L-リボースであり、あとの 6 個は**ジアステレオマー**（豆知識 1-3）である。ジアステレオマーのうち、1 つの不斉炭素の立体配置だけが異なるものを、とくに**エピマー**（epimer）とよぶ。D-リボースにとっては、D-アラビノース・D-キシロース・L-リキソースの 3 つがエピマーである。またケトペントースのリブロースやキシルロースは、D-リボースに対して、官能基が異なる（アルデヒド基 対 ケトン基）構造異性体である。

1.1.2　分子内の環化

　四炭糖以上の糖は、基本的に環状で存在する。図 1.1、図 1.2 には鎖状構造を示したが、アルデヒド基やケトン基は、同一分子内のヒドロキシ基と可逆的に反応し、環状の**ヘミアセタール**（hemiacetal）を形成する（図 1.4）。「ヘミ hemi-」は「半分」の意味である。ここで反応したヒドロキシ基の酸素原子は、環の一員となる。その一方、アルデヒド基やケトン基に由来する酸素原子からは、新たなヒドロキシ基が生じる。これは一般のヒドロキシ基とは反応性が異なるので、とくに**ヘミアセタール性ヒドロキシ基**という。

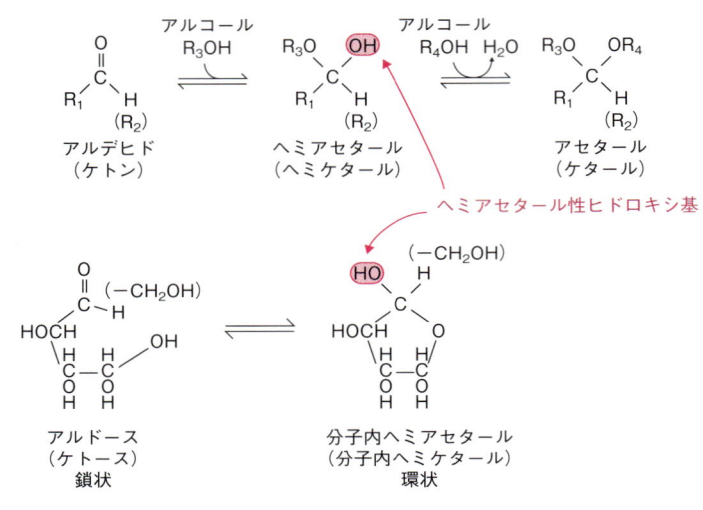

図 1.4 ヘミアセタール結合

たとえばグルコースのアルデヒド基は、おもに5位のヒドロキシ基と反応し、六員環の構造をとる（図1.5）。酸素原子を1個含む六員環をピラン（pyran）ということから、この環式単糖構造を**ピラノース**（pyranose）とよぶ。環化によって不斉炭素が1つ増える（ヘミアセタール性ヒドロキシ基が結合した炭素）ので、新たな立体異性体ができる。この異性体を**アノマー**（anomer）とよぶ。アノマーのうち、新たなヒドロキシ基が図1.5(b)で環の下方に配置するものを**αアノマー**、上方に位置するものを**βアノマー**という。"anom-"は英語 anomalous（変則的）と共通で「ふぞろい」を意味する。フィッシャーの投影式では環状構造をあらわしにくいので、**ハースの投影式**がよく用いられる。この式では、環の下半分が紙面の手前側をあらわす。

フルクトースのケトン基も、おもに5位のヒドロキシ基と反応し、この場合は五員環構造をとる（図1.6）。これは化合物フラン（furan）にちなんでフラノース（furanose）とよばれる。

以上のような分子内環化反応は可逆的であり、水溶液中では速い相互変換で平衡状態にある。D-グルコースの場合、β-D-グルコピラノースとα-D-グルコピラノースがそれぞれ63%と37%の比率で存在する（図1.5(b)）。また、アルデヒド基が4位のヒドロキシ基と反応してできたβ-D-グルコフラノース

1.1 単糖

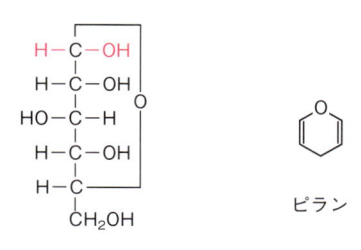

(a) フィッシャーの投影式

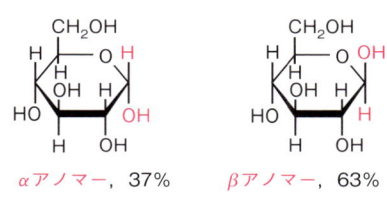

ピラン

αアノマー，37%　　βアノマー，63%

(b) ハースの投影式

図 1.5　D-グルコースの環状構造

や α-D-グルコフラノース，および鎖状の分子もわずかずつながら存在する。ただし単糖が重合して少糖や多糖になった場合は、特定の環構造で固定される場合が多い（1.2、1.3 節）。

糖分子が四員環になることはほとんどない。なぜなら、四角形の内角が

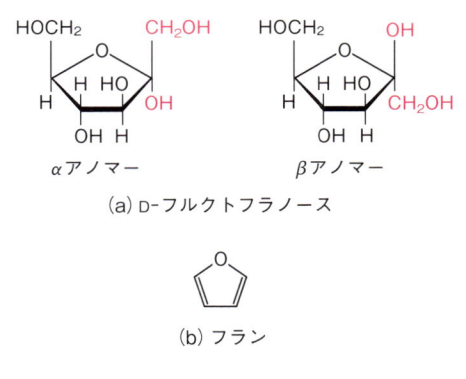

αアノマー　　βアノマー

(a) D-フルクトフラノース

(b) フラン

図 1.6　D-フルクトースの環状構造

90°であるのに対し、炭素原子から伸びる結合どうしの角度は約109°であるため曲率が不足し、ひずみが大き過ぎるためである。五角形の内角は108°であり、フラノースはほぼ平面的な五角形になる。六角形の内角は120°なので、四角形とは逆に曲率が「余る」ため、ピラノースの環は波打った形になる（**図1.7**）。ピラノースの場合、**いす形**や**舟形**の**立体配座**（**豆知識1-5**）が考えられる。これらの立体配座では、側鎖（ヒドロキシ基など、環から外に枝を出す原子団）には、環の平面に対して水平方向（赤道方向）に伸びるもの（**エクアトリアル**、equatorial）と垂直方向（軸方向）に伸び

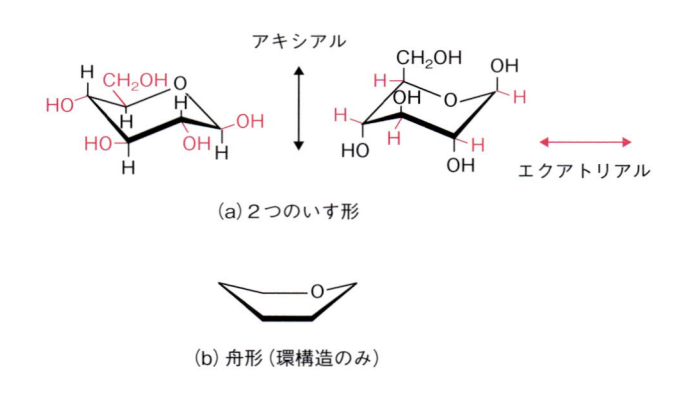

(a) 2つのいす形

(b) 舟形（環構造のみ）

図1.7　β-D-グルコピラノースの立体配座

豆知識1-5　立体配座（conformation）

　分子の化学結合を変えないまま、単結合周りの回転で変形しうる立体構造を立体配座、あるいは単に配座または**コンフォメーション**という。立体配座には、自然状態で自由に相互変換しているものもあるが、結合軸の周りに回転する運動の障壁が強力だと、異なる分子として単離できる場合もある。そのような分子を立体配座異性体（あるいは単に配座異性体）といい、立体異性体（豆知識1-3）の1つである。ただし回転障壁の大きさはさまざまなため、相互変換の可能性の程度も連続的で、必ずしも断定的に線引きできない。たとえばいす形ピラノースの2つの立体配座（図1.7(a)）は、通常は環を開裂しないと相互変換できないが、特殊な微細技術（原子間力顕微鏡など）で物理的な力をかけると可能になる。

るもの（**アキシアル**、axial）とがある。側鎖は互いに遠いほど構造が安定するので、アキシアルではなくエクアトリアルな側鎖が多い立体配座をとりやすい。β-D-グルコピラノースの場合、図（a）左のいす形だとすべての側鎖がエクアトリアルなため、他の立体配座より安定である。またαアノマーがβアノマーより少ないのは、どちらの立体配座をとってもいす形βアノマーよりは不安定なためである。

1.1.3 代表的な単糖

① グルコース（glucose、ブドウ糖、略号 Glc）；アルドヘキソース。略号が冒頭3文字の Glu ではなく Glc なのは、Glu がアミノ酸の一種グルタミン酸（glutamate）の略号に採用されたため（**図 3.3**）。生物界に広く分布し、エネルギーを貯蔵したり、体の構造を支えたりする役目を果たす基本物質である。地上で最も量の多い有機物。人類を養う主要な食物であるコメ・ムギ・トウモロコシなどの穀物やイモ類の主成分である（**1.3 節**）。

ヒトの血液にもたくさん含まれ、体中を循環している。血液検査（**豆知識 1-6**）で最も重要な指標となる血糖（blood sugar）とは、血液中の Glc のことであり、その濃度を血糖値という。体全体のエネルギー源としては他に脂質（**2 章**）もあるが、脳は脂質を利用できず Glc を必要とする。

豆知識 1-6　血液検査（blood test）

血液検査の項目には**血算**と**生化学**の2大別がある。血算とは、赤血球や白血球など血液細胞の数をあらわす。生化学とは物質の濃度のことであり、血糖（グルコース）のほかコレステロール・中性脂肪・尿酸・血清総タンパク質・各種酵素などの濃度が健康の指標となる。本来の「生化学」は、「分子レベルの生物学」という大きな学問分野を意味するが、医療においてはこのように「血液検査のうち細胞ではなく物質レベルの項目」をとくに意味することがある。

---

② フルクトース（fructose、果糖、略号 Fru）；化学式はグルコースと同じ $C_6H_{12}O_6$ だが、構造異性体（**豆知識 1-3**）であるケトヘキソース。果物（fruit）のほか野菜や蜂蜜にも多く含まれる。砂糖の構成成分でもあるが、甘味は砂

糖の2倍なので重量が半分ですみ、加工食品にも使われる。男性生殖器の精嚢(せいのう)でも合成され、精液に入り精子のおもなエネルギー源になる。

③ **ガラクトース**（galactose、略号 Gal）；グルコースのエピマー（1.1.1 項）で、化学式は同じ $C_6H_{12}O_6$ である。母乳や牛乳に含まれる乳糖の構成成分であり、galact- は英語 galaxy（銀河、milky way）と共通に「ミルク」の意味。羊羹(ようかん)など菓子を固める成分である寒天（1.3 節⑥）のほか、各種細胞の細胞膜脂質や細胞表層の糖鎖などにも含まれる。しかし Gal の分解に必要な酵素が欠損すると**ガラクトース血症**（9.1.3 項）という遺伝性疾患を生じ、Gal やその中間代謝物が蓄積して肝障害・白内障・精神遅滞などを引きおこす。

④ **リボース**（ribose、略号 Rib）；化学式が $C_5H_{10}O_5$ のアルドペントース。核酸の RNA（4.3 節）や各種ビタミン（8.2 節）にも含まれる。

1.1.4　単糖の還元性

単糖は還元剤である。第二銅イオン（Cu^{2+}）のように弱い酸化剤とも反応する。二糖（1.2 節）のうちラクトースやマルトースには還元性があるが、スクロースやトレハロースにはない。還元性の糖を還元糖、還元性のない糖を非還元糖という。還元糖を Cu^{2+} と反応させると Cu^{2+} が還元されて酸化第一銅（Cu_2O）の赤い沈殿を生じる（図 1.8(a)）。これが還元糖を検出、定量する手法としての**フェーリング反応**の原理である。

アルドースではアルデヒド基に還元性がある。この基は酸化されるとカルボキシ基になる。分子内ヒドロキシ基との反応でアルデヒド基がふさがっている環状構造の割合が多い（1.1.2 項）ものの、鎖状構造と平衡状態にあるので、アルデヒド基の還元力が発揮される。ケトン基自体に還元性はないが、塩基性下のケトースは**互変異性体**（豆知識 1-7）としてアルデヒド基を生じるため、還元性を示す。

二糖のスクロースやトレハロースは、ヘミアセタール性ヒドロキシ基（1.1.2 項）が2つともふさがって環状に固定されているので還元性がない。

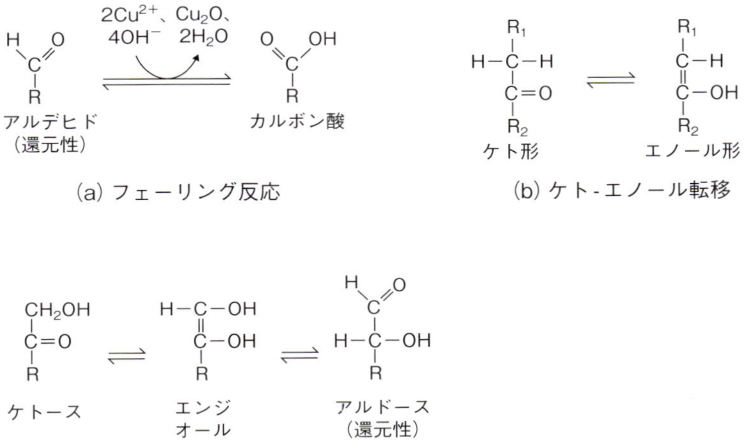

(a) フェーリング反応

(b) ケト-エノール転移

(c) ケトースの互変異性

図 1.8 還元糖の反応

> **豆知識 1-7 互変異性体（tautomer）**
>
> 有機化合物が 2 種類の異性体として存在し、互いに急速に変換しうる場合、これらの異性体を互変異性体という。代表的な互変異性はケト形とエノール形の関係である（図 1.8(b)）。本文のケトースの場合、塩基性の環境ではエンジオール構造を介してアルドースと互変異性の関係にある（図 1.8(c)）ため、還元性である。

同じ二糖でもラクトースやマルトースは、片方のヒドロキシ基が遊離状態であるため、鎖状構造のアルデヒド基が還元力をもっている（1.2 節）。

1.1.5 単糖の誘導体

① 酸化された誘導体；アルドースを中性で穏やかに酸化すると、アルデヒド基だけが酸化されて**アルドン酸**（aldonic acid）というモノカルボン酸ができる（図 1.9(a)）。グルコースからはグルコン酸、ガラクトースからはガラクトン酸というように、語尾の -ose を -onic acid に置き換えてよぶ。硝酸のような強い酸化剤でアルドースを酸化すると、アルデヒド基の他に他端の一級アルコール基（$-CH_2OH$）も酸化されたジカルボン酸**アルダル酸**が

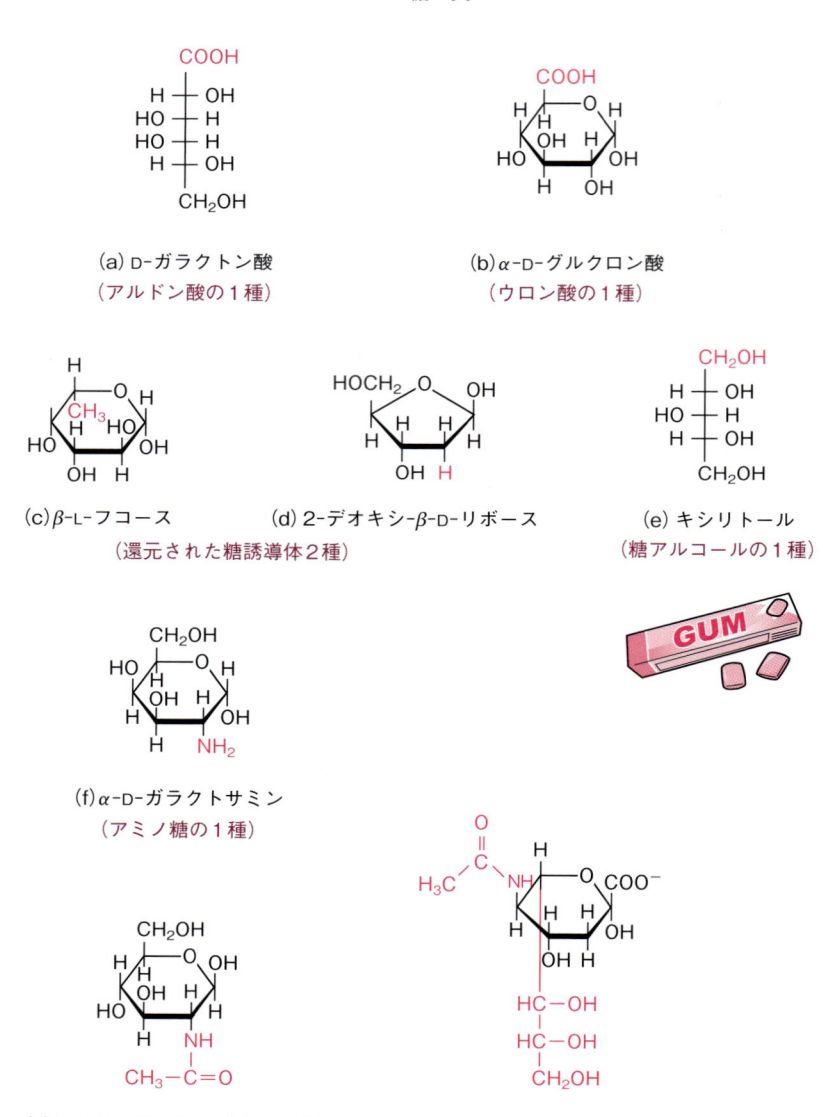

(a) D-ガラクトン酸
（アルドン酸の1種）

(b) α-D-グルクロン酸
（ウロン酸の1種）

(c) β-L-フコース　　(d) 2-デオキシ-β-D-リボース　　(e) キシリトール
（還元された糖誘導体2種）　　　　　　　　　　　（糖アルコールの1種）

(f) α-D-ガラクトサミン
（アミノ糖の1種）

(g) N-アセチル-β-D-グルコサミン　　(h) シアル酸（N-アセチルノイラミン酸）
（アセチル化されたアミノ糖誘導体2種）

図 1.9　単糖の誘導体

生じる。生体には、一級アルコール基だけが選択的に酸化された**ウロン酸**（uronic acid）が多い（図 1.9(b)）。たとえば肝臓のグルクロン酸は、ステロイドなどのホルモンや疎水性の毒物、ヘモグロビンの分解産物であるビリルビンなどに結合して水溶性を高め、腎臓から排泄されやすくする。このような薬物代謝を**グルクロン酸抱合**という。ビタミン C（L-アスコルビン酸）も、D-グルコースが酸化された誘導体である（図 8.7）。

② 還元された誘導体；ヒドロキシ基の酸素原子が除かれた単糖を**デオキシ糖**という。たとえば L-ガラクトースの 6 位の -OH が -H に置換された L-フコースは、ABO 式血液型を決める赤血球細胞表面の糖鎖に存在する（図 1.9(c)）。また、リボースの 2 位が還元された 2-デオキシリボースは、遺伝情報を担う DNA の構成成分として、すべての有核細胞に存在する（図 1.9(d)、4 章）。DNA の "D" は deoxyribo(se) の頭文字である（4.3.1 項）。

また**糖アルコール**（sugar alcohol）とは、単糖のアルデヒド基やケトン基をアルコール性ヒドロキシ基に還元してできる多価アルコールである（図 1.9(e)）。甘味はあるのに、腸管で吸収されにくいため低カロリーであり、口内細菌によって代謝されず虫歯になりにくい甘味料として、食品製造に重用されている。名称は糖の語尾に -itol がつけられる。リボース誘導体のリビトールはリボフラビン（ビタミン B_2、図 8.6）の成分であり、キシロース（図 1.1）から作られるキシリトールはガムの甘味料に使われる。脂質の成分であるグリセロール（図 2.8）も、三炭糖グリセルアルデヒドを還元してできる糖アルコールだともいえる。

③ 官能基を置換した誘導体；アルコール性ヒドロキシ基の 1 つをアミノ基（$-NH_2$）に置換した糖を**アミノ糖**という（図 1.9(f)）。グルコサミンのアミノ基をさらにアセチル化した誘導体を N-アセチルグルコサミンといい、カニや昆虫の外骨格を形づくるキチン（1.3 節）の主成分である（図 1.9(g)）。シアル酸（N-アセチルノイラミン酸）は特殊な九炭糖の誘導体だが、細胞表面にはしばしば存在している（図 1.9(h)、1.4 節③参照）。

一方、ヘミアセタール性ヒドロキシ基を他の原子や原子団で置換した誘

導体を**配糖体**(glycoside)と総称する。糖の語尾 -ose を -oside に変えると、その配糖体をあらわす。単糖が他のアルコールやフェノール、カルボン酸などと脱水結合して形成され、その結合を**グリコシド結合**（glycoside bond；配糖体結合）という。次節や 1.3 節の少糖や多糖は、他の糖分子を相手にしたグリコシド結合で重合している。ストレプトマイシンなど代表的な抗生物質の一群はアミノ糖を含む配糖体であり、アミノ配糖体系抗生物質とよばれる。

1.2 少 糖

単糖が2個から数十個結合した糖質を**少糖**（oligosaccharide）あるいは**オリゴ糖**（豆知識 1-8）という。単糖間の結合はグリコシド結合（1.1.5 項③）である。すなわちヒドロキシ基どうしの脱水縮合であり、そのうち少なくとも一方はヘミアセタール性の基である。六炭糖 n 個が連なった少糖の一般式は $C_{6n}H_{10n+2}O_{5n+1}$ となる。

① **スクロース**（sucrose、ショ糖）；グルコースとフルクトースからなる二糖で、砂糖の主成分（**図 1.10(a)**）。2つの環状単糖のヘミアセタール（ケタール）性ヒドロキシ基（1.1.2 項）どうし（グルコースの1位の -OH とフルクトースの2位の -OH）が結合するので、非還元糖（1.1.4 項）である。グルコースは α 形、フルクトースは β 形のアノマーに固定される。スクロースの構造は α-D-Glc-(1 → 2)-β-D-Fru とあらわすことができる。

豆知識 1-8　オリゴ糖

本来は「少糖」と同義語。しかし用例としては、ヒトの生理機能を調整し病気の予防効果が認められる新食品（機能性食品）の1群として使われることが多い。この場合は、スクロースやラクトースなど古くから知られている二糖は除き、三糖以上を指すことが多い。寒天やデンプンなどの多糖（1.3 節）を限定分解した産物が、整腸作用や虫歯予防などに注目した健康食品として利用されている。また、ペプチドや脂質と結合した複合糖質の糖鎖成分もオリゴ糖である。

(a) スクロース
(b) ラクトース
(c) マルトース
(d) トレハロース

グリコシド結合

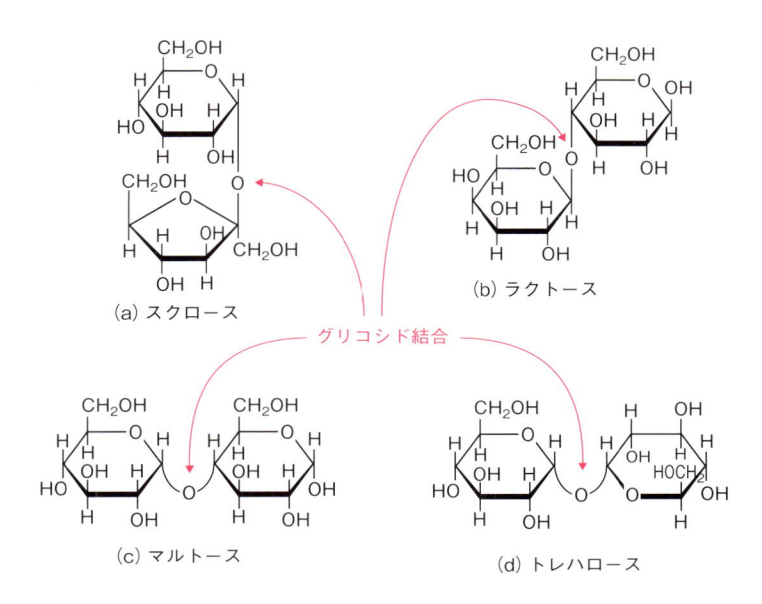

図 1.10　おもな二糖

　植物の葉などの光合成で生産した糖質は、スクロースとして師管を移送される。そこでスクロースは「植物の血糖」にたとえられる（図1.11）。エネルギー源の糖質として種子やイモに貯蔵されるのはおもに多糖のデンプン（1.3節①）だが、サトウキビやテンサイ（サトウダイコン）ではスクロースの含量が高く、製糖の原料として使われる。

　② **ラクトース**（lactose、乳糖）；ガラクトースとグルコースが結合した二糖で、β-D-Gal-(1→4)-D-Glc とあらわすことができる（**図1.10(b)**）。ガラクトースは1位で結合するため β 形に固定される。それに対しグルコースは4位で結合するため、1位のヘミアセタール性ヒドロキシ基は遊離している。そのためラクトースは還元糖であり、この位置は α 形と β 形が平衡状態をとる。lacto- は「乳の」の意味で、ミルクに多く含まれる。
　少糖は一般に、小腸で単糖に分解されてから吸収される。哺乳類の子供の小腸にはラクターゼという消化酵素があり、ラクトースは小腸で分解される。

図 1.11　生物の血糖

授乳期を過ぎると一般にラクターゼの合成量は低下するが、歴史的に酪農の盛んな北ヨーロッパやアフリカの一部では、少年期以降もラクターゼの生合成が続くヒトの割合が高い。ラクターゼ不足の体でラクトースを大量に摂取すると分解・吸収しきれないため、不快な症状を引きおこす。これを**ラクトース不耐症**（ふたいしょう）という。これは、未消化の二糖が大腸に送られると、浸透圧が高まるため周囲の組織から水を引き出して下痢をおこしたり、腸内細菌が二糖を発酵してガスを発生させ、腸管の膨満や腹痛を招いたりするためである。

③ **マルトース**（maltose、麦芽糖）；デンプンを加水分解（消化）する際の中間代謝物として生じる二糖であり、天然の最終産物としては存在しない。構造は $\alpha\text{-D-Glc-}(1\to 4)\text{-D-Glc}$ である（図 1.10(c)）。malt（モルト）とは、麦を発芽させた麦芽（麦もやし）のことであり、デンプンを二糖単位に分解する酵素マルターゼ（maltase）を含む。ビールやウイスキーを醸造する際、アルコール発酵の前段階の糖化の工程で用いる。

④ **トレハロース**（trehalose）；2分子のグルコースが $1\to 1$ 結合した二糖。結合様式は $\alpha,\alpha\text{-}$、$\alpha,\beta\text{-}$、$\beta,\beta\text{-}$ の3つが考えられるが、天然に多いのは

α-D-Glc-(1 → 1)-α-D-Glc の構造である（図 1.10(d)）。真菌・紅藻・地衣類などに広く分布し、とくに昆虫の多くでは血糖すなわちエネルギー運搬体としてはたらくほか、不凍剤の役割も果たし、生命体の耐寒性を高めている（図 1.11）。さわやかな甘味とすぐれた保水性・保存性を有するため、菓子をはじめとする食品の天然添加物として重用される。

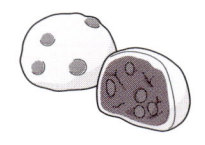

⑤ **シクロデキストリン**（cyclodextrin）；グルコースが α(1 → 4) 結合した環状の少糖。グルコース 6、7、8 個からなるものをそれぞれ α-、β-、γ-シクロデキストリンとよぶ。環の外側が親水性、内側が疎水性であり、内側の空洞に難容性あるいは揮発性の分子を包摂して、それら分子の溶解性や安定性を高める。そのため、医薬品や化粧品などの付加価値を上げるのに利用される。

1.3 多 糖

多数の単糖がグリコシド結合した高分子量の糖質を**多糖**（polysaccharide）という。少糖との境界は必ずしも明確ではない。還元性のアルデヒド基をもつ端を**還元末端**、還元性のない他端を**非還元末端**という。また、タンパク質は厳密に決まった数のアミノ酸残基から構成されている（3.3.1 項）のに対し、多糖を構成する単糖残基の数は厳密には決まっていない。これはタンパク質のアミノ酸配列が、遺伝子の設計図（鋳型、7.4 節）に基づいて 1 つずつ決められるのに対し、多糖の合成には、直接の設計図がないことによる。

多糖には、1 種類の単糖単位からなる**ホモ多糖**と、2 種類以上の単糖からなる**ヘテロ多糖**とがある。多糖はまた、比較的分解されやすくエネルギー貯蔵物質としてはたらく**貯蔵多糖**と、分解されにくく頑丈で生物体の構造を支える**構造多糖**とに分けられる。

グリカン（glycan）というよび名は高分子量の糖質を指す。単純な多糖とともに、ペプチドグリカンなどの複合糖質（1.4 節）も含む。

① **デンプン**（starch）；グルコースからなるホモ多糖で、植物のおもなエネルギー貯蔵物質（図 1.12(a)）。直鎖状の**アミロース**（amylose）と分枝した**アミロペクチン**（amylopectin）の混合物。アミロースはグルコース残基が $\alpha(1 \to 4)$ 結合しており、典型的には数千の残基からなる分子量 15 万〜60 万の分子である。引き締まったらせん構造をとり、エネルギーをコンパクトに貯蔵するのにふさわしい。デンプンを検出する**ヨウ素反応**では、分子状ヨウ素がこのらせんにはまり込み、強い青色を呈する。アミロペクチンは、$\alpha(1 \to 4)$ 結合した直鎖状グルコース 20〜25 残基ごとに $\alpha(1 \to 6)$ 結合で枝分かれしており、らせん構造の形成は妨げられている。

② **グリコーゲン**（glycogen）；脊椎動物のおもな貯蔵多糖で、肝臓や骨格筋に貯えられる。アミロペクチンに似た構造のグルコース重合体だが、分枝の程度がより密であり、分子の中心付近ではほぼ 4 残基ごと、周辺部分でもおよそ 8〜12 残基ごとに枝分かれしている（図 1.12(b)）。多糖の中ではとくにコンパクトであり、運動する動物の貯蔵物質としてふさわしい。

③ **セルロース**（cellulose）；デンプンと同じくグルコースのホモ多糖だが結合様式は異なり、$\beta(1 \to 4)$ 結合である（図 1.12(c)）。植物にとって最も重要な構造多糖であり、細胞壁の素材である。およそ 12000 残基からなる直鎖状の分子 40〜80 本が並行して水素結合で寄り集まり、微繊維を構成している。地球全体で毎年およそ 1000 億トンが生産され、植物バイオマス総量の約 3 分の 1 を占める。地上で最も豊富な有機化合物である。木材や紙・綿などの主成分でもある。

動物の消化酵素である α-アミラーゼ（9.4.1 項①）では分解できないが、干し草を食べるウシや木材を栄養源にするシロアリはこれを利用できる。しかしこれらの動物も自前の消化酵素があるわけではなく、消化管に共生する腸内細菌などの微生物がもつセルラーゼで分解されるので、その分け前にあずかっているわけである（図 1.13）。

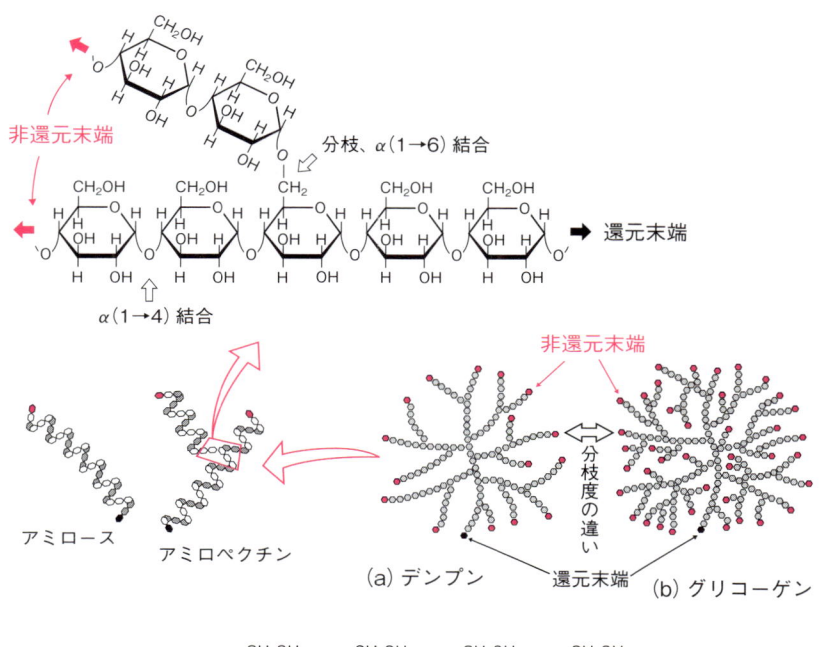

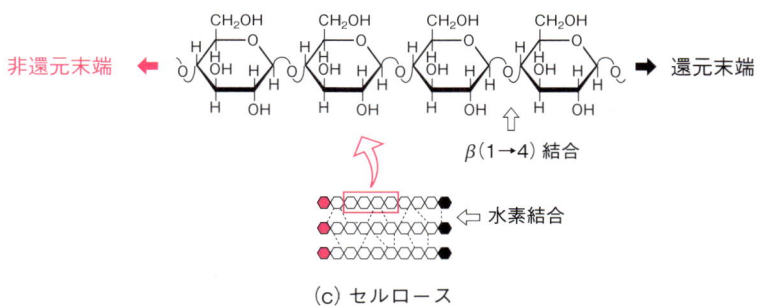

図 1.12　貯蔵多糖の構造

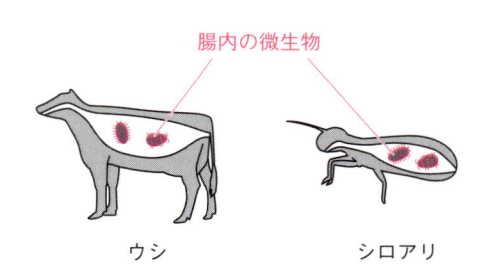

図 1.13　セルロースの分解

④ **マンナン**（mannan）；マンノースが $\beta(1 \rightarrow 4)$ 結合した直鎖状のホモ多糖。ゾウゲヤシの種子の胚乳や、ラン科植物の球根などに含まれる。コンニャクマンナン（konjak mannan）はグルコマンナンともいい、マンノースとグルコースが 3:2 の割合で $\beta(1 \rightarrow 4)$ 結合したヘテロ多糖である。低カロリーなのに満腹感を与える健康食品として利用される。

⑤ **キチン**（chitin）；N-アセチルグルコサミン（図 1.9(g)）が $\beta(1 \rightarrow 4)$ 結合したホモ多糖。昆虫やカニ・エビなどの外骨格の主成分。生物資源由来で生体適合性の高い繊維であることから、手術用縫合糸や創傷被覆剤の素材などとして注目されている。

⑥ **アガロース**（agarose）；**寒天**（agar）の主成分のヘテロ多糖。テングサなどの紅藻から作られ、菓子などを固めるのに使われる。β-D-Gal-$(1 \rightarrow 4)$-3,6-anhydro-α-L-Gal$(1 \rightarrow 3)$ の二糖くり返し構造からなる。冷水には溶けないが熱水に溶け、適当な濃度の溶液を室温まで冷やすと含水率の高いゲルになる。寒天ゲルは、微生物を培養する固形培地に利用される。それに対し、精製されたアガロースのゲルは、タンパク質やDNA などの生体高分子を電気泳動で分離する際の支持体などとして使われる。

⑦ **ペクチン**（pectin）；植物の細胞壁に含まれるヘテロ多糖。ガラクツロン酸（ウロン酸の 1 種、1.1.5 項①）が $\alpha(1 \rightarrow 4)$ 結合したポリガラクツロン酸のカルボキシ基の一部がメチルエステル化されている。脱メチルエステル化したものをペクチン酸とよぶ。カルボキシ基は Ca^{2+} イオンと結合してゲル化する。果実の皮などに含まれる食物繊維であり、伝統的にジャムやゼリーに利用されてきたが、食品工業では増粘安定化剤などとして添加される。ペ

クチンには、ラムノースなど他の単糖を含んだり、側鎖を分枝したり複雑な構造の部分もあり、そこをラムノガラクツロナン（RG）領域とよぶ。それに対し、ガラクツロン酸およびそのメチルエステルだけからなる比較的単純な部分をホモガラクツロナン（HG）領域という。

1.4 複合糖質

　脂質やタンパク質、ペプチドなどに結合した糖質を**複合糖質**（complex carbohydrate）という。複合糖質の中の糖質部分は**糖鎖**（sugar chain）とよばれ、単糖単位が数個から十数個連なった少糖であることが多い。糖鎖をもつタンパク質は糖タンパク質（glycoprotein）と総称される。糖鎖が結合するアミノ酸にはアスパラギンとセリン・スレオニンがあり、いずれもそれらの側鎖（3.2 節）が糖鎖の一端とグリコシド結合（1.1.5 項③）している。

① **プロテオグリカン**（proteoglycan）；ヒトの代表的な**細胞外マトリクス**（豆知識 1-9）。タンパク質（プロテイン）と糖質（グリカン）からなるので、広義には糖タンパク質の 1 種といえるが、糖質部分が乾燥重量の約 95% も占める点が特別なので、普通の糖タンパク質からは区別される。

　糖質部分は、アミノ糖を含む酸性多糖で、**グリコサミノグリカン**（glycosaminoglycan、略して **GAG**）あるいは**ムコ多糖**（mucopolysaccharide）とよばれる。後者は「動物の粘性分泌物（mucus）から得られる多糖」を意味する。GAG はアミノ糖とウロン酸（あるいはガラクトース）からなる

豆知識 1-9　細胞外マトリクス（extracellular matrix）

　細胞表面あるいは細胞外にある生体物質の総称。動物ではコラーゲン（タンパク質の 1 種）とプロテオグリカン、植物ではセルロースをはじめとする多糖が代表的。コラーゲンとプロテオグリカンはともに、組織の強度を高めて細胞を外力から守る点では共通だが、コラーゲンが張力を高め機械的に強靭にするのに対し、プロテオグリカンは膨潤圧を高め衝撃を和らげ、補完的である。

二糖がくり返す長鎖構造をとり、硫酸化されているものもある。この二糖が N-アセチル-D-グルコサミンと D-グルクロン酸の場合を、**ヒアルロン酸**（hyaluronic acid）という。また、N-アセチル-D-ガラクトサミン硫酸と D-グルクロン酸の場合を、**コンドロイチン硫酸**（chondroitin sulfate）という（図1.14）。コアタンパク質にコンドロイチン硫酸などの GAG が多数結合したプロテオグリカン単量体が、さらにヒアルロン酸に非共有結合的に多数会合した巨大な凝集体として存在する。

これらの酸性糖鎖には、ウロン酸や硫酸基の負電荷が密集しているので、Na^+ など陽イオンを引きつけ浸透圧が高まる結果、水分子も吸い寄せ膨潤圧を高める効果がある。

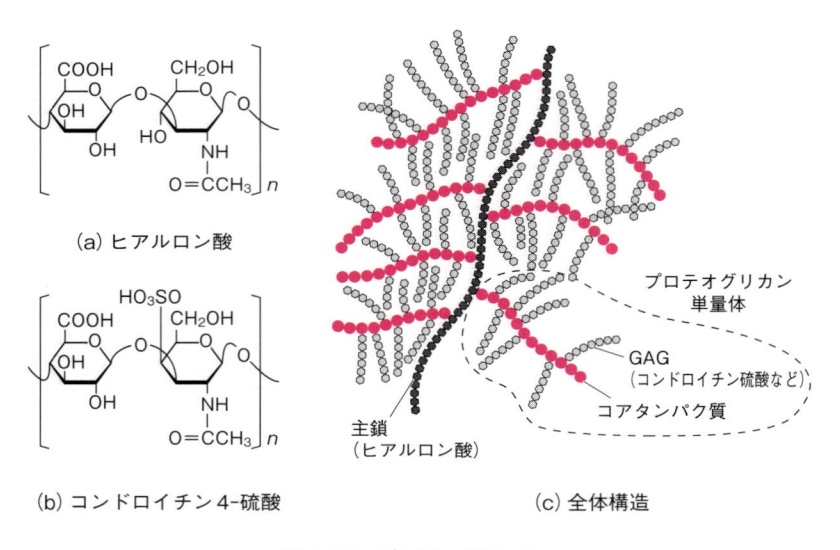

(a) ヒアルロン酸

(b) コンドロイチン 4-硫酸

(c) 全体構造

図 **1.14** プロテオグリカン

② **ペプチドグリカン**（peptidoglycan）；細菌の細胞壁の構成成分で、多糖とペプチドからなる。N-アセチル-D-グルコサミンと N-アセチルムラミン酸の二糖がくり返す構造の多糖を、ペプチドが架橋し、強靭な網目構造をとる（図1.15）。細胞壁全体が共有結合でつながっており、細胞を取り囲む巨大なかご状の分子となっている。ヒトのアミノ酸は大部分が L 型異性

(a) 構成単位

N-アセチルグルコサミン N-アセチルムラミン酸

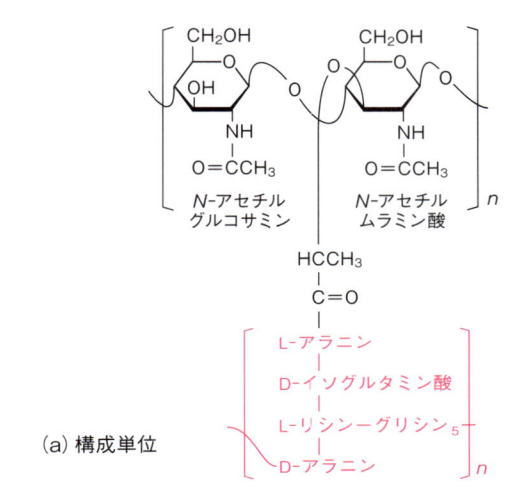

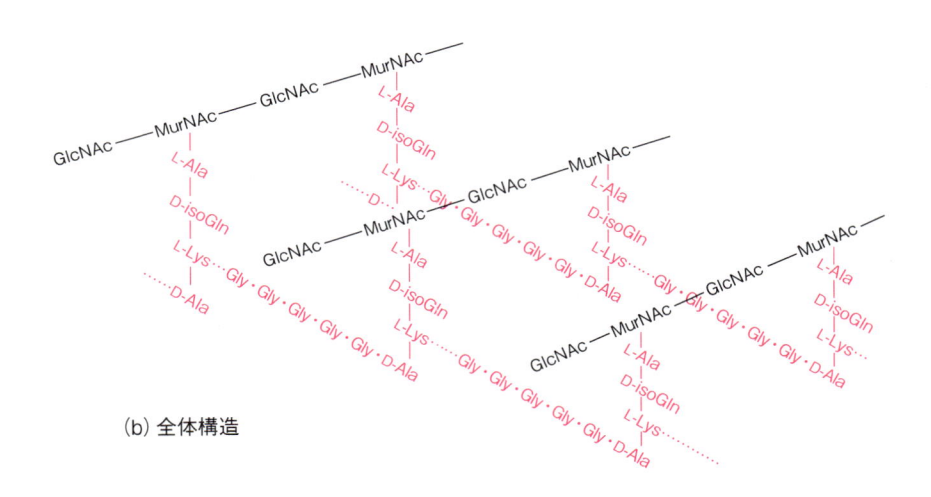

- L-アラニン
- D-イソグルタミン酸
- L-リシン—グリシン$_5$
- D-アラニン

(b) 全体構造

図 1.15 ペプチドグリカン

体（**3.1.1 項**）であるのに対し、ペプチドグリカンは D-アラニン（図中の D-Ala）や D-イソグルタミン（D-isoGln）という特殊なアミノ酸を含んでいる。これらにより通常の酵素では分解されにくくなっているため、細菌にとっては攻撃を受けにくいという点で好都合である。が一方、ヒトの洗練された生体防御機構にとっては、ねらいを定めやすい標的にもなっている。

③ **膜タンパク質や分泌タンパク質**；多くの膜および分泌タンパク質には、少糖がいくつか結合している。これらの糖鎖はおよそ 4～15 個の単糖単位からなり、**O 結合型**と **N 結合型**がある。O 結合型とは、タンパク質中のセリン残基かスレオニン残基の側鎖のヒドロキシ基（-OH）に糖鎖がグリコシド結合したものであり、N 結合型とは、同じくアスパラギン残基側鎖のアミド基（-$CONH_2$）に結合したものである。N 結合型にはさらに、高マンノース型・複合型・ハイブリッド型がある（**図 1.16**）。膜タンパク質（細胞の膜にあるタンパク質。詳しくは **2.5 節**）の糖鎖は細胞外に向いており、細胞を識別する目印になっている。赤血球のように血管内を高速で流れる細胞では、潤滑剤の役割を果たしている。

(a) 高マンノース型　(b) 複合型　(c) ハイブリッド型

○ N-アセチルグルコサミン　◇ シアル酸
⬡ マンノース　⬠ ガラクトース

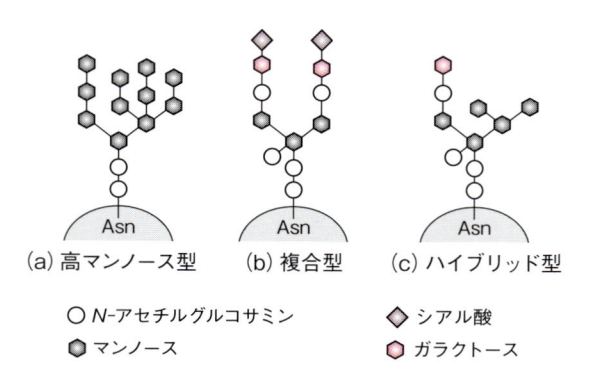

図 **1.16**　N 結合型糖鎖

輸血の際に問題になる **ABO 式血液型**も、赤血球の表面にある糖タンパク質や糖脂質の糖鎖の構造の違いに基づく（図 1.17）。長く複雑なオリゴ糖鎖の先端がこの ABO 型抗原であり、糖タンパク質の場合は O 結合型として、糖脂質の場合はスフィンゴ糖脂質のセラミドに、それぞれ結合している。

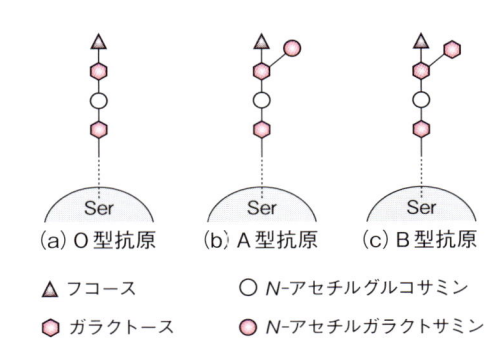

(a) O 型抗原　(b) A 型抗原　(c) B 型抗原

△ フコース　　〇 N-アセチルグルコサミン
⬢ ガラクトース　⬢ N-アセチルガラクトサミン

図 1.17　ABO 型抗原

2 脂 質

　水に溶けず有機溶媒に溶ける有機化合物を、原則として**脂質**（lipid）と総称する。つまり化学構造というより溶解性に基づく定義である。そこでこの章では、まず水についても学んでおく（2.1 節）。
　脂質のうち、常温で液体のものが油（oil）、固体のものが脂（fat）であり、合わせて油脂ともよぶ。サラダドレッシングのように振って（シェイクして）水（酢）と油を混ぜても、しばらく放っておくと 2 相に分離する。脂質は水より比重が小さいため、上が油相で下が水相となる。脂質という語は糖質（1 章）とタンパク質（3 章）に対比される言葉であり、まとめて 3 大生体物質とよばれた。

2.1 水と油

　互いに相いれない者どうしの関係を「水と油」とたとえるように、実際の水と油もたとえかき混ぜてもすぐに分かれてしまう（図 2.1 左）。日常生活で目にする液体の 2 大区分が水と油である。ヒトの体にも水分と油分の両方がある。脂質とは、おおざっぱにいうと油分のことである。タンパク質をはじめとする生体物質の多くは水溶液中ではたらいており、生き生きとした生命活動が可能なのは水のおかげである。
　水と脂質が混ざり合わないことには不都合な面もあるが、むしろ脂質の障壁が水分を精密に仕分けして役割分担するのに好都合な面もある。細胞ではこの性質がごく薄い膜として利用されている（図 2.1 右）。脂質はまた、水をはじいて小さくまとまることができる有機物なので、コンパクトに貯蔵できるエネルギー源としても有益である。

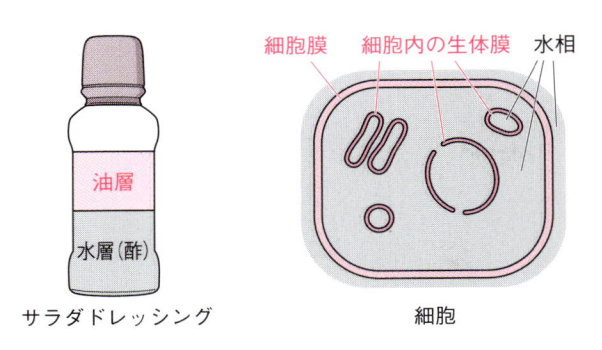

図 2.1 水と油

水と脂質の関係を理解するには、まず化学結合と物質の極性を考える必要がある。

2.1.1 5 種類の化学結合

前章の糖質をはじめ、生体分子は原子どうしが共有結合（covalent bond）してできている。共有結合は最も強力な化学結合である。たとえば典型的な炭素 - 炭素（C-C）間の共有結合は、長さが 0.154 nm で、結合エネルギーは 356 kJ·mol^{-1} である。

生体分子のふるまいには、ほかに 4 種類の非共有結合（noncovalent bond）が重要である（図 2.2）。これらの化学結合 1 つずつは共有結合より弱いが、分子の集団や生体高分子には多数の結合があり、寄り集まると大きな影響を及ぼす。

① イオン結合（ionic bond）；解離したカルボキシ基（-COO$^-$）の負電荷や、プロトン化したアミノ基（-NH$_3^+$）の正電荷などの間の、電気的な引力や斥力（反発力）（図 2.2(a)）。静電的相互作用（electrostatic interaction）ともいう。そのエネルギー E は、クーロンの法則から導かれ、電荷の積に比例し、距離に反比例する：

$$E = \frac{kq_1q_2}{Dr} \qquad 2.1$$

q_1 と q_2 は 2 つの電荷（単位電荷であらわす）、r はその間の距離（nm 単位）、

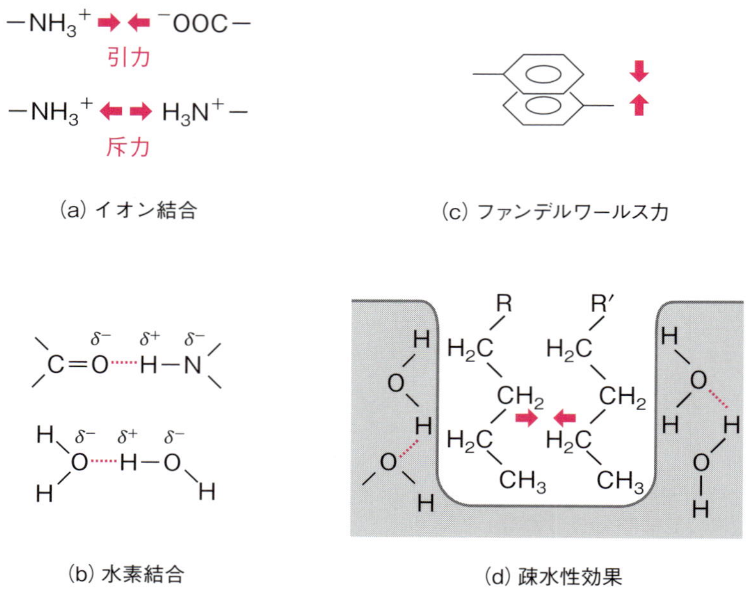

$-NH_3^+$ → ← $^-OOC-$
引力

$-NH_3^+$ ← → H_3N^+-
斥力

(a) イオン結合

(c) ファンデルワールス力

$\overset{\delta-}{C}=\overset{\delta+}{O}\cdots\overset{\delta-}{H}-N$

$\overset{\delta-}{O}\cdots\overset{\delta+}{H}-\overset{\delta-}{O}$

(b) 水素結合

(d) 疎水性効果

図 2.2　非共有結合

k は比例定数で 139 kJ·mol^{-1} である。D は比誘電率で、2電荷間の溶媒の効果をあらわす。有機溶媒のヘキサンの D は 2 である。これに対し水の D が 80 と大きい。これは、水中での静電的相互作用のエネルギーが真空中に比べ 80 分の 1 にまで弱まっていることを示す。水中で 0.3 nm 離れた単位電荷（電子 1 つ分）どうしの結合エネルギーは 5.8 kJ·mol^{-1} となる。

② **水素結合**（hydrogen bond）；分子内で結合している 2 原子の間の電子密度は対称とは限らず、原子の種類によって異なる。酸素（O）のように**電気陰性度**（electronegativity）が高い原子は、電子を引きつけて弱い負電荷（δ−）を帯びる（**図 2.2(b)**）。逆に水素（H）のようにそれが低い原子は、電子を退けて弱い正電荷（δ+）を帯びる。4 つの原子 O、N、C、H の電気陰性度はそれぞれ 3.5、3.0、2.5、2.1 である。O や N のように電気陰性度の高い 2 原子は、電気陰性度の低い H をはさんで結合する。この H は、2 原子

の一方に共有結合しており、他方には非共有結合する。その非共有結合を水素結合という。したがって水素結合も、基本的には静電的相互作用の1種である。水素結合はまっすぐな場合が最も強く、Hをはさんで OやNはほぼ一直線にならぶ。ただしこの結合は共有結合より桁違いに弱く、そのエネルギーは $4 \sim 20$ kJ·mol^{-1} である。

ヒドロキシ基（-OH）のように、電気陰性度の異なる原子どうしからなる基は、カルボキシ基（-COO$^-$）やアミノ基（-NH$_3^+$）のように単位電荷（丸ごとの電荷）はもっていなくても、分極はしている（図 2.2(b)）。荷電している基（charged group）とともに、このような分極している基を**極性基**（polar group）という。

③ **ファンデルワールス力**（van der Waals force）；極性をもたない原子でも電荷分布は時間的にゆらいでおり、完全に対称になることはない。ある原子の周りの電荷の一時的な非対称性が、静電的相互作用によって隣の原子の電荷分布にはたらきかけ、自分と逆の非対称性を生じさせる。するとこの2原子は互いに引きつけ合うようになる（図 2.2(c)）。これら誘起双極子あるいは永久双極子（豆知識 2-1）の間の引力をファンデルワールス力という。2つの原子が近づくにつれこの引力は強まるが、ある距離以下に近づくと、今度は外殻の電子雲が重なり合うため急激に斥力が高まる。この境目の、エネルギー準位が最も低い安定状態において、2つの原子はファンデルワールス接触にあるといわれ、その距離をファンデルワールスの**接触距離**（contact distance）という。この距離は、2原子の半径の和だとみなすことができ、それをファンデルワールス半径という。

ファンデルワールス力のエネルギーはとても小さく、1対の原子間の標準

豆知識 2-1　双極子（dipole）

　ある分子の中で正負の電荷の分布が不均一で、両電荷の重心がずれている場合、その分子は双極子をもつ。分子がもともと双極子をもっている場合、それを永久双極子という。一方、近隣の別の電荷に影響されて電荷の分布が変わり双極子になった場合、それを誘起双極子という。

的な値は 2 〜 4 kJ·mol^{-1} に過ぎない。しかし、2 つの大きな分子が近づいた場合は、同時に多数の原子間にこの力がはたらくので、合計ではかなり大きくなる場合がある。

　原子や分子のモデルは通常、ファンデルワールス半径を原子の外縁として描かれる。共有結合している原子は、互いにファンデルワールス半径よりも近づいている。たとえば炭素原子（C）のファンデルワールス半径は 0.17 nm である。それに対し、C-C 単結合の長さ（核間距離）は 0.154 nm であり、共有結合半径（核間距離の半分）はずっと短い（0.077 nm）。

　④ **疎水性効果**（hydrophobic effect）；この最後の相互作用は、水の性質（**2.1.2 項**）が原因で生じる。炭化水素のように電気的に無極性（nonpolar）な分子は、イオン結合や水素結合を作ることができない。水中にあるこのような分子と水分子は、水分子どうしのようにはうまく相互作用できない。そのため無極性分子に接する水分子は、その周りに「かご」のような構造をなし、溶液中に遊離している一般の水分子より秩序ある状態（エントロピーの低い状態）になる。これは不安定な状態である。しかしこのような無極性分子が複数寄り集まると、その界面にあった水分子は遊離して一般の水分子と自由に結合できるようになり、安定化する（エントロピーの高い状態）。したがって水中の無極性分子は、極性の低い有機溶媒の中にある場合より、互いに寄り集まる（凝集する）傾向が強い（**図 2.2(d)**）。このような傾向を疎水性効果（**次項も参照**）という。したがってこの効果は、静電的相互作用のような分子間の実体的な力ではなく、水素結合による水分子どうしの引力から排除される結果として生じる現象である。

2.1.2　水の性質

　水（H$_2$O）は、電気陰性度の高い酸素（O）と低い水素（H）からなる。2 本の O-H 結合は直線的ではなく角度（約 104°）をもつので、電荷分布は非対称である。したがって水分子は極性分子である。水分子は水素結合により互いに引き合う。この引力が水の凝集力のもとになっており、溶媒として

の水に特別な性質を与えている。この水が大量に存在したことが、地球に生命が誕生した最大の背景になっている。地球以外の天体に生命体を探索する際も、そこに液体の水が存在するかどうかが最大の判断基準になっている。

元素の周期表においてOのそばに位置する他の元素も、Hと共有結合し化合物を形成する。それらの化合物NH_3、H_2S、HFに比べ、H_2Oは融点も沸点もずっと高く、融解熱も蒸発熱も大きい。これらの差は、水素結合の

図 2.3 地球は水の惑星
（写真提供：NASA/Johns Hopkins University Applied Physics Laboratory/Carnegie Institution of Washington）

おかげで水の凝集力がとくに強いことに由来する。水はまた比熱も大きい。これらの特徴により、水は液体状態を安定に保ちやすい。

氷が異常にすき間の多い構造をとるのもまたこの水素結合のおかげである。水は凝結（固化）する際に膨張する珍しい物質である。もし氷が水に沈むなら、海や湖・川は底から凍り解けにくく、魚など水生動物は生存しにくいはずだ。しかし実際には氷は水に浮き、外部からの熱で解けやすい。

水には極性があり水素結合をするため、油のように無極性の分子を排除する。それと同時に、無極性の分子どうしも互いに凝集する傾向がある（**2.1.1項④**）。水になじみ油をはじく性質を**親水性**（hydrophilicity）といい、分子全体が親水性の物質は**水溶性**（water-soluble）である。逆に油になじみ水をはじく性質を**疎水性**（hydrophobicity）といい、分子全体が疎水性の物質は**脂溶性**（fat-soluble）である。炭化水素鎖（C_nH_{2n+1}-）や芳香環（C_6H_5-）は疎水性であり、極性基（-OHなど）や電荷を帯びた基（$-NH_3^+$や$-COO^-$など）は親水性である。また、単一分子内に疎水性部分と親水性部分をともに含む性質を**両親媒性**（amphipathic）という。両親媒性の分子は、水中で疎水性部分を内側に寄せ合い、親水性部分を外側の水溶液に向ける形で集合する傾向をもつ（**2.5節**）。

2.1.3 水の解離と pH

水のもう1つの特徴に、わずかながら解離しているという点がある。

$$H_2O \rightleftarrows H^+ + OH^- \qquad 2.1$$

水素イオン（H^+）は、水素原子から電子が除かれ原子核（陽子1個）だけになったものなので、**プロトン**（proton、陽子）とよばれることも多い。OH^- は**水酸化物イオン**である。生化学で重要な反応の1つが、この H^+ を渡したり受け取ったりする反応である。相手に H^+ を渡す物質を**酸**（acid）、受け取る物質を**塩基**（base）といい、この授受反応を**酸塩基反応**（acid-base reaction）という。たとえば次のような可逆反応の場合、

$$R\text{-}COOH \rightleftarrows R\text{-}COO^- + H^+ \qquad 2.2$$

$$R\text{-}NH_2 + H^+ \rightleftarrows R\text{-}NH_3^+ \qquad 2.3$$

$R\text{-}COOH$ と $R\text{-}NH_3^+$ は酸、$R\text{-}NH_2$ と $R\text{-}COO^-$ は塩基である。

豆知識 2-2　平衡定数（equilibrium constant）

化学反応の平衡状態を定量的にあらわす定数。化学反応 $A + B \rightleftarrows C + D$ の平衡定数 K は、平衡状態における反応物（A と B）および生成物（C と D）の濃度によって次のように定義できる：

$$K = \frac{[C]_{eq}[D]_{eq}}{[A]_{eq}[B]_{eq}} \qquad c2.1$$

ここで $[X]$ は物質 X の濃度をあらわし、$[X]_{eq}$ はその平衡状態における濃度をあらわす。正式には、平衡定数には単位がない。式 c2.1 のように、分母と分子でかけ算する濃度の数が同じ（2つずつ）なら問題ないが、そうでない場合は濃度の単位に何を使うかが問題になる。この場合も含め標準的な濃度の単位は M（molar、モラー）である。M は、単位が mol（mole、モル）の物質量を、単位が ℓ（liter、リットル）の体積で割った単位である。なお、平衡定数をあらわす K や速度定数をあらわす k（6.1.1 項）は、ドイツ語の Konstant（定数）の頭文字に由来する。

水の解離の**平衡定数**（豆知識 2-2）K は次の式で定義され、

$$K = \frac{[H^+][OH^-]}{[H_2O]} \qquad 2.4$$

$K = 1.8 \times 10^{-16}$ である。25℃の純水における水の濃度 $[H_2O]$ は 55.5 M で、これはほとんどの条件で一定である。そこで次のような新しい定数 K_w を定義した方が便利である：

$$K_w = K[H_2O] = 1.0 \times 10^{-14} \qquad 2.5$$

これを水の**イオン積**（ion product of water）という。$K_w = [H^+][OH^-]$ だから、$[H^+]$ と $[OH^-]$ が等しいときは $[H^+] = [OH^-] = 10^{-7}$ M である。$[H^+]$ がこれより濃いときを**酸性**（acidic）、薄いときを**塩基性**（basic）、その中間の $[H^+] = [OH^-]$ のときを**中性**（neutral）という。溶液の酸性・塩基性はこのように $[H^+]$ で定義されるが、官能基の酸性・塩基性は H^+ を渡す（供与する）か受け取る（受容する）かで定義される。すなわち R-COOH のように H^+ を供与する基を酸性基、R-NH$_2$ のように H^+ を受容する基を塩基性基という。R-OH のように、供与も受容もしない基を中性基という。溶液中の $[H^+]$ は **pH**（豆知識 2-3）という形であらわすことが多い。

豆知識 2-3　pH（ピーエイチ）

ドイツ語風に「ペーハー」と読むことも多い。水溶液の酸性・塩基性（アルカリ性）の度合いをあらわす数値で、次のように定義される：

$$\text{pH} = -\log_{10} \frac{[H^+]}{M} \qquad (\text{pH} = -\log_{10}[H^+] \text{ とも表記}) \qquad c2.2$$

$\log_{10}$ は底を 10 とする対数、すなわち常用対数。小文字の p には数学的な意味があり、常用対数（$\log_{10}$）に負号（マイナス）をつけた関数である。pH だけでなく、次項に出てくる pK_a などにも共通に使われる。一般に、対数のような関数の独立変数（$y = f(x)$ のうちの x）は無名数（単位のない数）でないといけないので、$[H^+]$ を濃度単位（M）で割って単位のないはだかの数字にしておく。ただし表記のわずらわしさを避けるため、単位 M は省略する場合が多い。

$[H^+] = [OH^-] = 10^{-7}$ M のとき、pH = 7.0 で溶液は中性であり、pH < 7 が酸性で pH > 7 が塩基性。pH = 0 は強い酸性、14 が強い塩基性である（図 3.4 参照）。

図 2.4　H^+ の移動

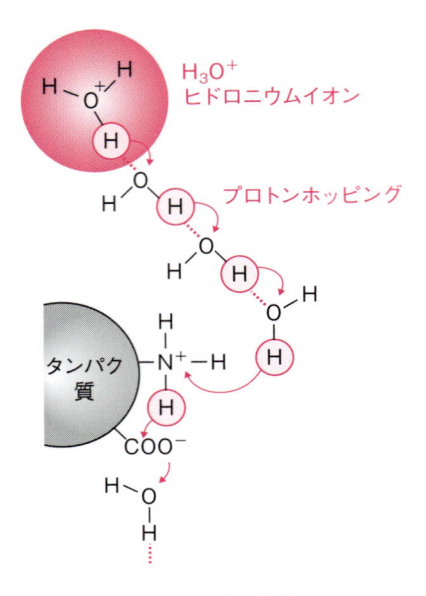

　溶液中では、H^+ が実際に単独のプロトン（陽子）として存在することはなく、H_2O に結合して**ヒドロニウムイオン**（hydronium ion：H_3O^+）となっている（**図 2.4 上部**）。溶液に通電すると、H_3O^+ や OH^- も Na^+ や Cl^- と同様、それぞれ陰極や陽極に向かって移動し、電流として測定される。しかしこうして測られる H_3O^+ や OH^- の移動は、Na^+ や Cl^- に比べて極端に速い。これは、H_3O^+ が実際にそれほど速く移動しているのではなく、水素結合している H_2O どうしの間で H^+ を次々に渡す一連の**プロトンホッピング**（proton hopping）によって、長距離にわたる正味のプロトン移動がごく短時間におこることによる（**図 2.4 中**）。OH^- も同様にプロトンホッピングで、反対方向に正味の移動をおこなう。なお H^+ は、バルクの溶液中だけではなくタンパク質の内部も流れることがある（**10.3 節**）。この移動には R-COOH や R-NH_2 などの解離基が関与する（**図 2.4 下部**）。

2.1.4 緩衝液

物質 HA が H^+ を解離する反応、HA $\rightleftarrows$ H^+ + A^- の平衡定数 K_a は、次のように定義される。

$$K_a = \frac{[H^+][A^-]}{[HA]} \qquad 2.6$$

ここで下つき添字の "a" は acid（酸）の頭文字に由来する。この物質（あるいは官能基）の酸性・塩基性の度合いは、pK_a の値であらわされる。

$$pK_a = -\log K_a \qquad 2.7$$

pH = pK_a のとき、式 2.6 より $[A^-]$ = $[HA]$ となる。すなわち物質 HA は、その pK_a の値に等しい pH の溶液中では、半分解離している。pK_a < 7 の物質は、酸性 pH の溶液中でも解離する酸性物質であり、中性 pH の溶液に投入すると水に H^+ を供与する。一方、pK_a > 7 の物質は逆に、中性 pH の溶液に投入すると水から H^+ を受容する塩基性物質である。

pH が変化すると生体高分子の構造や機能が影響を受けるので、生体では pH を一定に保つしくみが発達している。たとえばヒトの血漿（血液から細胞成分を除いた溶液成分）の pH は厳密に 7.4 に保たれており、酸性化すると**アシドーシス**（acidosis）、塩基性化すると**アルカローシス**（alkalosis）という病態になる。ヒトには個体レベルの大規模な調節系もあるが、溶液のレベルで生化学的に pH 変化を和らげるしくみもある。そのような作用を**緩衝作用**といい、緩衝作用のある溶液を 緩衝液（buffer）とよぶ。

酢酸やアンモニアのような弱酸や弱塩基（pK_a が中性の 7 に近い穏やかな酸や塩基）およびその塩が溶液に含まれていると緩衝液になりうる。タンパク質など生体高分子自体も、緩衝作用をもつ。

たとえば、純水に塩酸（HCl）のような強酸を徐々に加えていくと、pH はどんどん下がっていく。それに対し、溶液に酢酸（CH_3COOH）と酢酸ナトリウム（CH_3COONa）が混合されていると、pH が酢酸の pK_a に近づくと下がり方が緩やかになる。その理由は、K_a 付近では、添加された H^+ の多くが CH_3COO^- に吸収されて CH_3COOH を形成するため、遊離の H^+ はあまり増加しないせいである。

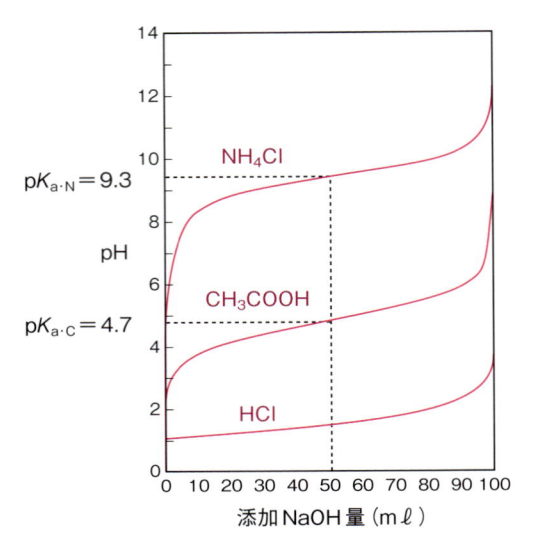

図 2.5 pH 滴定

　一般に、溶液にそれと反応する試薬を既知量ずつ徐々に加えていって、その変化を観察する操作を**滴定**(てきてい)（titration）という（図 2.5）。滴定によって観察される緩衝液の作用は、pK_a に関する式によって定量的に説明できる。
　式 2.6 の両辺の対数をとると、

$$\log K_a = \log [H^+] + \log \frac{[A^-]}{[HA]} \qquad 2.8$$

これに pH と pK_a の定義である式 c2.2 と 2.7 を代入し整理すると、

$$pH = pK_a + \log \frac{[A^-]}{[HA]} \qquad 2.9$$

この式は**ヘンダーソン - ハッセルバルヒの式**（Henderson-Hasselbalch equation）といい、緩衝作用の基本式である。

2.2 脂質の性質と種類

脂質は化学構造などから、大まかに単純脂質・複合脂質・誘導脂質に 3 大別される。単純脂質は元素 C、H、O からなる。糖質より C が還元されていて O 含量が低いため、分子全体が疎水性（脂溶性）であり、また重量あたりのエネルギー価の高い燃料である。複合脂質は、疎水性の部分とともに糖やリン酸基など親水性の部分ももつ両親媒性の脂質であり、元素としても C、H、O のほかに N、P、S などを含む。単純脂質や複合脂質に手を加えて（分解して）得られる疎水性物質を誘導脂質という。分子構造としては誘導脂質の方が単純脂質よりむしろ単純だが、天然にそのまま存在することを「単純」とよび、人が操作を加えて作り出すものは「誘導」と称するわけである。

2.3 誘導脂質

脂肪酸（fatty acid）とは、天然の脂肪（2.4 節）を加水分解して得られる**脂肪族モノカルボン酸**（豆知識 2-4）で、一般式は C_nH_mCOOH である（図 2.6）。脂肪酸は、脂肪のような単純脂質だけでなく複合脂質（2.5 節）にも含まれ、脂質全般の重要な構成成分である。脂肪酸のように、天然の脂質を分解して得られる疎水性化合物を一般に**誘導脂質**（derived lipid）とよぶ。

豆知識 2-4　脂肪族モノカルボン酸（aliphatic monocarboxylic acid）

炭素と水素だけからなる有機化合物を炭化水素という。炭化水素は脂肪族と芳香族に大別される。**芳香族**とは、ベンゼン環と同様の不飽和環状構造をもつ化合物であり、それ以外が**脂肪族**である。脂肪族には、鎖式・分枝・脂環式の化合物が含まれる。脂環式とは環式の脂肪族という意味であり、芳香族を除外した環状炭化水素である。また、炭化水素鎖が単結合のみからなることを**飽和**、二重結合も含むことを**不飽和**という。脂肪酸とは、カルボキシ基を 1 つ結合した鎖式脂肪族炭化水素であり、飽和脂肪酸と不飽和脂肪酸の両方がある。脂肪酸とは別に生体にはクエン酸など 3 価のトリカルボン酸（tricarboxylic acid、略して TCA）のような有機酸もあり、これは代表的な代謝経路である TCA 回路（クエン酸回路、10.2 節）の名にもなっている。

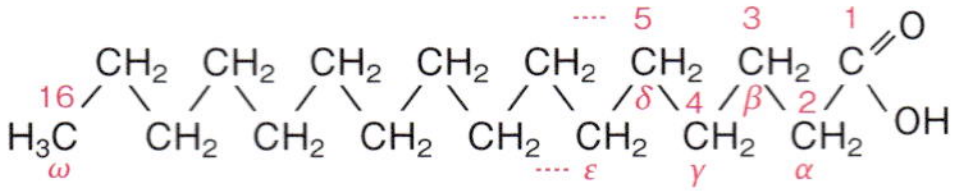

(a) パルミチン酸

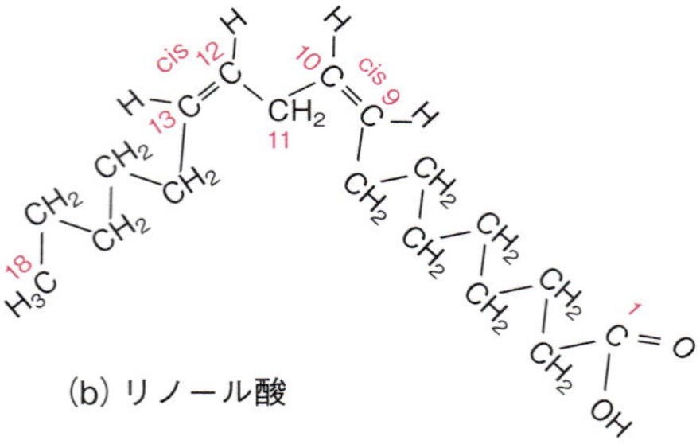

(b) リノール酸

図 2.6 脂肪酸の構造

脂肪に含まれるモノカルボン酸は長鎖であり、炭素原子数（C 数）が 1 個のギ酸 HCOOH や 2 個の酢酸 CH_3COOH はふつう脂肪酸に入れない。C 数が 4〜10 の脂肪酸はミルクに多い。10 を超えるものはとくに高級脂肪酸とよび、ヒトの組織には 18 個のものが多い。脂肪酸の C の表示法には、伝統的なギリシャ文字表記と組織的命名法の数字表記とがある。ギリシャ文字は小文字を使い、カルボキシ基が結合したメチレン基の C を α、その隣から順次 β、γ… とし、末端のメチル基の C をとくに ω（オメガ）とする。数字表記では、カルボキシ炭素自体を 1 とし、順次 2、3、… と、通し番号をふる。脂肪酸の代謝における β 酸化（11.1.1 項）とは、この β 位の C の酸化を意味する。

　C 数が多いほど融点が高い。同じ C 数では二重結合が多いほど融点が低い（表 2.1）。高級飽和脂肪酸は常温で固体であり、低級脂肪酸は液体である。また C 数 18 の飽和脂肪酸であるステアリン酸が常温で固体なのに対し、C 数は同じだが二重結合を 1 つ含む（1 価不飽和の）オレイン酸は常温で液体である。2 価不飽和のリノール酸は、0℃でさえ凍らない。二重結合が複数ある場合は、3 個おきが多い（表 2.1 のリノール酸以下の IUPAC 名で、それぞれ数字が 3 つおきなことに着目）。一般に二重結合の立体配置には**シス形**と**トランス形**（豆知識 2-5）があるが、天然の脂肪酸はほとんどシス形で

表 2.1 おもな脂肪酸

	炭素数	二重結合数	構造	一般名	IUPAC名	融点 [℃]
飽和脂肪酸	12	0		ラウリン酸	n-dodecanoate	44.2
	14	0		ミリスチン酸	n-tetradecanoate	53.9
	16	0		パルミチン酸	n-hexadecanoate	63.1
	18	0		ステアリン酸	n-octadecanoate	69.6
	20	0		アラキジン酸	n-eicosanoate	76.5
	24	0		リグノセリン酸	n-tetracosanoate	86.0
不飽和脂肪酸	16	1		パルミトレイン酸	cis-Δ^9-hexadecenoate	−0.5
	18	1		オレイン酸	cis-Δ^9-octadecenoate	13.4
	18	2		リノール酸	cis, cis-$\Delta^{9,12}$-octadecadienoate	−0.5
	18	3		α-リノレン酸	all cis-$\Delta^{9,12,15}$-octadecatrienoate	−11.0
	20	4		アラキドン酸	all cis-$\Delta^{5,8,11,14}$-(e)icosatetraenoate	−49.5
	20	5		エイコサペンタエン酸（EPA）	all cis-$\Delta^{5,8,11,14,17}$-(e)icosapentaenoate	−54.1
	22	6		ドコサヘキサエン酸（DHA）	all cis-$\Delta^{4,7,10,13,16,19}$-docosahexaenoate	−44.3

豆知識 2-5　シス形とトランス形（cis and trans）

立体異性（豆知識 1-3）の一部であるシス-トランス異性の2つの形。脂肪酸分子の二重結合を例にとると（下図 (a)）、主鎖（図の R と R′）が同じ側に結合しているものをシス形、反対側に結合しているものをトランス形という。環状化合物でも同様に（下図 (b)）、環平面に対して2つの基（R と R′）が同じ側か反対側かでシス形かトランス形とよび分ける。

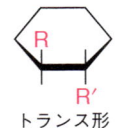

(a) 二重結合の場合　　(b) 環状化合物の場合

図　シス-トランス異性

ある。このため炭化水素鎖が「く」の字形に曲がり、分子は規則的に整列しがたいため固化しにくい。**表 2.1** では簡潔にするため、パルミトレイン酸など不飽和脂肪酸もまっすぐ1行に書いたが、実際には**図 2.6(b)** のようにシス形二重結合のところで大きく折れ曲がる。

　しかし食品のマーガリンやショートニングなどに利用するため、不飽和脂肪酸を人工的に水素化して硬化することがある。そのような製品には、一部トランス形の不飽和脂肪酸が含まれる。この**トランス脂肪酸**を大量に摂取すると、心臓疾患などのリスクを高める有害作用があることが判明し、2003年以降規制を設ける国が増えている。

　ヒトが合成できないリノール酸とα-リノレン酸は、食物から摂取する必要のある**必須脂肪酸**（essential fatty acid）であり、脂溶性信号物質を生合成する出発物質となる。不飽和脂肪酸の多い植物油の方が健康によいとして、かつてリノール酸ブームがあった。しかしこれもほどほどがよく、摂り過ぎるとかえって過酸化脂質が生じて、老化・アレルギー・がんなどを促進する要因になりうることがわかった。一方、不飽和脂肪酸のうちでも多価不飽和脂肪酸のDHAやEPAは（**表 2.1**）、多めに摂取すると脳血栓や心筋梗塞などの血栓症を予防するので、健康食品として注目されている。サバなど青身魚に多く含まれ、漁村の住民は農村住民よりそれらの発症率が低いとされている。

　脂肪酸の名称には、一般名とIUPAC（**豆知識 2-6**）による組織的命名とがある。一般名には、ヤシ油（palm oil）から採れるパルミチン酸（palmitic acid）やオリーブ（学名 *Olea europaea*）の油から単離されたオレイン酸（oleic acid）などが

豆知識 2-6　IUPAC（アイユーパック）

　国際純正・応用化学連合（International Union of Pure and Applied Chemistry）の略称。伝統と権威のある科学者の国際学術機関の1つ。元素の名称や化合物の組織的命名法に関する国際基準を制定している。

ある。IUPAC 名は、C 数が同じ炭化水素の名前の語尾を -e から -oic acid に変える。たとえばパルミチン酸（$C_{16}H_{33}COOH$）は、炭化水素 *n*-hexadecane から派生した *n*-hexadecanoic acid である。塩では *n*-hexadecanoate、形容詞では *n*-hexadecanoyl と語尾が変わる。二重結合は大文字のギリシャ文字 Δ を使い、位置や立体配置も表示する（表 2.1）。Δ は、水素原子を「欠く」（英語では delete）ことを意味する。C 数と二重結合の数字で略記することもあり、たとえばオレイン酸の略号は 18:1 (9) である。

　もう 1 つ重要な誘導脂質に**コレステロール**（cholesterol）がある（図 2.7）。六員環 3 つと五員環 1 つからなる骨格に、分枝炭化水素の側鎖とヒドロキシ基の結合した、脂環式（豆知識 2-4）のアルコールである。コレステロールも天然には、脂肪酸とのエステルとして単純脂質の形で存在するが、それを加水分解すると遊離のコレステロールが得られる。性ホルモンや副腎皮質ホルモンなどもコレステロールの誘導体であり、これと同じ骨格をもつ。これらをまとめて**ステロイド**（steroid）と総称し、この中核構造を**ステロイド骨格**という。

(a) 立体配座

(b) 構造式

図 **2.7**　コレステロール

2.4 単純脂質

　単純脂質（simple lipid）の代表である**脂肪**（fat）は、脂肪酸とグリセロールが脱水結合した物質である（図 2.8）。この名詞 fat は、狭義には常温で固体の脂（**2 章冒頭**）だけを指すが、広義には常温で液体の油も含めた脂肪（油脂）の総称である。また形容詞としては「太っている」を意味する。人体における脂肪は、脂肪組織や皮下にエネルギーを蓄える貯蔵物質であるとともに、外界からの衝撃を和らげる緩衝材でもあり、冷所でも体温を保つ断熱材でもある。一方で、食料の満ち足りた飽食社会では、過度の蓄積による肥満がさまざまな生活習慣病の悪化要因にもなっている。そこで体脂肪率すなわち体重に占める脂肪重量の割合が、健康の重要な指標になっている。

　グリセロールはヒドロキシ基（-OH）を 3 つもつ 3 価のアルコールで、脂肪酸のカルボキシ基（-COOH）とエステル結合する。この結合により酸性の官能基（カルボキシ基）がふさがるため、脂肪は中性である。そのことを強調するため「**中性脂肪**」とよばれることも多い。脂肪酸が 1 つ結合した脂肪をモノアシルグリセロールといい、2 つや 3 つだと接頭辞が「ジ」や「トリ」に代わる。天然の中性脂肪は大部分**トリアシルグリセロール**（triacylglycerol、TG）である。アシル（acyl）という語は酸（acid）の形容詞形だが、生化学に登場する大部分の「アシル」は硫酸や硝酸などの無機酸基ではなく、カルボン酸から -OH を除いた基を指す（11 章の諸所を参照）。

　3 つの脂肪酸が同じ単純な TG は、たとえばトリパルミチン（パルミチン酸 3 分子の脂肪）とかトリオレインなどとよばれるが、天然の TG の多くは**図 2.8**（1-ステアロイル-2-オレオイル-3-パルミトイルグリセロール）のよう

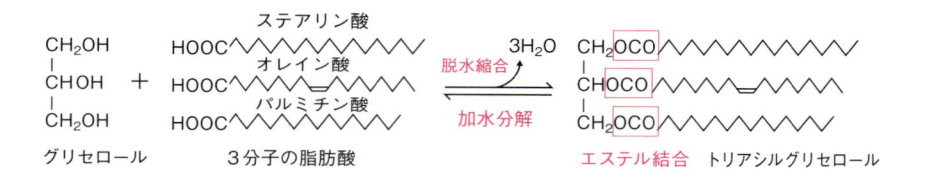

図 2.8　脂肪の構造

2.4 単純脂質

に混合型である。グリセロールは面対称な分子なので立体異性はないが、1位と3位に異なる脂肪酸が結合すると2位のCが不斉炭素となるため、1対の鏡像異性体が生じる。それらを区別するため国際的命名法では、フィッシャーの投影式（1.1.1項）で2位のヒドロキシ基が左に来るように書き、上の炭素を1位、下の炭素を3位とする（図2.9 (a)）。この立体特異的な番号づけ（stereospecific numbering）にしたがった名称には sn- の記号をつける（同図 (b)）。ただし別の規則が使われることはないので、sn- は省かれることも多い。

ヒトのおもなエネルギー貯蔵物質は、筋肉や肝臓にあるグリコーゲン（1.3節②）と脂肪組織の脂肪である。乾燥重量あたりのエネルギー量は、グリコーゲンが約 $16\ \mathrm{kJ \cdot g^{-1}}$ であるのに対し、脂肪は約 $37\ \mathrm{kJ \cdot g^{-1}}$ と倍以上である。さらに、グリコーゲンは親水性の糖質なので多量の水を伴うのに対し、疎水性の脂肪はより密に存在しているため、湿重量（水を含めた重さ）あたりでは貯蔵エネルギー量は約6倍にもなる。単純脂質は糖質と同じくC・H・Oの3元素からなる。しかしOの割合は糖質の場合より少なく、CとHだけからなる炭化水素部分が分子の大半を占める。石油や石炭・天然ガスなど産業で重要な埋蔵エネルギーの成分も炭化水素であることを考え合わせれば、エネルギー源として脂肪が優れていることも納得しやすいだろう。人体にグリコーゲンとして蓄えられているエネルギー量は約1日分だが、脂肪は約1か月分とされている。植物でも乾果（ナッツ）は脂肪が豊富である。

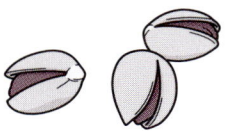

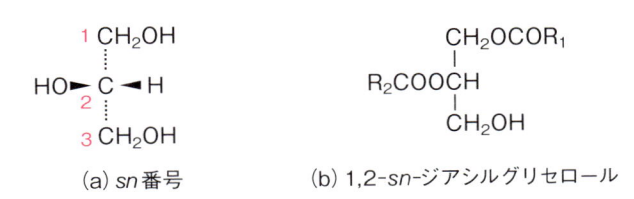

(a) sn番号　　(b) 1,2-sn-ジアシルグリセロール

図 2.9　脂質の立体特異性

ブタのラード（lard、豚脂）やウシのヘット（fat、牛脂）など動物性脂肪には飽和脂肪酸が多いため常温で固体であるのに対し、ナタネ油やオリーブ油など植物油には不飽和脂肪酸が多いため常温で液体である（**2 章冒頭**）。ただし世界的に名高いフォアグラ（ガチョウの脂肪肝）や、イベリコ豚（放牧でドングリを食べるイベリア半島名産の豚）の生ハムは、動物性でありながら不飽和脂肪酸の含量が高く、口溶けのすぐれた美味とされる。

単純脂質は脂肪酸と各種アルコールがエステル結合したものであり、脂肪のほかにもコレステロールの脂肪酸エステルなどがある。また西洋のロウ（wax）は、高級アルコール（C 数 16～30）と高級脂肪酸（同じく 14～36）のエステルである。たとえばミツバチの巣から作る蜜蝋や、サトウキビの茎の搾り滓とかアブラヤシの幹から得られる蝋の主成分はパルミチン酸ミリシル（$CH_3(CH_2)_{14}COO(CH_2)_{29}CH_3$）である。ただし和ろうそくのロウはこれとは異なり、ハゼノキやウルシの果実から作られるハゼ蝋やウルシ蝋の主成分はトリパルミチンである。

2.5 複合脂質

脂質のうち、疎水性部分とともに親水性の解離基や極性基（**2.1.1 項②**）を含むものを**複合脂質**（complex lipid）という（**図 2.10**）。複合脂質は両親

2.5 複合脂質

(a) ホスファチジルコリン

コリン / リン酸 / グリセロール / パルミトレイン酸 / リノール酸 / ホスファチジル基

エタノールアミン / イノシトール / セリン / グリセロール

(b) グリセロリン脂質の官能基

(c) カルジオリピン

ホスファチジル基 / グリセロール / グリセロール / ホスファチジル基 / グリセロール

(d) スフィンゴミエリン

スフィンゴシン / 脂肪酸 / コリン / セラミド

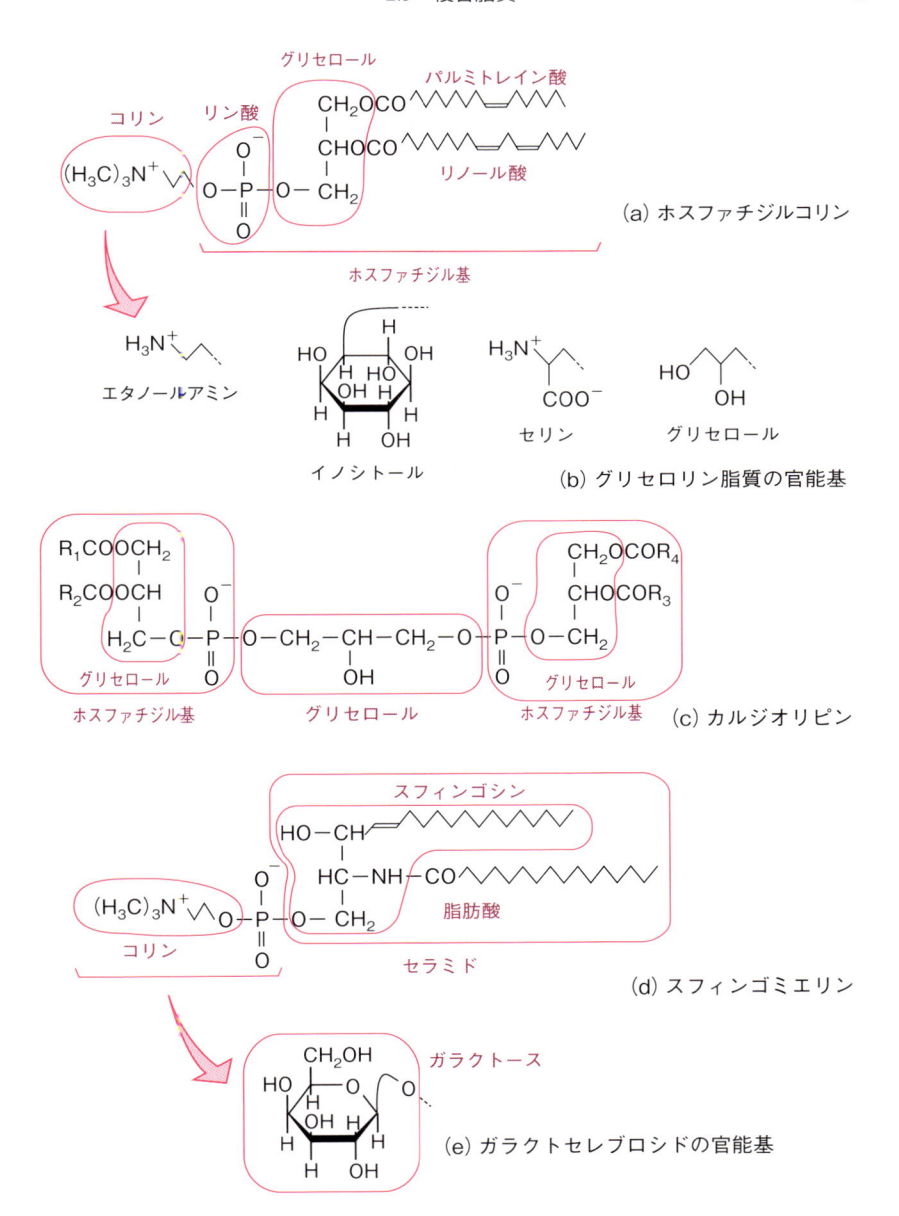

(e) ガラクトセレブロシドの官能基

ガラクトース

図 2.10 複合脂質の構造

媒性（2.1.2項）である。単純脂質のおもな役割がエネルギー貯蔵であるのに対し、複合脂質のおもな役割は細胞の**生体膜**（豆知識2-7）を構成することである。両親媒性の脂質は、疎水性効果のおかげで自発的に集合する。すなわち、親水性部分を水相に露出し、疎水性部分を内側に隠した配置で二重の層構造をとる（図2.11）。この**脂質二重層**（lipid bilayer）が生体膜の基本構造である。

豆知識2-7　生体膜（biomembrane）

　細胞は細胞膜（cell membrane）という薄い膜で包まれている。また細胞質にはミトコンドリアや小胞体など多くの細胞小器官が存在するが、これらも膜で包まれていたり、複雑に入り組んだ膜構造を内部に抱えていたりする。核も二重の膜（核膜）で囲まれている。これらの膜には基本的な共通性があるため、生体膜と総称する。本文にあるように、複合脂質からなる脂質二重層が膜の基本構造となり、そこにタンパク質が埋め込まれて貫通していたり、膜の表面に結合していたりする。このようなタンパク質を膜タンパク質という（3.3.3項）。またこれらの脂質やタンパク質には糖鎖が結合しているものもある。膜タンパク質にはさまざまな種類があり、イオン輸送（7.1.2項）やエネルギー変換（10.3節）・運動（6.3.4項）など、生命現象に重要な役割を果たしている。

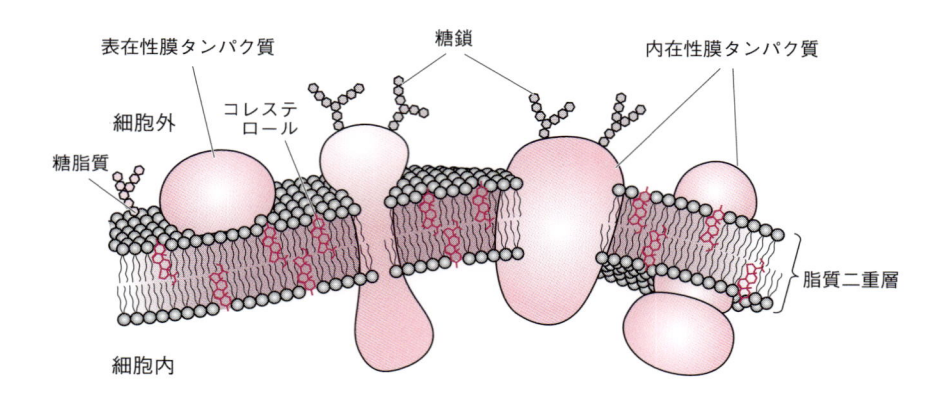

図2.11　生体膜の基本構造

2.5 複合脂質

　複合脂質には、親水基としてリン酸基をもつ**リン脂質**と、糖をもつ糖脂質がある。またグリセロールをもつものをグリセロ脂質、スフィンゴシンをもつものをスフィンゴ脂質という。一般の細胞のおもな脂質はグリセロリン脂質であり、その代表が**ホスファチジルコリン**（phosphatidylcholine：PC）である（図 2.10(a)）。両親媒性の PC は、疎水性の脂肪酸残基 2 本と、親水性のリン酸基＋コリン残基とを、グリセロールがつないでいる。グリセロール＋脂肪酸 2 残基までは、中性脂肪と共通な構造である。これにリン酸基が結合したのがホスファチジル基である。これはさまざまなグリセロリン脂質に共通な基である。PC のコリンがセリンやエタノールアミンに置き換わった脂質が、ホスファチジルセリン(PS)やホスファチジルエタノールアミン(PE)になる（同図 (b)）。ホスファチジル基 2 つがグリセロールで結ばれた特異な構造のカルジオリピンは、全身のミトコンドリアに分布するが、とくに心臓に多い（同図 (c)）。

　スフィンゴ脂質にはリン脂質と糖脂質がある。スフィンゴシンは、グリセロ脂質でいえばグリセロール＋脂肪酸 1 本にあたる。これに脂肪酸残基がアミド結合したセラミドが、スフィンゴ脂質の共通構造である（同図 (d)）。このセラミドに PC と同じくリン酸基＋コリン残基の結合したスフィンゴミエリンが、スフィンゴリン脂質の代表格である。その代わりにガラクトース（1.1.3 項③）が結合したガラクトセレブロシドが、糖脂質の代表である（同図 (e)）。グリセロ糖脂質は、植物の葉緑体や古細菌・グラム陽性菌にはよくあるが、動物にはまれである。ただし神経の軸索を囲むミエリン（髄鞘）や精子には、ガラクトースを含むグリセロ糖脂質が含まれている。

3 タンパク質とアミノ酸

　アミノ酸（amino acid）は、アミノ基（-NH$_2$）とカルボキシ基（-COOH）をもつ低分子物質である。カルボキシが酸性基であることから、この「アミノ酸」という名がつけられた。アミノ酸が多数連結した物質がタンパク質である。

　タンパク質（protein）は、糖質（1章）や脂質（2章）と並ぶ三大生体物質の1つである。英語名の "prot-" が「第1の」という意味であることにもあらわれているように、生命に最も重要な物質の1つであり、生体のさまざまな機能で中心的な役割を果たす。主要なアミノ酸は20種類であり、それが複雑ながら厳密な順番で直鎖状に連なって、タンパク質の基本構造を形作っている。

　アミノ酸が単量体でタンパク質がその多量体であることは、単糖が単量体で多糖がその多量体であるのと同様である（表1）。しかし多糖の配列は比較的単純で、1～2種類の単糖単位からなるものも多いのに対し、大部分のタンパク質のアミノ酸配列はずっと複雑である点が違う。多糖が通常の酵素反応によって重合されるのに対し、タンパク質は遺伝子の情報に基づき、「翻訳」とよばれる洗練された複雑なしくみで合成される（7.4節）。ただし多糖は多くの場合、分子の枝分かれが複雑だが、タンパク質におけるアミノ酸のつながり方は基本的に単純な直鎖状である。

3.1 アミノ酸

3.1.1 基本構造

20種類の標準アミノ酸はいずれも、アミノ基（豆知識3-1）とカルボキシ基が同一の炭素原子に結合している（図3.1(a)）。そのようなアミノ酸を **α-アミノ酸**という。カルボキシ基が結合した炭素原子の位置を α 位、その隣を β 位、その次を γ 位といい、それぞれの炭素原子を $C_α$、$C_β$、$C_γ$ と書きあらわす。また $C_α$ に結合したアミノ基を $α$-NH_2、$C_β$ に結合したカルボキシ基を $β$-COOH と書く。アミノ基が β 位や γ 位に結合した β- アミノ酸や γ- ア

豆知識3-1　アミノ基（amino group）

アンモニア NH_3 の水素原子がアルキル基（炭化水素残基）R で置換された化合物をアミン（amine）という。その置換の数によって、第1級アミン RNH_2、第2級アミン R_1NHR_2、第3級アミン $R_1NR_2R_3$ に分類される。アミンからアルキル基を除いた部分（$-NH_2$、-NH-、-N<）をアミノ基とよぶ。20の標準アミノ酸のうち19は第1級アミノ基 $-NH_2$ をもつが、プロリンだけは第2級アミノ基 -NH- である（図3.3）。炭素数が同じ場合、塩基性（H^+ を引きつける傾向、2.1.3項）は第2級アミンが最も強く（$R_1NH_2^+R_2$）、第1級アミンが中間で（RNH_3^+）、第3級アミンは弱い。

一方、C=N 二重結合をもつ化合物 R-C=NH をイミン（imine）、その =NH 基をイミノ基とよぶ。このイミノ基とカルボキシ基を合わせもつ化合物をイミノ酸（imino acid）という。ただし最近は、第2級アミノ基 -NH- をもイミノ基とよび、「プロリンは厳密にはアミノ酸ではなくイミノ酸である」といったいい方もされることがある。

アンモニア　　第1級アミン　　第2級アミン　第3級アミン
　　　　　　　（19個のアミノ酸）　（プロリン）

イミン

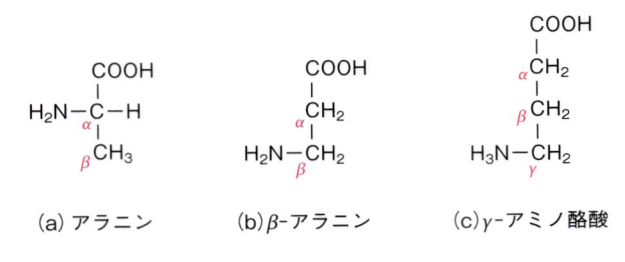

(a) アラニン　(b) β-アラニン　(c) γ-アミノ酪酸

図 3.1　α-、β-、γ-アミノ酸

ミノ酸もヒトのからだに存在するが、よりまれでタンパク質の素材にはならない（3.3 節）。

標準 20 アミノ酸のうち 19 個の α 位の炭素原子は不斉炭素である（図 3.2）。アミノ基、カルボキシ基、水素原子の 3 つはこれらのアミノ酸に共通だが、第 4 番めの基はアミノ酸ごとで異なり、R 基と総称する。R 基は、ペプチドやタンパク質の中では側鎖ともよばれる（3.2 節）。側鎖とは、アミ

分子模型

透視式

フィッシャーの投影式

(a) L-グリセルアルデヒド　(b) L-セリン

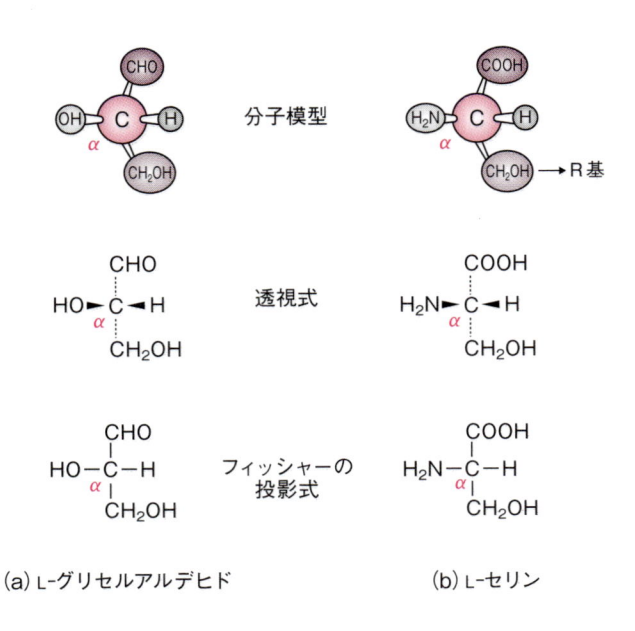

図 3.2　三炭糖とアミノ酸の立体異性体

ノ基-α炭素-カルボキシ基の長い連なりである主鎖に対照したよび名である。

アミノ酸のうちグリシンはR基も水素原子なので、グリシンだけはα位が不斉炭素ではなく、鏡像異性体もない。しかし他の19のアミノ酸には鏡像異性体があり、L体、D体とよび分ける。セリンの鏡像異性体2つのうち、標準物質であるL-グリセルアルデヒド（図1.3）と対応づけられる方をL-セリンとする（図3.2）。L-セリンのR基を他のR基に置換した分子を、一般にアミノ酸のL体とする。タンパク質を構成する主要アミノ酸は、グリシンを除きすべてL体である。生体の糖の大部分がD体なのと好対照である。

3.1.2 種 類

アミノ酸はR基の極性や荷電によって3大別できる（図3.3）。まず、極性基か非極性基かで分かれ、極性基はさらに解離性基か非解離性基かで分類される（2.1.2項）。脂肪族アミノ酸のうち枝分かれのある**分枝鎖アミノ酸**（branched chain amino acid: 略称BCAA）は、筋肉タンパク質の分解を抑えエネルギー源となることから、スポーツ時に摂取することが推奨されている。これらのR基は鎖式脂肪族であるのに対し、プロリンは唯一R基がαアミノ基に結合し第2級アミンとなった環式脂肪族アミノ酸である。芳香族アミノ酸は280 nm付近の紫外線を吸収するため検出しやすい。メチオニンとシステインは硫黄原子を含む含硫アミノ酸である。極性アミノ酸はおおむね親水性で、非極性アミノ酸は疎水性だが、グリシンは親水基に分類され、チロシン・システイン・ヒスチジンは疎水基に分類されることが多い。

標準アミノ酸はいずれもα位にアミノ基とカルボキシ基をもつが、アスパラギン酸とグルタミン酸は、それぞれβ位とγ位にももう1つのカルボキシ基をもつ酸性アミノ酸である。またリシン・アルギニン・ヒスチジンは、R基にも第1級ないし第2級アミノ基をもつ塩基性アミノ酸である。酸性アミノ酸がアミド化したアスパラギンとグルタミンのR基は解離しないので、中性である。

体内で必要量を合成できないため食物として摂取する必要のあるアミノ酸

3. タンパク質とアミノ酸

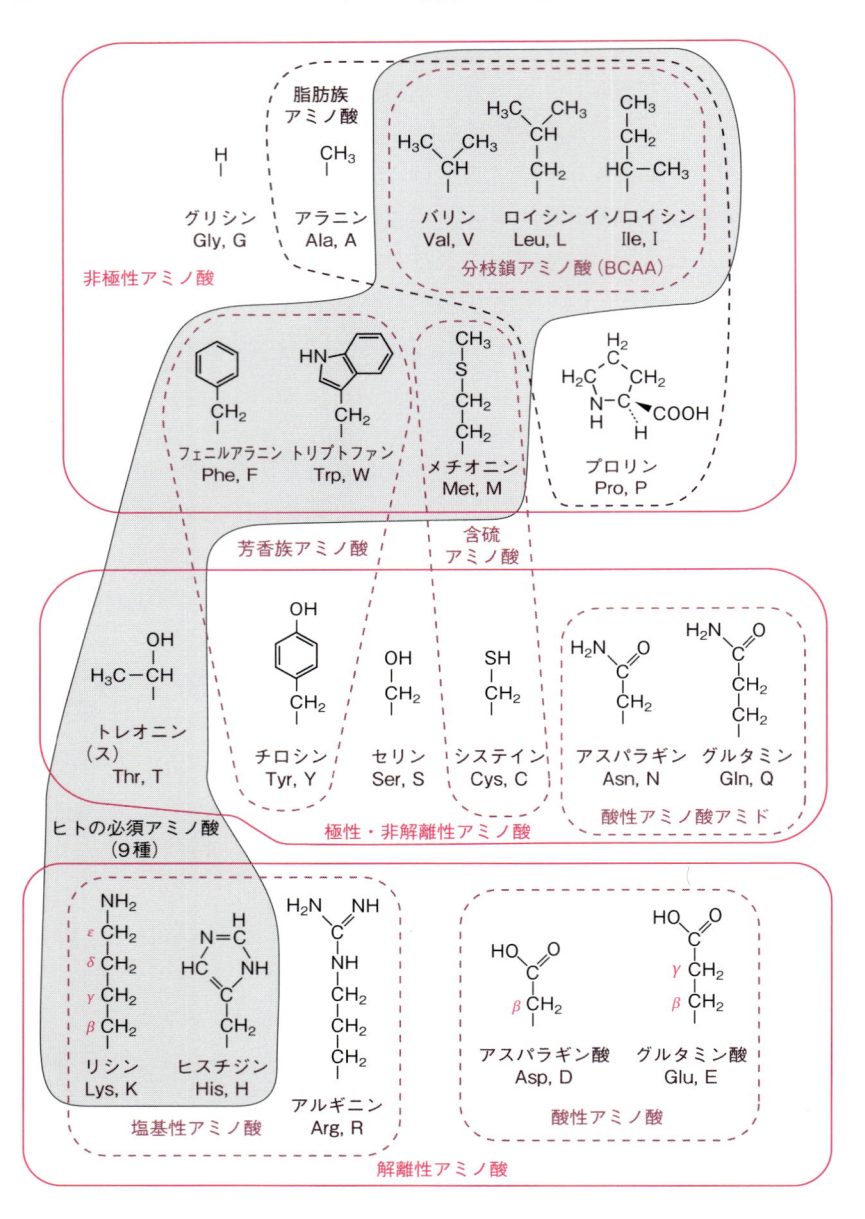

図 3.3　20種類のアミノ酸
R基のみ表示。

を**必須アミノ酸**（豆知識 3-2）という。ヒトでは 9 種、実験動物として頻用されるラットではアルギニンが加わった 10 種である。

豆知識 3-2　必須アミノ酸（essential amino acid）

　ヒトの必須アミノ酸は、Met・Thr・Val・Trp・Phe・Leu・Ile・Lys・His の 9 種である。必須アミノ酸と同様に、体内で合成できないため食べる必要のある脂肪酸を必須脂肪酸という。この 2 つは大量に必要な主要栄養素（8.1.1 項）に分類される。これに対しビタミンとミネラルは、少量のみ必要な微量栄養素である。微量栄養素はもともといずれも摂取する必要があるので、あえて「必須」という形容詞はつけない。必須アミノ酸は栄養学的に重要なため、記憶法が考案されている。たとえばヒトでは「メスバトフロイリヒ（雌バト風呂入り日）」などがある。「ア」や「ト」で始まるアミノ酸名が多いので、トレオニン（threonine）は「スレオニン」と読んで「ス」で略しているが、いずれにせよ意味不明である。

　必須アミノ酸のうちリシンが穀物には不足しがちである。豆類にはそのリシンが豊富に含まれている。逆に、穀物には含まれているメチオニンが豆類には少ないので、両方を食べると補い合うことができる。牛乳はリシンもメチオニンも含むバランスのよい食品だが、水分たっぷりなので絶対量は少ない。多くの食材を組み合わせて摂取することが大切である。なお家畜の飼料などの穀物には、発酵で生産したリシンを添加し、栄養を強化することも多い。

　アミノ酸は 3 文字と 1 文字の略号が決められている（表 3.1）。3 文字表記はほぼ英単語の頭 3 文字そのままなのでわかりやすい。ただし酸アミドの Asn と Gln は、酸性アミノ酸の Asp と Glu の 3 文字めを n に置き換えたものである。しかしタンパク質のアミノ

表 3.1 主要アミノ酸の性質

分類			名前	略号 3文字	略号 1文字	残基質量 (Da)*a	タンパク質中 平均含量 (%)*a	親水・疎水度*b	解離基の pK_a*a α-COOH pK_1	α-NH$_3^+$ pK_2	R基 pK_R	R基の解離反応
非極性	脂肪族		グリシン	Gly	G	57.0	7.1	-0.4	2.35	9.78		
			アラニン	Ala	A	71.1	8.3	1.8	2.35	9.87		
		分枝鎖	バリン	Val	V	99.1	6.9	4.2	2.39	9.74		
			ロイシン	Leu	L	113.2	9.7	3.8	2.33	9.74		
			イソロイシン	Ile	I	113.2	6.0	4.5	2.32	9.76		
			プロリン	Pro	P	97.1	4.7	-1.6	1.95	10.64		
			メチオニン	Met	M	131.2	2.4	1.9	2.13	9.28		
	芳香族		フェニルアラニン	Phe	F	147.2	3.9	2.8	2.20	9.31		
			トリプトファン	Trp	W	186.2	1.1	-0.9	2.46	9.41		
極性・非解離性	OH基		チロシン	Tyr	Y	163.2	2.9	-1.3	2.20	9.21	10.46	φ-OH ⇌ φ-O$^-$ + H$^+$ *φ(ファイ)はフェノール基(ベンゼン環)の意味.
			セリン	Ser	S	87.1	6.5	-0.8	2.19	9.21		
			トレオニン	Thr	T	101.1	5.3	-0.7	2.09	9.10		
	アミド		システイン	Cys	C	103.1	1.4	2.5	1.92	10.70	8.37	-SH ⇌ -S$^-$ + H$^+$
			アスパラギン	Asn	N	114.1	4.0	-3.5	2.14	8.72		
			グルタミン	Gln	Q	128.1	3.9	-3.5	2.17	9.13		
解離性	酸性		アスパラギン酸	Asp	D	115.1	5.4	-3.5	1.99	9.90	3.90	-COOH ⇌ -COO$^-$ + H$^+$
			グルタミン酸	Glu	E	129.1	6.8	-3.5	2.10	9.47	4.07	-COOH ⇌ -COO$^-$ + H$^+$
	塩基性		リシン	Lys	K	128.2	5.9	-3.9	2.16	9.06	10.54	-NH$_3^+$ ⇌ -NH$_2$ + H$^+$
			アルギニン	Arg	R	156.2	5.5	-4.5	1.82	8.99	12.48	=NH$_2^+$ ⇌ =NH + H$^+$
			ヒスチジン	His	H	137.1	2.3	-3.2	1.80	9.33	6.04	=NH$^+$ ⇌ =N + H$^+$

*a Voet D & Voet JG (2011) *Biochemistry*, 4th ed. (Wiley) より   *b Kyte J & Doolittle RF (1982) *J. Mol. Biol.* **157** 105 より

酸配列はふつう数百残基もあるため、表示するには3文字ずつでも長過ぎる。そこで、1文字表記も決められている。20のアミノ酸のうち11個は、頭文字がそのまま1文字表記になっていて、わかりやすい。ところがA・T・G・L・Pで始まる名前はそれぞれ複数あるため、2文字めを採り上げたり（チロシン tyrosine に Y、アルギニン arginine に R）、音で当てはめたり（フェニルアラニン phenylalanine に F）、アルファベット配列順で1つか2つ前にずらしたり（リシン lysine に K、グルタミン酸 glutamic acid に E）など、工夫して割り当てている。

3.1.3　荷電状態

標準アミノ酸はα位にアミノ基とカルボキシ基をもち、中性の水溶液中ではそれぞれプロトン化と脱プロトン化する（**2.1.3項**）。アミノ酸のように、酸性基と塩基性基の両方をもつ物質を両性電解質といい、正負両方の電荷をもつイオンを**双性イオン**という（図3.4）。水溶液のpHを下げていくと平衡はプロトン化方向にずれ、逆にpHを上げていくと、平衡は脱プロトン化方向にずれる。

プロトンの結合・解離は化学平衡にあり、その平衡定数（解離定数）K_aは一般に次のようにあらわされる（**2.1.4項**）：

$$K_a = \frac{[R^-][H^+]}{[RH]} \qquad 3.1$$

この式から、K_a = [H$^+$] すなわち pH = pK_a のとき [RH] = [R$^-$]、すなわち

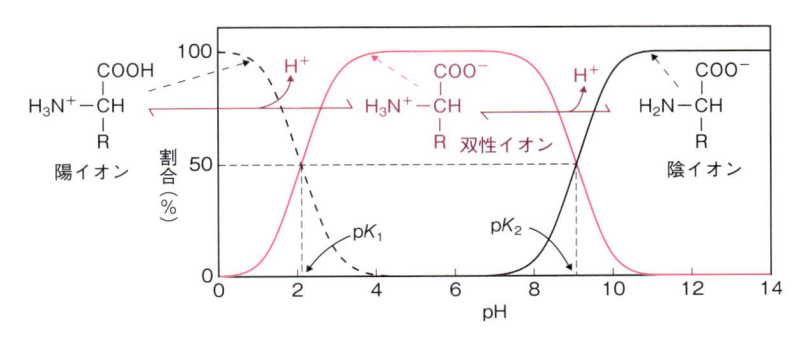

図 **3.4**　アミノ酸の荷電状態と pH

プロトン結合型（RH）と解離型（R⁻）の濃度が等しくなることがわかる。

解離基を 2 つもつアミノ酸では、解離定数を K_1、K_2 として区別する（図3.4）：

$$K_1 = \frac{[\text{H}_3\text{N}^+\text{-CHR-COO}^-][\text{H}^+]}{[\text{H}_3\text{N}^+\text{-CHR-COOH}]} \qquad 3.2$$

$$K_2 = \frac{[\text{H}_2\text{N-CHR-COO}^-][\text{H}^+]}{[\text{H}_3\text{N}^+\text{-CHR-COO}^-]} \qquad 3.3$$

α カルボキシ基の pK_1 は酸性（1.8 ～ 2.5）、α アミノ基の pK_2 は塩基性（9 ～ 11）でかなりの開きがあるため（表 3.1）、その間の幅広い pH 領域でアミノ酸は双性イオンの形をとる。R 鎖にも解離基があれば K_R とおくことができ、pH による荷電状態の違いはさらに複雑になる。

両性電解質が電気的に中性になるときの pH を、その物質の**等電点**（isoelectric point）といい、pI であらわす。"I" はこの英語の頭文字である。両性電解質を電気泳動にかけても、その水溶液の pH が pI に等しいと移動しない。R 基が非解離性のアミノ酸だと、

$$\text{p}I = \frac{\text{p}K_1 + \text{p}K_2}{2} \qquad 3.4$$

で簡単に計算できる。しかし pK_a の近い解離基が複数存在する分子では、さまざまな電荷をもつ分子種が平衡状態で混在するため、pI の計算は複雑になる。

3.2　ペプチド

アミノ基とカルボキシ基の間の脱水縮合で形成される結合を**アミド結合**という。複数のアミノ酸がアミド結合で重合してできた物質を**ペプチド**（peptide）という。その場合のアミド結合を、**ペプチド結合**とよぶ。

$$\text{H}_2\text{N-CHR-COOH} + \text{H}_2\text{N-CHR}'\text{-COOH} \rightarrow$$
$$\text{H}_2\text{N-CHR-}\mathbf{CONH}\text{-CHR}'\text{-COOH} + \text{H}_2\text{O} \qquad 3.5$$

ペプチドのうち、アミノ酸のオリゴマーを**オリゴペプチド**（oligopeptide）、多量体をポリペプチドとよぶ（表1）。オリゴとポリの境は数十個程度だが、あいまいである。タンパク質の主要部分はポリペプチドである。「ペプチド」という語は本来、オリゴペプチドとポリペプチドの総称だが、実際にはタンパク質（やポリペプチド）に対比してオリゴペプチドだけを指す用例も多い。

　R 基がペプチド結合にたずさわる場合もあるが、まれである。大部分のペプチドやタンパク質では、α 位のアミノ基と α 位のカルボキシ基が次々に結合して直鎖状に連なっている。

$$H_2N-CHR_1-CONH-CHR_2-CONH-CHR_3-CONH-CHR_4-CO- - -NH-CHR_n-COOH$$
3.6

3.6 式の黒字部分は、$N-C_\alpha$ 結合・$C_\alpha-C$ 結合・アミド結合（CO-NH）の 3 つが連続してくり返される画一的な構造であり、主鎖（main chain）とよばれる。それに対し赤字の R 基（R_1、R_2、、、R_n）は側鎖（side chain）とよばれ、20 種類が複雑な組み合わせで並んでいる。主鎖の両端は、それぞれアミノ基とカルボキシ基がペプチド結合にあずからないまま残されている。前者をアミノ末端（N 末）、後者をカルボキシ末端（C 末）とよび、アミノ酸残基には N 末から順にすべて通し番号がつけられる。ただし N 末と C 末は、アミノ酸以外の基でふさがっている場合もある。たとえば N 末の -NH_2 基にはアセチル基（CH_3CO-）がアミド結合していることもある。

　神経伝達物質にはオリゴペプチドが多い（図 3.5）。C 末に -NH_2 が付加してアミド化したものや、2 つのシステイン側鎖でジスルフィド結合したものもある（図 3.10 参照）。ヒトの体内にあるオリゴペプチドは、遺伝情報に基づいて合成されたポリペプチドの一部が、あとで切り出されてできたものが多い。

Tyr-Pro-Trp-Phe-NH_2　　　　　　Cys-Tyr-Ile-Gln-Asn-Cys-Pro-Leu-Gly-NH_2

　(a) エンドモルフィン-1　　　　　　　　(b) オキシトシン

図 **3.5**　オリゴペプチドの例

3.3 タンパク質

3.3.1 一次構造

タンパク質の基本構造はポリペプチド（polypeptide）である。多くのタンパク質は 100 個以上のアミノ酸からなり、300〜400 個が標準的である。ただしポリペプチドのみからなる**単純タンパク質**より、むしろ糖鎖（図 1.16）や金属原子、アミノ酸以外の有機化合物などそのほかの成分も含む**複合タンパク質**の方が多い。

タンパク質の**アミノ酸配列**（amino acid sequence）を**一次構造**（primary structure）という。タンパク質は翻訳（7.4 節）とよばれる特別なしくみで生合成される。その際タンパク質の一次構造は、遺伝子 DNA の塩基配列によって厳密に決められる。ヒトとチンパンジーのように生物種が違っても、同一タンパク質のアミノ酸配列はかなり共通である。図 3.6 にシトクロム c というタンパク質（10.3 節）の例を示す。しかしイヌ・マグロ・ショウジョウバエ・ヒマワリなどと生物の系統関係が離れるにつれ、一次構造の類似度は下がっていく。またタンパク質の種類によって、どの程度の類似度が保たれているかは異なる。類似度の保たれ具合は、タンパク質分子の中のどの領域かによっても違う。一般に、タンパク質の機能に重要な部分ほど配列の保存性（保守性）が高く、つなぎの部分のように重要性の低いところは保存性が低い。したがって一次構造の類似度を分析することは、タンパク質の機能や生物の進化を理解する助けになる（**豆知識** 5-6）。

	N末 1	5	10	15	20	25… C末側	ヒトとの違い
	GDVEK	GKKIF	IMKCS	QCHTV	EKGGK…		
	GDVEK	GKKIF	IMKCS	QCHTV	EKGGK…		0
	GDVEK	GKKIF	VQKCA	QCHTV	EKGGK…		3
	GDVAK	GKKTF	VQKCA	QCHTV	ENGGK…		6
	GVPAGDVEK	GKKLF	VQRCA	QCHTV	EAGGK…		10
	ASFAEAPPGDPTT	GAKIF	KTKCA	QCHTV	EKGAG…		18

図 3.6　一次構造の類似性（シトクロム c の例）

3.3.2 二次構造

ポリペプチド鎖は一次元的な棒のように伸びているのではなく、折りたたまれて三次元的な構造をとっている。この折りたたみを**フォールディング**（folding）という。主鎖（**式 3.6**）の3つの結合のうちアミド結合（CO-NH）は、二重結合の性質も帯びた共鳴構造をとるため、角度の固定されたアミド平面としてふるまう（**図 3.7**）。このアミド平面に対して、主鎖の走行はほとんどの場合トランス形（**豆知識 2-5**）である。シス形では側鎖どうしの立体障害がおこりやすいためである。

このような制約のあるアミド結合に対し、残りの2つ N-C_α 結合と C_α-C 結合は単結合なので、分子はこれらを軸にしてその周りに自由回転し、立体障害のない範囲でなら多様な立体配座（コンフォメーション、**豆知識 1-5**）をとりうる。ただし 20 種のアミノ酸のうちプロリンだけは分子内（残基内）で環化している（**図 3.3**）ため、N-C_α 結合も固定されている。

以上のような条件の範囲内で、主鎖は折れ曲がる。その際、一次構造上は離れているアミノ酸残基どうしも立体構造上は近づくことができる。特定の残基の組み合わせで共有結合や非共有結合によって結びつき、構造は安定化される。タンパク質の立体構造は、構造の規模によって二次・三次・四次に分類されている。そのうち**二次構造**（secondary structure）とは、ペプチド主鎖のカルボニル基 >C=O とアミド基 -NH- が近傍で水素結合してできる局

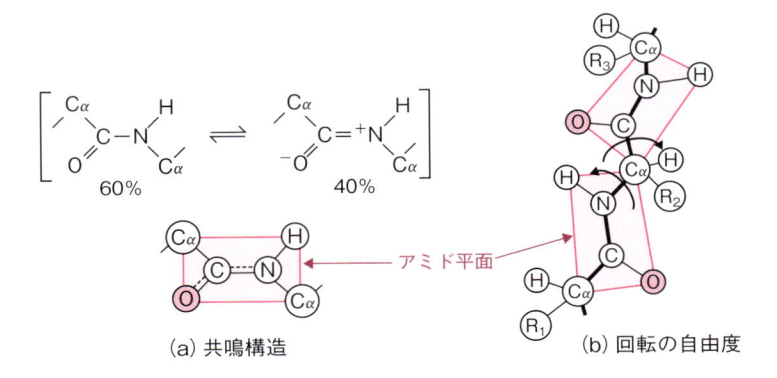

(a) 共鳴構造   (b) 回転の自由度

図 3.7 主鎖の立体配置

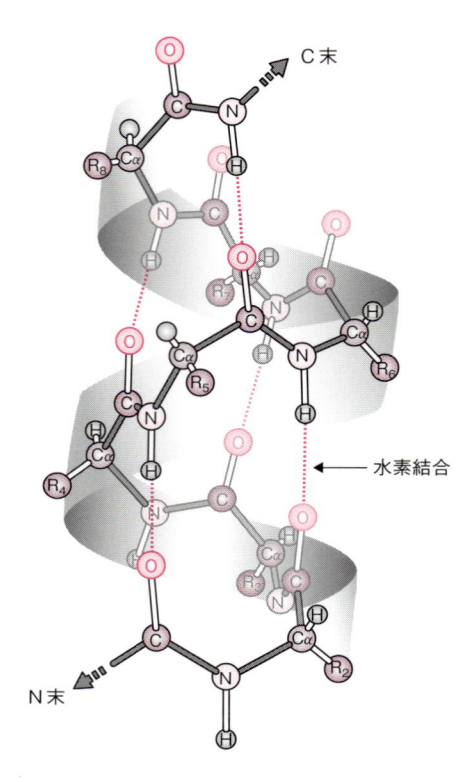

図 3.8　αヘリックス

所的な立体構造である。

　代表的な二次構造には、**αヘリックス**（α helix）と**βシート**（β sheet）がある。この2つは幅広いタンパク質に共通に含まれる規則的な構造単位である。αヘリックスは、ポリペプチド鎖が右巻きのらせん状（右ねじのような形）にねじれて形成する強固な円筒形の構造である（**図 3.8**）。主鎖のカルボニル酸素（>C=O 基の O）が4つ先（C末方向）のアミノ酸残基のアミド水素（>NH 基の H）と水素結合している。らせんのピッチ（1回転で軸方向に進む距離）は 0.54 nm で、1回転あたり 3.6 残基の割合である。タンパク質中の平均的な α ヘリックスは長さが 1.8 nm であり、3回転あまりでおよそ 12 残基からなる。側鎖は円筒の外に向かう。ほかに、>C=O が3残基先や5残

3.3 タンパク質

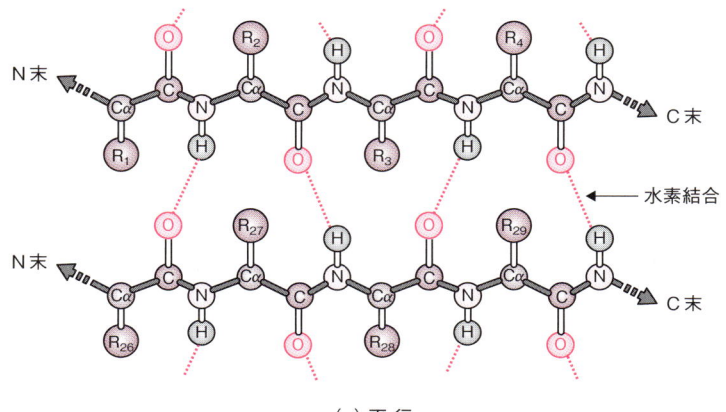

(a) 平行

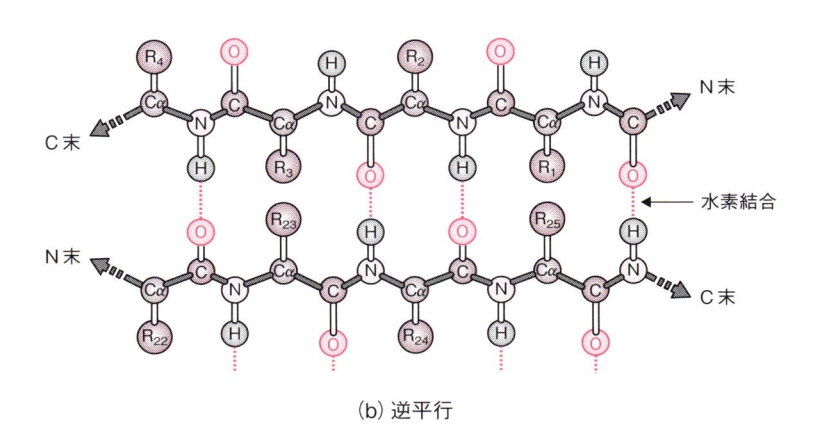

(b) 逆平行

図 3.9 β シート

基先の -NH と水素結合するヘリックスもあるが、構造の安定性は低く、現実のタンパク質に存在する頻度も低い。

　β シートも、主鎖内の >C=O 基の O と -NH 基の H が水素結合している点ではヘリックスと共通だが、ヘリックスの水素結合は一次構造の上で近傍のアミノ酸残基どうしを結ぶのに対し、β シートでは一次構造上遠方の残基どうしの間で結合している（図 3.9）。β シートの個々の鎖を**β ストランド**とい

う。βストランドは、主鎖が比較的伸び広がっているので、アミノ酸1残基あたりの長さ（0.35 nm）はαヘリックスのそれ（0.15 nm）よりずっと長い。タンパク質中のβシートは、平均6残基のβストランド6本からなる。隣接するストランドどうしが同方向の平行βシートと、逆方向の逆βシートとがあるほか、正逆両方向のストランドが入り交じった構造もある。

αヘリックスとβシートは、全タンパク質中で合わせて半分程度を占めるだけであり、残り半分はそれ以外の二次構造をとっている。ヘリックスやβストランドどうしを結ぶターン構造は、それら2つほど規則的なくり返し構造ではないが、やはり水素結合で安定化した二次構造である。そのほかに、溶液中で揺らいでいる不安定な構造もある。

3.3.3　三次構造

ポリペプチド鎖全体の立体構造を**三次構造**（tertiary structure）という。二次構造が主鎖間の水素結合で安定化しているのに対し、三次構造は側鎖間のさまざまな結合で形成されている（図3.10）。それらのうちおもな共有結合には、システイン（Cys）残基どうしの間の**ジスルフィド結合**がある。非

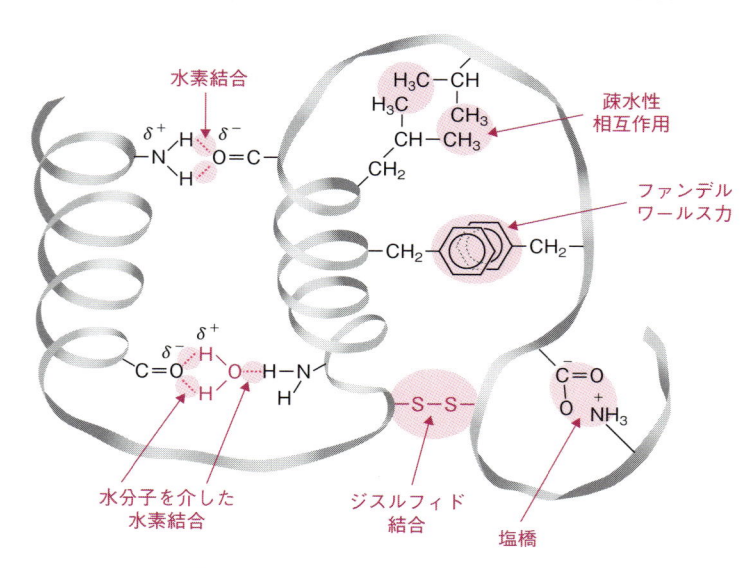

図3.10　三、四次構造を安定化する結合

共有結合には、イオン結合・水素結合・ファンデルワールス力・疎水性効果などがある（2.1.1 項）。タンパク質中のアミノ酸残基間などのイオン結合を、とくに**塩橋**（salt bridge）とよぶこともある。タンパク質に結合した水分子も構造の安定性に重要であり、複数のアミノ酸残基に水素結合してそれらを架橋する**水和水**（hydrated water）もある。

ポリペプチドの全体的な構造には、疎水性アミノ酸残基と親水性アミノ酸残基の配置を決定づける疎水性効果が重要である。水溶性タンパク質では、分子表面に親水基、分子内部には疎水基がそれぞれおもに配置される。アミノ酸数百個以上からなる大きなタンパク質は、しばしば 100〜200 残基程度のコンパクトな球状の構造単位からなっている。これを**ドメイン**（domain）という。内部が疎水性で表面が親水性という配置は、このドメイン単位で成立している。タンパク質全体が構造変化（コンフォメーション変化、豆知識 1-5、7.3.2 項①）をおこす際には、個々のドメイン構造はおおむね保たれたまま、ドメイン間の相対的な位置関係が大きくずれる場合が多い。

しかし生体膜のタンパク質では、疎水基と親水基の配置が水溶性タンパク質と異なる。生体膜に結合したタンパク質を**膜タンパク質**（membrane protein）という（図 2.11）。膜タンパク質には、脂質二重層を貫通した**内在性膜タンパク質**（integral m. p. あるいは intrinsic m. p.）と、脂質や内在性膜タンパク質の表層に結合した**表在性膜タンパク質**（peripheral m. p. あるいは extrinsic m. p.）とがある。このうち内在性膜タンパク質の膜貫通領域（membrane-spanning region あるいは transmembrane region、略して TM）は、脂質の脂肪酸残基（疎水性の炭化水素鎖）に接しているため、分子表面であっても疎水性である。ただし内在性膜タンパク質でも、水相に露出している水溶性ドメインや、表在性膜タンパク質は、表面が親水的で内部が疎水的という基本的な配置になっている。

ドメインの中心をなし機能的に重要な特徴的構造を**フォールド**（fold）という。フォールドは、ヘリックスや β ストランドがいくつか集まって形づくられ、**超二次構造**（supersecondary structure）あるいは**モチーフ**（motif）とよぶこともある。たとえば β バレルは、β シートが筒状に丸

まった樽形構造である。EFハンドは、ほぼ直角をなす2本のαヘリックスをループが結び、そこにCa^{2+}イオンを結合するモチーフである。EFハンドは多くのCa結合タンパク質（7.3.2項②）に部分構造として存在する。

なお、髪の毛や羊毛の成分タンパク質であるαケラチンは、2本のαヘリックスが互いにからみ合った**コイルドコイル**（coiled coil）とよばれる左巻き超らせん構造をとっている。

3.3.4　四次構造

多くのタンパク質は、複数のポリペプチド鎖が集合してできている（図3.11）。その場合、成分としてのポリペプチドを**サブユニット**（subunit）という。同一サブユニット2つからなるタンパク質をホモ二量体（homodimer）、異なるサブユニット3つからなるものをヘテロ三量体（heterotrimer）などとよぶ。このような複数のサブユニットを含むタンパク質全体の立体構造を、**四次構造**（quaternary structure）という。四次構造を形成するサブユニットどうしの会合にも、三次構造の場合と同様、ジスルフィド結合やイオン結合・水素結合・ファンデルワールス力・疎水性効果などが寄与する。

図 3.11 は、ミトコンドリアの内膜（10.1 節）にあるシトクロム c 酸化酵素（10.3 節④）という大きな膜タンパク質のうち、機能的な中心となる3つのサブユニットの構造を示している。タンパク質の精密な立体構造は、物理学的実験手法（X線結晶構造解析や二次元核磁気共鳴など）で解かれる。その成果として、各原子の座標データが、タンパク質データバンク（protein data bank、**PDB**）に登録され公開される。

タンパク質を加熱したり、強酸や強塩基・有機溶媒にさらしたりすると、天然の立体構造が崩れる。これを**変性**（denaturation）という。たとえば卵

3.3 タンパク質

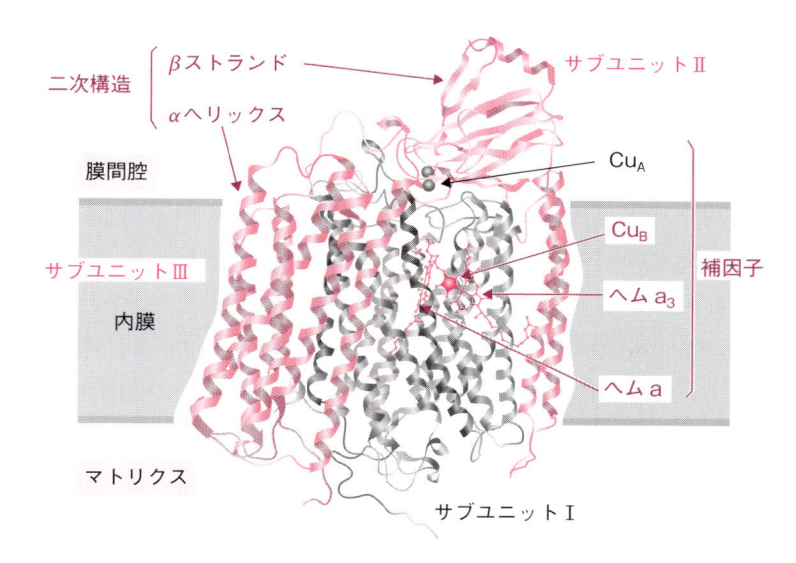

図 3.11 シトクロム c 酸化酵素の立体構造
PDB 登録座標データ 3ASO より作図。

をゆでると、透明で液状の白身が白く固まるのは、卵白アルブミンという水溶性のタンパク質が変性するためである（図 3.12）。ゆで卵は冷やしてもなま卵にはもどらないように、卵白アルブミンの熱変性は不可逆である。ところが、ウシの膵臓に由来するリボヌクレアーゼ A という酵素タンパク質の

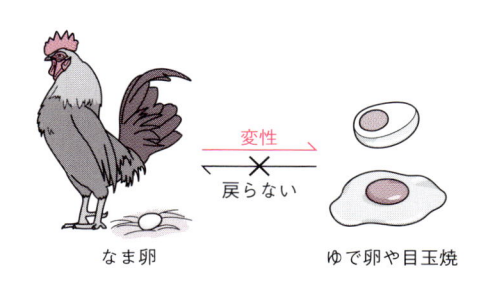

図 3.12 タンパク質の変性

変性は、可逆的であることが示された。この酵素を高濃度の尿素などの変性剤で処理すると、ポリペプチド鎖の折りたたみ（三次構造）がほぐされ、変性し酵素活性を失うが、**透析**（豆知識3-3）によって変性剤を慎重に除くと、天然分子同様に折りたたまれ活性が回復する。遺伝情報が直接決定するのはタンパク質の一次構造だけだが、このリボヌクレアーゼの場合は、一次構造が決まっただけで立体構造も自発的に形成されると考えられる。

しかし、一次構造だけから三次元構造を正確に予想するのは大変困難である。新しいタンパク質の立体構造を一次構造から予測するには、実験的な手法で解明された他の類似タンパク質の知識を援用する必要がある。また、細胞内でタンパク質が合成される際も、ポリペプチド鎖が伸長していくにつれ、すべてそのまま単独で自発的に立体構造を組んでいくわけではなく、**分**

豆知識3-3　透　析（dialysis）

　セロハンのような半透膜は、タンパク質など高分子の溶質は通さないが、尿素のような低分子の溶質や、溶媒の水は通す。半透膜には眼に見えない小さな穴（小孔）が開いており、透過するかしないかは分子の大きさで決まる。セロハン膜の場合、分子量1万程度が境目になる。そこで、セロハンのチューブに溶液を詰め、チューブの両端を密閉した上で大量の溶媒（透析液）に漬けておくと、やがて低分子の溶質は除かれ、チューブ内には高分子の溶質が残る。このような分離操作あるいは現象を透析という。現在では、小孔のサイズが均一なさまざまな膜が開発され、限外濾過膜とよばれている。

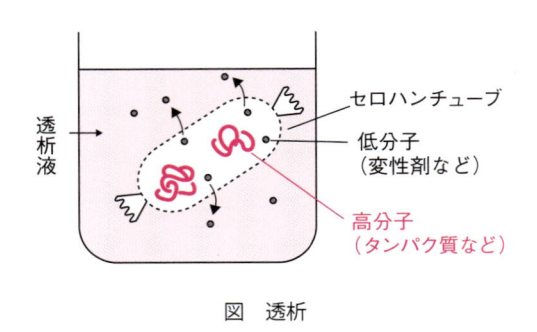

図　透析

子シャペロン（molecular chaperone）という介添え役のタンパク質が正しい折りたたみを助けている場合が多い。分子シャペロンは新生タンパク質の成熟を助けるだけでなく、加熱などのストレスでほどかれかけたタンパク質を巻きもどす「リハビリ」のはたらきもある。

構造解析の実験手法が進歩して、多数のタンパク質の立体構造が明らかになってきた結果、天然状態ではまったくあるいは部分的に、立体構造をとらないタンパク質も多いことがわかってきた。これら非構造化タンパク質は、一般にアミノ酸組成が偏っている。極性や解離基をもつアミノ酸が多く、疎水性アミノ酸が少ない。細菌では非構造化タンパク質が4％程度にとどまっているのに対し、動植物では30％以上が、全体的あるいは部分的に非構造化されているといわれている。

3.4 特殊なアミノ酸とタンパク質

20種類の標準アミノ酸（3.1.2項）以外にも、多くのアミノ酸が存在する。オルニチンやシトルリンは、窒素化合物の代謝ではたらいているα-アミノ酸である（12.1.2項）。β-アミノ酸には、ビタミンのパントテン酸や補酵素A（CoA、8.2.2項）の構成成分であるβ-アラニンなどがある（図3.1）。γ-アミノ酸には、神経細胞の活動を抑制する神経伝達物質であるγ-アミノ酪酸（gamma-aminobutyric acid：GABA）などがある。

基本20種類以外の特殊なアミノ酸は、GABAのように単独ではたらく分子や、β-アラニンのようにビタミンの部分構造となるものだけでなく、タンパク質を構成するものも多数存在する。それらの多くは、20種のアミノ酸残基から翻訳後修飾によって変形されたものである。たとえばコラーゲンに含まれるヒドロキシプロリン残基は、プロリン残基の酸化によって生成される。

微生物の合成する抗生物質には、環状オリゴペプチドがある。これらにはD体のアミノ酸が含まれるものも多い。このようなオリゴペプチドは、遺伝子の翻訳（7.4節）によってつくられるのではなく、鋳型を伴わない一般の酵素反応によって生合成される。

ゆでた大豆からナットウ菌が発酵してつくる納豆(なっとう)には、ポリグルタミン酸というポリペプチドが含まれる。納豆を混ぜたときに生じるネバネバの細い糸の実体がこれである。ポリグルタミン酸は通常のタンパク質とは異なり、α 位ではなく R 基の γ 位のカルボキシ基がペプチド結合（アミド結合）にあずかっている。これも翻訳ではなく、専用の重合酵素によって生合成される。

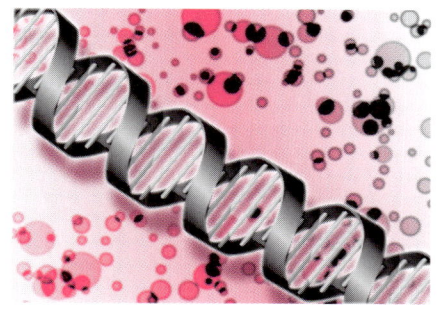

4 核酸とヌクレオチド

核酸は遺伝子の化学的実体として安定に保管されるとともに、遺伝情報の動的な発現において活発にはたらく物質でもある。**ヌクレオチド**（nucleotide）は、言葉の響きが「核酸」とは全然違うが、**核酸**の英語が"nucleic acid"（ヌクレイック アシッド）であることにも示されるように、核酸とヌクレオチドは密接な関係がある。すなわち核酸は、ヌクレオチドが多数重合した多量体である（表1）。ヌクレオチドはまた単量体のままでも、エネルギー変換や信号伝達など独自の役割を果たしている。

糖質・脂質・タンパク質の3つは古くから知られ、和名の語尾に共通に「質」がつくのに対し、核酸やヌクレオチドは分子組成が複雑で、歴史的な発見や構造の解明も遅かったため、基本的な化学物質としてのなじみは最近まで薄かったが、今やこれらに勝るとも劣らない主要な生命物質であるという認識が広まっている。

4.1 ヌクレオチド

代表的な**ヌクレオチド**（nucleotide）に**ATP**（adenosine 5′-triphosphate、アデノシン5′-三リン酸）がある（図4.1）。ATPは、リボース（ribose、1.1.3項④）という五炭糖の1′位にアデニンという塩基が結合し、5′位にトリリン酸（正リン酸が3つ連なったもの）が結合している。塩基の各原子に1、2、3、、、の通し番号をふるのに対し、糖の原子には1′、2′、3′、、、というようにダッシュ（′：プライム）をつけて区別する。3つのリン酸基は、糖に近い方から α、β、γ と指定する。このように、糖・塩基・リン酸の3者から

4. 核酸とヌクレオチド

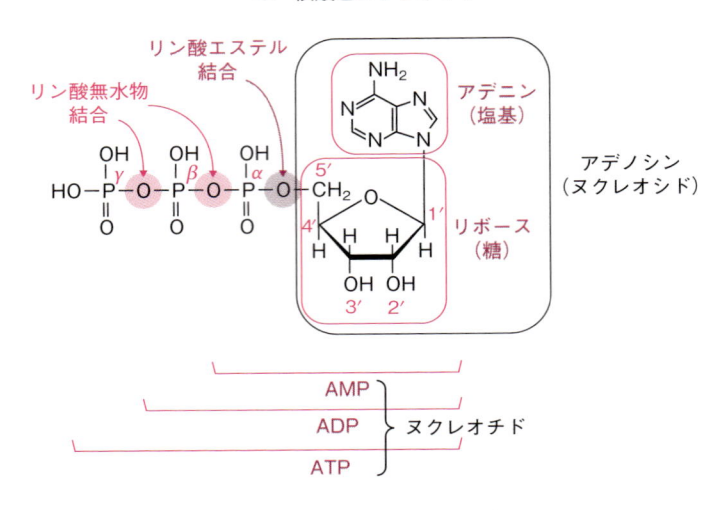

図4.1 ヌクレオチドの構造

なる化合物がヌクレオチドである。リン酸基の数が2つなら語尾が二リン酸（diphosphate）、1つなら一リン酸（monophosphate）と変わり、ヌクレオチドの略号もそれぞれADP、AMPである。ATPのγ位のリン酸基が除かれた分子がADPである。このリン酸基の着脱が、細胞のエネルギー変換に重要である（**6.3.3項**）。リン酸を含まず塩基と糖のみからなる分子を**ヌクレオシド**（nucleoside）という。この語尾 -oside は、配糖体をあらわすものとして既出である（**1.1.5項③、図4.2**）。いいかえると、配糖体の1種であるヌクレオシドをリン酸化した物質をヌクレオチドと名づけたわけである。

ヌクレオチドの糖にはリボースのほかに、その2′位が還元された2′-デオキシリボース（2′-deoxyribose）がある（**1.1.5項②**）。2′-deoxyadenosine 5′-diphosphate の略号は、deoxy- の "d" をつけて dADP とする。リボースを含むヌクレオチドをリボヌクレオチド、デオキシリボースを含むヌクレオチドをデオキシリボヌクレオチドという。前者の重合体をRNA、後者の重合体をDNAとよぶ（**4.3節**）。

ヌクレオチドを構成する代表的な塩基には、このアデニン（A）のほかに、グアニン（G）・シトシン（C）・チミン（T）・ウラシル（U）の計5つがある（**表4.1**）。これらは核酸における遺伝暗号として頻繁に登場するので、このかっこ内に

4.1 ヌクレオチド

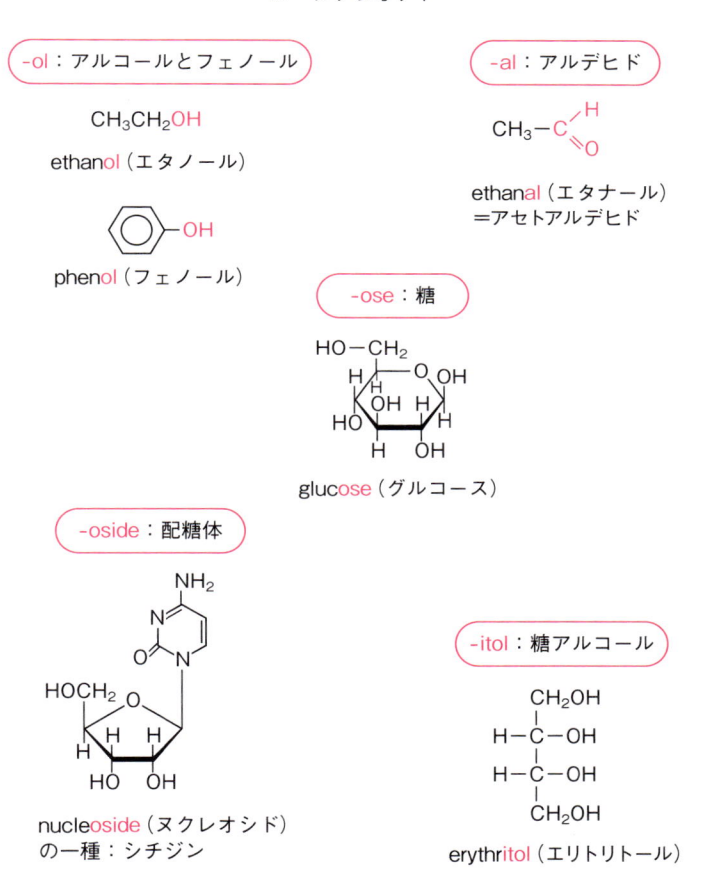

-ol：アルコールとフェノール

CH$_3$CH$_2$OH

ethanol（エタノール）

phenol（フェノール）

-al：アルデヒド

ethanal（エタナール）
＝アセトアルデヒド

-ose：糖

glucose（グルコース）

-oside：配糖体

nucleoside（ヌクレオシド）
の一種：シチジン

-itol：糖アルコール

erythritol（エリトリトール）

図 4.2　物質名の語尾で物質の種類がわかる

示したように 1 文字表記されることが多い。A と G の基本骨格は共通に**プリン**（purine）であり、C・T・U の骨格は**ピリミジン**（pyrimidine）である。これらはいずれも第 1 級アミノ基（-NH$_2$、豆知識 3-1）あるいは第 2 級アミノ基(-NH-)をもち、プロトン化して -NH$_3^+$ や -NH$_2^+$- になる塩基である。A・G・C の 3 つは DNA にも RNA にも含まれるが、T は DNA のみ、U は RNA のみに含まれる。表 4.1 でチミン ヌクレオチドの欄に、TMP ではなく dTMP を示したのもこのためである。

4．核酸とヌクレオチド

表 4.1　ヌクレオチドの主要な塩基

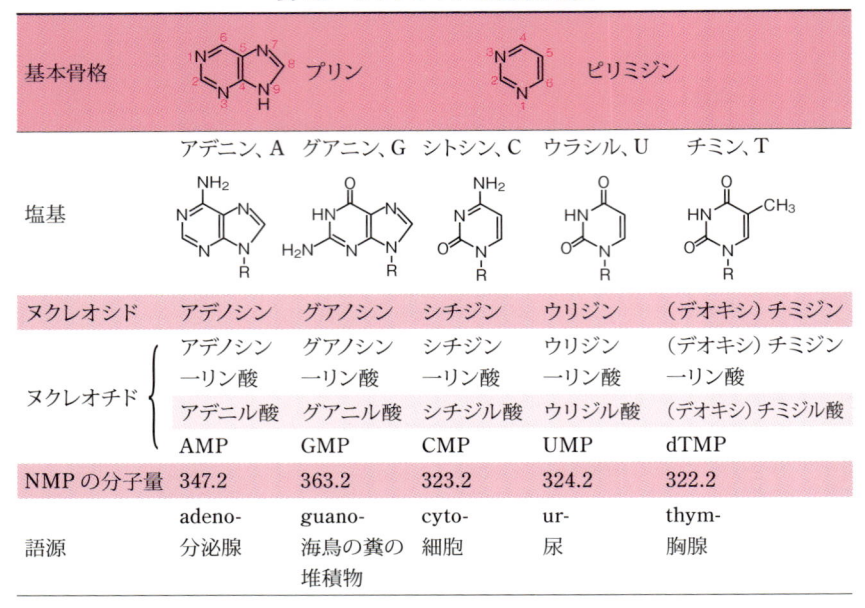

基本骨格	プリン			ピリミジン	
	アデニン、A	グアニン、G	シトシン、C	ウラシル、U	チミン、T
塩基					
ヌクレオシド	アデノシン	グアノシン	シチジン	ウリジン	(デオキシ) チミジン
ヌクレオチド	アデノシン一リン酸	グアノシン一リン酸	シチジン一リン酸	ウリジン一リン酸	(デオキシ) チミジン一リン酸
	アデニル酸	グアニル酸	シチジル酸	ウリジル酸	(デオキシ) チミジル酸
	AMP	GMP	CMP	UMP	dTMP
NMPの分子量	347.2	363.2	323.2	324.2	322.2
語源	adeno- 分泌腺	guano- 海鳥の糞の堆積物	cyto- 細胞	ur- 尿	thym- 胸腺

4.2　オリゴヌクレオチド

　ヌクレオチドの 3′ 位のヒドロキシ基と、もう 1 つのヌクレオチドの 5′ 位のヒドロキシ基とが、リン酸基を介してエステル結合していることを、**3′,5′-リン酸ジエステル結合**という（**図 4.3**）。このリン酸ジエステル結合でヌクレオチドは順次長く連なることができる。リン酸と糖が交互に連なった鎖を主鎖とよび、1′ 位の塩基がそこから横に張り出した格好になる。主鎖の両端では、一方の 3′ 位と他方の 5′ 位のヒドロキシ基が空いており、それぞれ 3′ 末端、5′ 末端とよばれる。

　ヌクレオチド 2 つが結合したものをジヌクレオチド、3 つだとトリヌクレオチドといい、数十個までのものを**オリゴヌクレオチド**（oligonucleotide）と総称する。それ以上 多数が重合したものをポリヌクレオチドあるいは核酸というが（**次節**）、オリゴとポリの境界はあいまいである。1980 年代から遺伝子工学の手法として、20 ～ 50 残基程度の長さのオリゴヌクレオチドが

大量に人工合成され、生命科学の基礎的手法として利用されてきた。一方、ウイルス感染などに対抗する生体防御機構として、21〜23残基長の鎖の二量体がはたらいていることが、2000年前後から明らかになってきた。これは **siRNA**（small interfering ribonucleic acid）と名づけられている。

ヒトにとって必須な栄養素であるビタミンは、体内で活性化されておもに補酵素としてはたらくが、このような補酵素にはヌクレオチドやその誘導体が多い（**8.2節**）。補酵素の FAD(flavin adenine dinucleotide)はビタミン B_2（リボフラビン）から生合成され、NAD（nicotinamide adenine dinucleotide）は同じくビタミンB群の1つであるナイアシンから生合成される。FAD と NAD はともに、酸化還元反応に用いられるジヌクレオチドであり（図 8.6、図 8.5）、塩基の片方が A（アデニン）である。ただしもう一方の塩基は、5つの基本塩基（A・G・C・U・T）のいずれでもなく、フラビンやニコチン

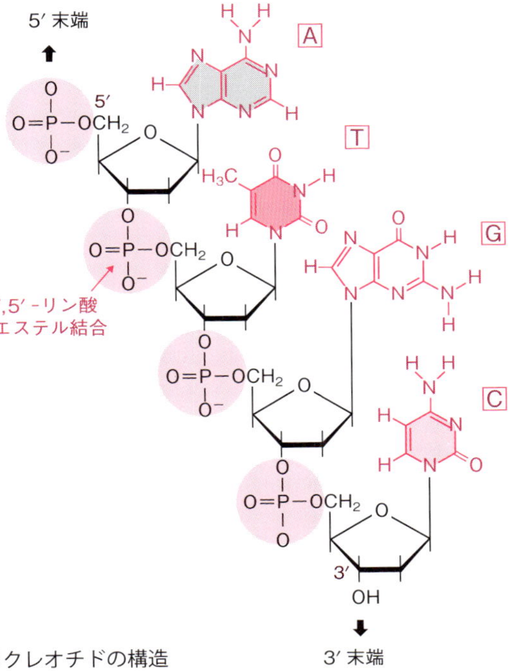

図 4.3 オリゴヌクレオチドの構造

アミドである。ヒトは、5つの基本塩基を自ら合成できるが、これら2塩基は合成できないため、ビタミンとして食物から摂る必要がある。

4.3 核酸

ヌクレオチドの多量体を**核酸**（nucleic acid）という。したがって核酸には塩基（A・T・G・C・U）も含まれるが、リン酸基の酸性度が強いので、分子全体としては「酸」としてふるまう。

核酸は2つに大別される。糖としてリボースを含むものがリボ核酸（ribonucleic acid：**RNA**）、2′-デオキシリボースを含むものがデオキシリボ核酸（deoxyribonucleic acid：**DNA**）である。天然のRNAとDNAには、糖のほか塩基にも違いがある。いずれも4種類の塩基を含み、そのうちA・G・Cの3つは共通だが、RNAでは4つめがU、DNAではTである（**表4.1**）。したがってDNAとRNAの化学構造の違いは、糖の2′位に酸素原子が1つあるかないかと、塩基の一部にメチル基があるかないかの2点である。

化学的には小さな違いのようだが、天然分子の立体構造と安定性、および生体における役割は大きく異なる（**図4.4**）。2種類の核酸のおもな機能を単純に対比するなら、DNAは細胞の核の中で遺伝情報を格納し正確に伝達するのに対し、RNAはその情報を細胞質に持ち出し発現する、といえる。DNAの情報伝達機能には2つの過程がある。1つは子孫という別個体に受け渡す「遺伝」の過程であり、もう1つは多細胞生物の一個体内において単一の受精卵から分裂して増えるすべての細胞に広める「発生」の過程である。

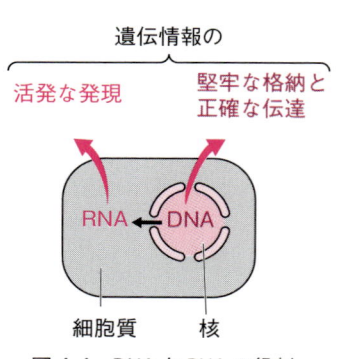

図4.4　DNAとRNAの役割

4.3.1　DNA

DNAは、2本のポリヌクレオチド鎖が逆平行に並び、からみ合った**二重**

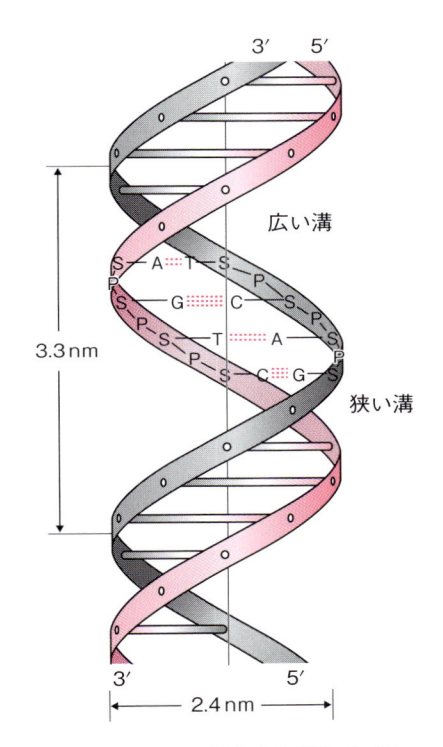

図 4.5　DNA の二重らせん構造（B 形）

らせん（double helix）構造を形作っている（図 4.5）。二本鎖の塩基は、それぞれ相手方の鎖の塩基と 1 対 1 で結合している。このような 2 個 1 組の塩基を**塩基対**（base pair：略して bp）という。塩基対の対応関係には厳密な規則があり、G と C は 3 つの水素結合で、A と T は 2 つの水素結合で、それぞれ互いに結びつく（図 4.6；G：C、A：T）。したがって DNA の塩基組成には、G と C は同量で、A と T も同量だという規則がある。この規則は発見者の名にちなんで**シャルガフの規則**という。GC 含量と AT 含量の和は 100％だが、GC 対 AT の比率は生物種ごとで異なる。4 塩基のうち 1 つの含量が与えられれば、あとの 3 つの塩基の含量も決まる。たとえば G 含量が 21％なら C 含量も 21％であり、A と T の含量はいずれも 29％である。塩基対はいずれもプリン（A・G）とピリミジン（T・C）の組み合わせである。

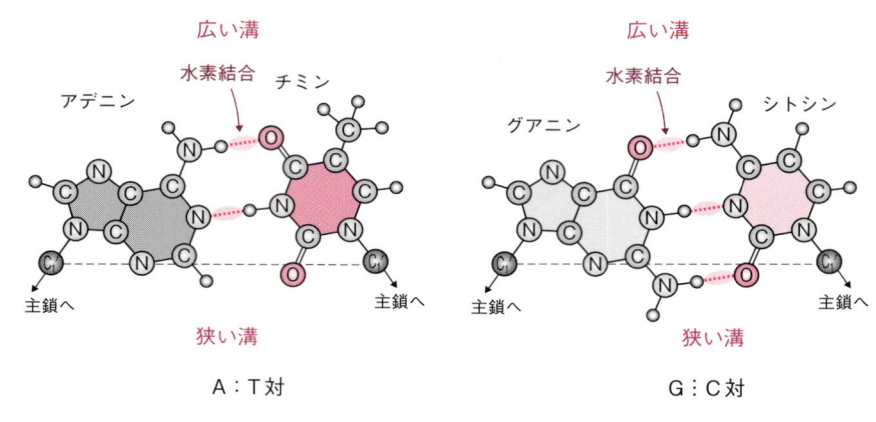

図 4.6 DNA の塩基対

また、DNA 二本鎖のうち片方の鎖の塩基配列が決まれば、他方の配列も決まる。たとえば、一方の鎖が下の 4.1 のような配列ならば、もう一方の鎖は 4.2 のようになる。このような関係を塩基配列の**相補性**（complementarity）という。

$$5'\ \text{ATCCGCTTATCGA}\ 3' \qquad 4.1$$
$$3'\ \text{TAGGCGAATAGCT}\ 5' \qquad 4.2$$

塩基配列はふつう左から右に向かって $5' \to 3'$ の方向に書くことになっている。しかしこの例のように、相補的な鎖をもとの鎖の下に並べて対応させるには、相補鎖の方はアラビア語やヘブライ語のように、右から左に向かって $5' \to 3'$ となるように書く必要がある。

互いに相補的な二本鎖の DNA は、加熱によりいったん変性して一本ずつにほぐしても、それぞれに対応するモノヌクレオチドを集めてつなげれば、まったく同じ構造の二本鎖 DNA が 2 本できあがる。DNA 分子が正確に複製される理由がこの相補性であり、生物の遺伝や増殖・発生が秩序正しくおこることの基盤になっている（**7.4 節**）。

DNA の二重らせん構造は 3 つ知られており、A 形・B 形・Z 形とよばれる。A 形と B 形は右巻き（右ねじ＝標準的なねじの向き）だが、Z 形は左巻き（左ねじ＝逆ねじの向き）である。このうち Z 形は、主鎖がジグザク（zigzag）

に曲がっていることから名づけられた。Z形の生理的意義は不明だが、天然痘ウイルスの病原性などに関係しているらしい。A形とB形も互いに太さやピッチなどが異なる。脱水状態ではA形構造をとるのに対し、水分含量の高い生理的条件下では大部分がB形で、立体構造として最初に解明されたワトソン-クリックのモデルもこちらの形である。ただし転写中に観察されるDNAとRNAのハイブリッド鎖や、RNA二本鎖はA形に近く、発現や調節の過程でA形にも重要な意義がある。

3つの形のうち最も一般的なB形DNAは、直径2.4 nm、らせんは10.3残基で1周し、そのピッチ（1回転で進む距離）は3.3 nmである（図4.5）。ただしこれらの数値はpHや塩濃度で少し変わる。

核酸の鎖が生合成されるには、すでに重合している別の核酸鎖が1本必要である。最初の核酸鎖に相補的なモノヌクレオチドを次々に縮合していくことで、新たな鎖が合成される。したがって新旧2本の鎖全体も塩基配列が相補的になる。この2本のうちもとの鎖を**鋳型**（template）という（7.4節）。重合酵素は、鋳型の鎖の上を3′末端から5′末端に向かって滑りながら、新しい鎖を5′末端から3′末端に向けて延長していく。このことから、核酸鎖の5′末端側を**上流**（upstream）、3′末端側を**下流**（downstream）という。

細胞が分裂する際には、それに先立って核の中のDNAが**複製**される。2本鎖DNAは、まずほぐされて1本ずつに分かれる。単鎖になった2本のDNA鎖それぞれを鋳型にして、DNA重合酵素が新たなDNA鎖を合成するため、結果として4本のDNA鎖ができ、2組の二重らせんDNA分子になる。正確に相補的な複製がなされるので、この2つのDNA分子の塩基配列はかなり厳密に等しいが、完全ではない。細胞分裂でできる2つの細胞に、このDNA分子が1本ずつ分配される。

4.3.2 RNA

RNAにはいろいろな種類が知られている。古くから知られている基本的なタイプは、タンパク質の合成に関与する3群の分子、**伝令RNA**（messenger RNA：mRNA）・**転移RNA**（transfer RNA：tRNA）・**リボソームRNA**（ribosomal RNA：rRNA）である（図4.7）。これらのRNA鎖もDNA鎖の場合と同様、

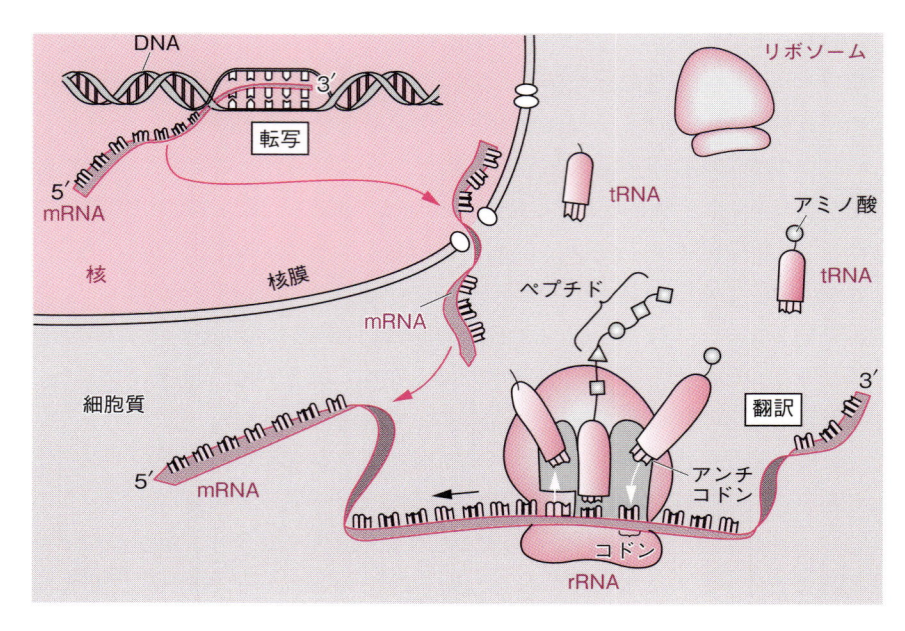

図 4.7　主な 3 種の RNA

　核の中の DNA の遺伝情報をもとに合成される。その際 2 本鎖 DNA は部分的にほぐされ、その片方を鋳型として RNA 重合酵素が新たに RNA 鎖を合成する。この RNA 合成過程を**転写**という。転写された RNA 鎖は、鋳型となった DNA 鎖に正確に対応した相補的な塩基配列をもっている。

　合成された RNA は核膜を通り抜け、細胞質に移送される。そのうち rRNA は、タンパク質と結合して**リボソーム**という構造体を形づくる。また tRNA は、アミノ酸残基と共有結合してアミノアシル tRNA となり、アミノ酸を 1 つずつ運ぶ役割を果たす。mRNA がリボソームに結合すると、mRNA の塩基配列に対応したアミノ酸を tRNA が運んでくる。そのアミノ酸はリボソームの上で互いにつなげられ、ペプチド鎖が伸長していく。この反応を**ペプチジルトランスフェラーゼ**反応という（7.4 節）。アミノ酸は次々に重合度を増し、規定の長さのポリペプチド鎖が合成される。このポリペプチド合成過程を**翻訳**という。翻訳はコドン表にしたがって行われる（表 4.2）。す

表 4.2 標準コドン表

第1塩基 (5′末)	第2塩基				第3塩基 (3′末)
	U	C	A	G	
U	Phe	Ser	Tyr	Cys	U
	Phe	Ser	Tyr	Cys	C
	Leu	Ser	stop	stop Trp	A
	Leu	Ser	stop	Trp	G
C	Leu	Pro	His	Arg	U
	Leu	Pro	His	Arg	C
	Leu	Pro	Gln	Arg	A
	Leu	Pro	Gln	Arg	G
A	Ile	Thr	Asn	Ser	U
	Ile	Thr	Asn	Ser	C
	Ile Met	Thr	Lys	Arg stop	A
	Met	Thr	Lys	Arg stop	G
G	Val	Ala	Asp	Gly	U
	Val	Ala	Asp	Gly	C
	Val	Ala	Glu	Gly	A
	Val	Ala	Glu	Gly	G

開始コドンはAUGである。stop は終止コドンをあらわす。
赤字の4つのコドンは、標準とは異なるミトコンドリア特有のコドン。

なわち、mRNAの3塩基がアミノ酸1残基に対応する。この3つ組塩基を**コドン**（codon）といい、ポリペプチド鎖の合成は開始コドン（メチオニン）で始まり、終止コドン（アミノ酸に対応しない）で終わる。

最近、RNAはこれら古典的な3種類だけでなく、もっと多様なRNAが存在し、遺伝子発現の制御や、細胞分化・触媒などさまざまな機能を果たしていることが明らかになってきた。4.2節でふれたsiRNAもその1つである。

RNAの基本構造はDNAとよく似ているが、いくつかの顕著な違いがある（**4.3節冒頭**）。第1の違いは、名称にも反映されている糖の違いである。DNAの2′位は炭化水素のメチレン基（$-CH_2-$）であり反応性が低いのに対し、RNAではここにヒドロキシ基（-OH）があるため反応性が高い。このことはRNAを生化学的に不安定で分解されやすい化合物にしているとともに、化学的に活発な機能を果たしうる分子にしてもいる。

第2の違いは塩基の種類である。DNAのTがRNAではUにあたるとい

う全体的な違いのほか、一部には特殊な化学修飾を受けている塩基もある。とくに転移RNAには、4-チオウラシルや1-メチルグアニン・ジヒドロウラシルなど修飾塩基が多い。

　以上2つは化学組成の違いだが、高次構造にも違いがある。第3の違いは、RNAは大半が一本鎖であるため、シャルガフの規則（4.3.1項）が成り立たないという点である。とはいえ部分的には、同一鎖内や隣接鎖間で塩基対を形成している領域もある。塩基対の組み合わせはG：CとA：Uである。DNAの二重らせん構造と違い、RNAの対合は部分的で不規則なため、ループやくぼみ（ポケット）も含む複雑な立体構造をとる。

　RNAとDNAの安定性がこのように異なることが、両者の生理的機能の違いももたらしていると考えられる。すなわち安定なDNAは、ゲノムを構成する物質として、遺伝情報を長期にわたって子孫に伝えていく役目を果たす。一方、不安定なRNAは、臨機応変に遺伝情報を発現する役割を分担する。ただしRNAも、ヌクレオチドの連なりであるという基本構造はDNAと共通なので、RNAを遺伝子とする例外的な現象もある。ウイルスには、ゲノムとしてDNAをもつDNAウイルスのほかに、RNAをゲノムとする**RNAウイルス**（RNA virus）もある。インフルエンザやエイズの病原体は、RNAで遺伝情報を子孫に伝えるRNAウイルスである。

　RNAはまた、その反応性が高いおかげで、かつてはタンパク質だけが遂行できると考えられていた触媒作用を示す場合がある（5.1.1項）。酵素活性のあるRNAのことをとくにリボザイム（ribozyme）とよび、タンパク質性の酵素（enzyme）からとくに区別する。リボザイムが示す酵素活性は、多くの場合、発エルゴン反応（6.3.2項）の加水分解である。しかし分解方向の反応だけでは、代謝の主役の一角を占めるとはいいがたい。リボザイムの機能のうち顕著な例は、ペプチド結合（3.2節）を形成するペプチジルトランスフェラーゼ活性である（7.4節）。この反応がおこる場であるリボソームは、タンパク質とRNAから構成されている。かつてはそのうちタンパク質がこの活性を担うと考えられていたが、最近 実はRNAが活性部位の実体であると判明した。

第 2 部

酵素編

5. 酵素の性質と種類………………… 87
6. 酵素の速度論とエネルギー論…… 112
7. 代謝系の全体像…………………… 140
8. ビタミンとミネラル……………… 161

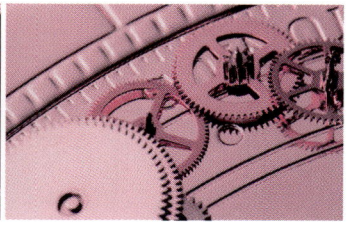

第1部では、からだの中の物質（生体物質）の構造について学んだが、この**第2部**以下では、それら生体物質の「変化」について学ぶ。からだの中で物質の変化を推し進めるのは「酵素」である。**第3部**で具体的な物質変化（代謝）を学ぶ前に、ここでは酵素の全般について集中的に学んでおこう。

　酵素には、「高性能の触媒」という性格もある一方、無機物や有機金属化合物などの触媒からはかけ離れた特徴もあり、それこそが生命現象の目覚ましい特質の基盤になっている。**5章**で酵素の基本をつかみ、**6章**でその数理的取り扱いを学んだあと、**7章**で酵素に独特の性質である共役・調節・鋳型の理解へと進む。ビタミンは**第1部**で扱ってもおかしくない生体物質ではあるが、酵素と深い関係があることから、この部の**8章**に配置した。

5 酵素の性質と種類

　酵素（enzyme）とは、触媒の一種である。少量で化学反応を促進するが、自分自身は変化しない物質のことを一般に触媒（豆知識 5-1）という。触媒には、二酸化マンガンなどの無機物や有機金属化合物などもあるが、からだの中ではたらき、タンパク質でできている触媒をとくに酵素という（図 5.1）。この章では、触媒としての酵素のしくみと基本的な性質を学ぶ。

第2部　酵素編

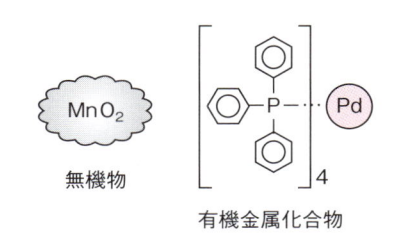

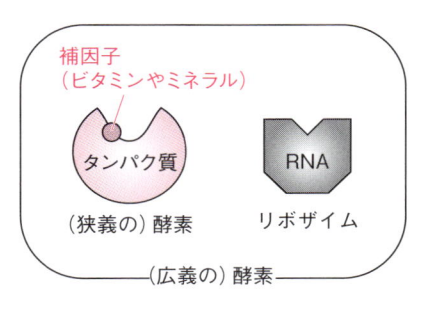

図 5.1　いろいろな触媒

> **豆知識 5-1　触　媒（catalyst）**
>
> 　2010年のノーベル化学賞は、「有機合成におけるパラジウム触媒によるクロスカップリング」を開発した鈴木章さんや根岸英一さんたちに授与された。このクロスカップリングとは、2つの異なる大きな有機化合物どうしを選択的に結合させる反応であり、金属のパラジウム（元素記号 Pd）を含む有機化合物を触媒として用いることによって、重要な成果が得られた。

5.1 酵素の基本

5.1.1 酵素の実体

　タンパク質は大きく複雑な生体高分子なので、酵素は無機触媒などより複合的な機能を果たすことが可能であり、優れた特徴がいくつもある。RNAの一部にも触媒の活性（豆知識 1-4）があり、それらはリボザイム（4.3.2 項）とよぶが、酵素の大部分はタンパク質性である。ただしアミノ酸残基には不得意な反応もあるので、機能を補助する部分構造としてビタミンやミネラルを利用している酵素も多い（8 章）。

　からだの中でおこる物質の変化を「代謝」とよぶ（7.1 節）。酵素は代謝で主役をつとめる物質である。しかし酵素のはたらきは代謝だけに限定されているわけではなく、そのほかにもさまざまな過程で役立っている。生命現象には、物質の化学変化のほかに物質輸送や細胞運動・信号伝達・遺伝現象など多様な過程があり、それぞれで異なるタンパク質や遺伝子がはたらいている。たとえば筋肉運動では、ミオシンとアクチンという2つのタンパク質の相互作用で力を発生している。その際ミオシンは、ATP を加水分解することによって遊離される化学エネルギーを力学エネルギーに変換している。したがってミオシンは、ATP の加水分解を触媒する酵素でもある。この例のように、おもな役割が運動や情報伝達など物質変化以外であるタンパク質でも、酵素としての側面をも合わせもつものが多い。酵素の研究はそのような幅広い領域に役立つ。

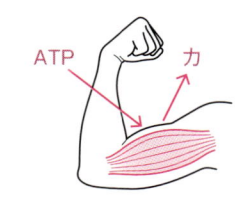

5.1.2 酵素の名前

酵素の常用名は多くの場合、「アルコール脱水素酵素」（alcohol dehydrogenase、図 9.5）のように 2 部分（英語では 2 単語）からなる。1 つめは基質（反応物）の名前をあらわし、2 つめは「反応の種類＋ ase（酵素の統一語尾）」である（表 5.1）。脱水素酵素（dehydrogenase）の場合、基質はエタノール（エチルアルコール）であり、反応の種類は水素（hydrogen）原子を除く（脱する、de-）、つまり酸化することである。

ただしクエン酸合成酵素（citrate synthase、10.2.1 項②）のような合成酵素の場合は、1 つめの語が基質ではなく生成物（産物）をあらわす。この違いは、「合成する」とか「脱水素（酸化）する」という動詞が何を目的語にとるかを考えればすなおに理解できる。「～を合成する」の目的語は、合成工程の結果できる生成物であって原材料ではなく、「～を酸化する」の目的語は、酸化後ではなく酸化前の物質（基質）である。

表 5.1 酵素の名前（常用名）のつけ方

基本と変形	ケース	和名（説明）	欧語名
基本)	2 語：基質名 ＋ 反応の種類 ＋ ase		
		アルコール脱水素酵素（アルコールから水素を除く）	alcohol dehydrogenase
変形1)	生成物名で名前が始まる		
	a) 合成酵素		
		クエン酸合成酵素（クエン酸を合成する）	citrate synthase
	b) 逆反応につけられた名前		
		ピルビン酸リン酸化酵素（実際は PEP を脱リン酸化する）	pyruvate kinase
変形 2)	名前が 1 語だけ		
	a) 基質名と反応名が融合		
		ヘキソキナーゼ	hexokinase(＝ hexose ＋ kinase)
	b) 基質名を省略：同種の反応の中でもっとも代表的な場合		
		アルドラーゼ（9.1.1 項④）	aldolase (fructose-1,6-bisphosphate aldolase)
	c) 歴史の古い伝統的な名前：語尾に -ase もつかない		
		トリプシン、リゾチーム	trypsin, lysozyme

少しややこしいのは、ある反応に関して酵素名がつけられた後、実際にはその逆反応が重要であることが判明した場合である。一般に酵素は、化学反応の正方向と逆方向をともに触媒する。たとえばピルビン酸リン酸化酵素（pyruvate kinase、9.1.1 項⑩）は、ピルビン酸を ATP でリン酸化する反応を触媒する酵素として命名された。その反応の結果、ホスホエノールピルビン酸（PEP）と ADP が生成される。しかしこの酵素の細胞中での実際のはたらきはその逆反応であり、PEP のリン酸基を ADP に転移して ATP を合成することにあった。

これら 2 つのケース、すなわち合成酵素の場合と逆反応への命名の場合は共通に、酵素名が生成物名で始まる。

また名称が 1 単語の酵素もある。「ヘキソキナーゼ」(hexokinase、9.1.1 項①) のように、2 語（ヘキソース＋キナーゼ、hexose ＋ kinase）が 1 語に連結されたり、基質名が短縮されたりしたものもある。物質名の語尾を -ase に置き換えた酵素名は、その物質の加水分解酵素である場合が多い（**表 5.2 下段、5.2 節③**）。

さらに、トリプシン（trypsin、5.4.3 項）やリゾチーム（lysozyme）のように、歴史的に古くに発見された酵素では、"-ase" のつかない伝統的な名称が今でも使われている。トリプシンは食物の消化酵素であり、「擦り減らす」を意味するギリシャ語 tryein に由来する。リゾチームは細菌の細胞壁を分解する（lyse、溶かす）殺菌性の酵素である。

生化学の研究は、歴史的に西欧で始まり発展したので、酵素の日本語名は欧語名の和訳である。この和訳には、「脱水素酵素」のように漢字表記の場合と、「デヒドロゲナーゼ」のようにカタカナで音を模した場合とがある（**表 5.2**）。後者のうちでも、明治時代からの伝統に従いドイツ語的に読み語尾を「アーゼ」にする場合と、敗戦後の習慣で英語的に読み語尾を「エース」にする場合とがある。たとえば加水酵素(hydratase)は、前者ではヒドラターゼ、後者ではハイドラテースとなり、著者や文献によって混在している。本書では、oxidase を「酸化酵素」と訳すような漢字表記をいくぶん多く用いたが、一般には「オキシダーゼ」のようなカタカナ表記もよく使われる。

表 5.2　まぎらわしい酵素名のまとめ

まぎらわしい名	カタカナ名	欧語名	違い
リ X ーゼ	リアーゼ	lyase	EC4群。脱離反応や付加反応を触媒。
	リガーゼ	ligase	EC6群。連結（合成）反応を触媒。
ヒド X ーゼ	（デ)ヒドラターゼ	(de)hydratase	水分子（H_2O）の脱着に関わる。
	（デ）ヒドロゲナーゼ	(de)hydrogenase	水素（hydrogen）すなわち水素原子（H）や水素分子（H_2）に関わる。
オキシ X ーゼ	オキシダーゼ	oxidase	広義には、酸素分子（O_2）で基質を酸化する（oxidize）反応の総称。下のオキシゲナーゼを含む。狭義には、オキシゲナーゼを除く。
	オキシゲナーゼ	oxygenase	O_2の酸素（oxygen）原子を基質に添加する反応を触媒。
シン X ターゼ	シンセターゼ	synthetase	ATPなどの加水分解を伴う合成酵素。EC6群。
	シンターゼ	synthase	その他の合成酵素。EC2、4群など。

	物質名	例	違い
物質名の語尾を -ase に置換	有機化合物	lipid → lipase protein → protease	その有機化合物を加水分解する反応を触媒。
	元素	nitrogen → nitrogenase hydrogen → hydrogenase	その元素の単体分子（N_2やH_2など）を分割したり生成したりする反応を触媒。

5.2　酵素の種類・分類

　酵素にはたくさんの種類があるが、系統的に分類され、きちんと整理されている。1961年に国際生化学連合（現在の国際生化学分子生物学連合 International Union of Biochemistry and Molecular Biology、略して IUBMB）の酵素委員会（Enzyme Commission）で定められた分類法が、改善されながら現在でも広く使われている（**表 5.3**）。

　各酵素には、ECに続く4つの数字と系統名がつけられる。たとえばフマル酸加水酵素（fumarate hydratase、10.2.1 項⑧）の EC 番号は EC 4.2.1.2 であり、系統名は (S)-malate hydro-lyase (fumarate-forming) である（**豆知識 5-2**）。

表 5.3　酵素の EC 分類（抜粋）

EC 分類	酵素名	備考（参照箇所）
1　酸化還元酵素		
1.1　CH-OH が電子供与体		
1.1.1　NAD^+ か $NADP^+$ が電子受容体		
1.1.1.37　リンゴ酸脱水素酵素		クエン酸回路（図 10.3 ⑨）
1.9　ヘムが電子供与体		
1.9.3　酸素が電子受容体		
1.9.3.1　シトクロム c 酸化酵素		呼吸鎖（図 3.11、10.3 節④）
2　転移酵素		
2.4　配糖体を転移する		
2.4.1　六炭糖の配糖体を転移する		
2.4.1.11　グリコーゲン合成酵素		多糖の生合成（図 9.14 ③）
2.6　窒素含有基を転移する		
2.6.1　トランスアミナーゼ		
2.6.1.1　アスパラギン酸トランスアミナーゼ		アミノ酸代謝（図 12.3 の AST）
3　加水分解酵素		
3.2　配糖体分解酵素（glycosylase）		
3.2.1　グリコシダーゼ（glycosidase）		
3.2.1.1　α-アミラーゼ		多糖の分解（9.4.1 項①）
3.6　酸無水物結合を切断		
3.6.3　膜輸送を触媒する		
3.6.3.9　Na^+,K^+-ATP アーゼ		生体膜の輸送体（図 5.2）
3.6.3.14　F_oF_1-ATP 合成酵素		ミトコンドリア複合体 V（図 10.5）
3.6.4　細胞運動を促進する		
3.6.4.1　ミオシン ATP アーゼ		モータータンパク質（図 5.2）
4　リアーゼ		
4.1　C-C リアーゼ		
4.1.1　カルボキシリアーゼ（carboxy-lyase）		CO_2 を付加／脱離
4.1.1.1　ピルビン酸脱炭酸酵素		アルコール発酵（図 9.5 ⑪）
4.2　C-O リアーゼ		
4.2.1　加水酵素（hydro-lyase）		H_2O を付加／脱離
4.2.1.2　フマル酸加水酵素		クエン酸回路（図 10.3 ⑧）
5　異性化酵素		
5.1　ラセマーゼとエピメラーゼ		
5.1.3　炭水化物に作用する		
5.1.3.2　UDP-グルコース 4-エピメラーゼ		ガラクトース代謝（図 9.4(b)）
5.3　分子内酸化還元酵素		
5.3.1　アルドース-ケトース変換		
5.3.1.1　トリオースリン酸異性化酵素		解糖系（図 9.2 ⑤）
5.3.1.9　グルコース-6-リン酸異性化酵素		解糖系（図 9.2 ②）
6　リガーゼ		
6.1　C-O 結合を形成		
6.2　C-S 結合を形成		
6.2.1　酸-チオールリガーゼ		
6.2.1.4　スクシニル CoA 合成酵素		クエン酸回路（図 10.3 ⑥）

* KEGG の URL: http://www.genome.jp/kegg-bin/get_htext?ko01000.keg

豆知識 5-2 立体配置の S-R 表示法

不斉炭素まわりの立体配置に由来する立体異性（いわゆる光学異性）の表示法には、1.1 節で解説した **D-L 表示法**（図 1.3）のほかに、***S-R* 表示法**もある。この表示法では、不斉炭素に結合した 4 つの置換基に、次の規則で順位をつける。

❶ 1 つめの原子：まず、不斉炭素に直接結合した原子の原子番号が大きいものから順に並べる。たとえば、アミノ基（-NH_2）・メチル基（-CH_3）・ヒドロキシ基（-OH）・水素原子（-H）の 4 つであれば、原子番号が O > N > C > H なので、-OH が 1 位、-NH_2 が 2 位、-CH_3 が 3 位、-H が 4 位の順番になる。

❷ 2 つめの原子：最初の原子で順位がつかない場合は、その原子に結合した次の原子で判断する。たとえば、エチル基（-CH_2CH_3）・メチル基（-CH_3）・カルボキシ基（-COOH）・ヒドロキシメチル基（-CH_2OH）の 4 つであれば、それぞれ最初の C に結合した原子とその原子番号は、

-CH_2CH_3；　　C > H = H　→　12 > 1 = 1
-CH_3；　　　　H = H = H　→　 1 = 1 = 1
-COOH；　　　O = O　　　　→　16 = 16 > *0*
-CH_2OH；　　O > H = H　→　16 > 1 = 1

ここで -COOH では、最初の C に直接結合した原子は 2 つしかない（2 つとも O）。空位の 3 つ目は原子番号ゼロと置いて比べる。まず、それぞれの置換基において、原子番号の最も大きな原子の原子番号を比べると、-COOH と -CH_2OH がともに 16 で 1 位、次が 12 の -CH_2CH_3、最後が 1 の -CH_3 となる。順位のつかなかった複数の置換基では、原子番号の大きさが 2 番目の原子の原子番号で比べる。すると -COOH が 16 で 1 位、-CH_2OH がその次となる。結局、-COOH が 1 位、-CH_2OH が 2 位、-CH_2CH_3 が 3 位、-CH_3 が 4 位となる。

❸ 回転方向：さて、このようにして決まった順位の一番低い置換基（❶の例では -H）を奥に向け、残り 3 つの置換基（❶の例では -OH・-NH_2・-CH_3）を順位の高いものから順にたどった場合、右回り（時計回り）になるものを *R* 体、左回り（反時計回り）になるものを *S* 体とよぶ。*R*、*S* は、それぞれラテン語の rectus（正しいの意、英語の right に当たる）、sinister（左の意）に由来する。

この規則によると、L- リンゴ酸（L-malate）は (*S*)-malate とあらわしうる。*S-R* 表示法は **IUPAC**（豆知識 2-6）で組織的命名法として採用されているので、**IUBMB** による酵素の系統名では、物質名を D-L 表示法ではなく *S-R* 表示法で書きあらわす。なお、1 分子中に複数の不斉炭素がある場合は、それぞれの不斉炭素に *S*、*R* を表示できるが、D、L は物質の表示法なので、1 つしかつけない。

EC 番号は酵素の系統的分類に有用で、データベースなどにも広く用いられているが、系統名は簡潔性に欠けているので、常用名ほどには使われていない。EC 番号の 4 つの数字の意味は、以下の通り：

1 つめ；反応の種類による主分類。
　　　　下の①〜⑥に示す 6 大分類になっている。
2 つめ；反応の細区分や基質の種類、作用点などによる副分類。
　　　　たとえば、どの共有結合に反応するかなど。
3 つめ；補酵素の種類などによる、さらなる副分類。
4 つめ；副分類のうちの通し番号。

① **酸化還元酵素**（oxidoreductase）；酸化還元反応を触媒する酵素。酸化酵素（oxidase、オキシダーゼ）や還元酵素（reductase、レダクターゼ）のほか、前節の例示に出てきた脱水素酵素もこれに含まれる。「酸化酵素」には、広狭 2 つの意味がある（表 5.2）。広い意味では、酸素分子（O_2）を電子受容体として基質を酸化する反応すべてをあらわす。この反応で O_2 がどうなるかには、次の 3 つの場合がある：(1) 水（H_2O）に変わる・(2) 過酸化水素（H_2O_2）に変わる・(3) 基質分子に取り込まれる、の 3 つである。狭い意味での「酸化酵素」は、このうち (1) ＋ (2) のみを指し、(3) は含まない。その場合 (3) はオキシゲナーゼとよんで区別する。したがってオキシゲナーゼ（oxygenase、酸素添加酵素）とは、酸素分子 O_2 の原子を基質に導入する酵素である。酸素原子 1 個を添加するのはモノオキシゲナーゼ、2 個とも添加するのはジオキシゲナーゼと分類される。ジオキシゲナーゼはさらに、2 つの酸素原子をそれぞれ別の基質に導入する分子間ジオキシゲナーゼと、単一の基質に導入する分子内ジオキシゲナーゼに区分される。

　ほかに、ペルオキシド構造（R-OO-R′）を還元的に切断して 2 つのヒドロキシ基に分解（R-OH と R′-OH）するペルオキシダーゼ（peroxidase）もある。そのうち大部分は、過酸化水素 H_2O_2 を還元して 2 分子の水 H_2O に分割する酵素である。その反応で使われる還元剤（反応する還元的基質）を酵素名に入れて、NADH ペルオキシダーゼとか、グルタチオン ペルオキシダーゼなどとよばれる。またカタラーゼ（catalase）は過酸化水素を不均化する（同

一種類の2つ以上の分子を2種類以上の異なる分子に変える）酵素であり、2分子のH_2O_2から1分子のO_2と2分子のH_2Oを生成する。

② **転移酵素**（transferase）；官能基などの原子団をある分子から別の分子に移動（transfer）させる酵素。メチル基を転移するのは methyltransferase というのに対し、アミノ基を移動させる酵素は aminotransferase とも transaminase とも表記する。アルデヒド基やケトン基のかかわる転移酵素に、transaldolase や transketolase がある。リン酸基を移すリン酸転移酵素（phosphotransferase）の多くは、ATP をはじめとする高エネルギーリン酸化合物から標的基質にリン酸基を転移するキナーゼ（kinase、リン酸化酵素）である。

なお、同じ原子団の転移でも、分子内の移動だと、下記の異性化酵素（⑤）に分類される。

③ **加水分解酵素**（hydrolase）；加水分解は、水分子を用いて物質を分解する反応である。水はからだに最も多い物質であるため、容易に進行する。腸管で食物を分解する消化酵素や、細胞内の**リソソーム**（豆知識 5-3）で不用物を処理する分解酵素などが、この分類群に含まれる。物質名の語尾を"-ase"に置換した名前の酵素は、ふつうその物質を加水分解する酵素を指す（**表 5.2**）。たとえばプロテアーゼ（protease）はタンパク質（protein、3.3 節）

豆知識 5-3　リソソーム（lysosome）

不用物や異物・病原体などを分解する細胞小器官（豆知識 5-5）。lyso- は分解する、溶かすの意で、代謝経路の1つの解糖系（glycolysis、9.1 節）の単語にも含まれている。-some は球状の構造体を意味する語。生体膜（図 2.11）で包まれ、細胞質ゾル（豆知識 5-5）からは隔てられている。リソソームの内部の pH（2.1.3 項）は酸性で、細胞質ゾルが中性なのとは異なる。リソソーム内には、酸性 pH でよくはたらく分解酵素がたくさん存在する（5.3.1 項②）。

を加水分解し、ヌクレアーゼ（nuclease）は核酸（nucleic acid）、リパーゼ（lipase）は脂質（lipid）、グリコシダーゼ（glycosidase）は配糖体（glycoside、1.1.5 項③）を分解する。

④ **リアーゼ**（lyase、脱離・付加酵素）；基質分子から官能基が除去されて二重結合を残す反応、あるいはその逆反応で二重結合に官能基を付加する反応を触媒する酵素。

二酸化炭素（CO_2）を脱離する脱炭酸酵素（decarboxylase）や、アンモニア（NH_3）を脱離するアンモニア リアーゼ（ammonia-lyase）、水（H_2O）を付加する加水酵素（hydratase）、逆に水を脱離する脱水酵素（dehydratase）、有名な解糖系の酵素アルドラーゼ（9.1.1 項④）などがこれに含まれる。なお、脱アミノ酵素（deaminase）には、この④に入るもののほか、加水分解（③）によってアミノ基を除去する酵素も多い。そこで④に入る酵素を明確に区別したい場合には「アンモニア リアーゼ」の名前を使う。またアミノ基の脱離を酸化的におこなう酵素もあり（12.1.1 項）、これは①に分類される。

"hydratase" の hydrat- は、**水和**（hydration）とか**炭水化物**（carbohydrate、1章冒頭）などの語句にも含まれている。これらはいずれも H_2O が結合することを意味するが、水和には非共有結合も含まれるのに対し、炭水化物は H_2O が炭素に共有結合した形の有機化合物である。

化学反応は一般に可逆的なので、酵素が正逆両方向の反応を促進するのは当然である（5.4.2 項）。そのうち、酸化還元（①）や基の転移反応（②）は、逆反応も同じ酸化還元や転移反応なので、その可逆性がわかりやすい。それに対し、ここのリアーゼ反応では、除去・脱離・分解の逆反応は付加・合成であるため、正逆両反応の性格がかなり異なる。なお、リアーゼの一部は合成酵素（synthase）ともよばれる（次ページ⑥参照）。

⑤ **異性化酵素**（isomerase、イソメラーゼ）；分子内の反応を触媒して、異性体間で変換する酵素。異性化反応は基質も生成物も1つずつなので、反応式は単純である（たとえば 9.1.1 項②など）。副分類は異性化反応の種類に対応する。すなわち EC 番号の2つめの数字は、1がアミノ酸や糖などの

立体異性（1.1.1 項）の変換、2 がシス - トランス異性の変換（2.3 節）、3 が分子内酸化還元反応（アルドース - ケトース間の変換など）、4 が分子内転移反応、5 が分子内開裂反応（分子内リアーゼ反応）などに対応する。これらのうち 4 の酵素をムターゼ（mutase）とよぶ（9.1.1 項⑧）。1 のうち、**ラセミ化**（豆知識 5-4）を触媒する酵素をラセマーゼ（racemase）、エピマー（1.1.1 項）間の変換をおこなう酵素をエピメラーゼ（epimerase）という。

豆知識 5-4　ラセミ化（racemization）

光学的に不活性になること（豆知識 1-4）。光学活性物質がその旋光度を減少する、あるいはゼロにすること。ラセミ化は、熱や光などの物理的要因や、酸・塩基などの化学的要因によって、物質の一部（最大では半分）の分子が、その鏡像異性体（対掌体、豆知識 1-3）に変換されることによっておこる。

---

⑥ **リガーゼ**（ligase、連結酵素、合成酵素）；ATP など高エネルギーリン酸化合物（6.3.3 項）の加水分解に共役して、C-C、C-N、C-O、C-S などの結合を形成する縮合反応を触媒する酵素。合成酵素（synthetase）とよばれるものもあるが、この日本語はリアーゼ（④）などの "synthase"（つづりの違いに注意）の訳語としても用いられる（表 5.2）。いいかえると、合成酵素のうち、エネルギー入力の必要な酵素がリガーゼ（⑥、連結酵素）で、それが不要な酵素がリアーゼ（④、付加酵素）などだとも整理できる。紛らわしさを避けるため、リアーゼ、リガーゼとカタカナ書きされる傾向が強い。遺伝子工学では、④に属する制限酵素（restriction enzyme、5.3.1 項③）で切断された DNA 鎖を、⑥に属する DNA リガーゼで連結する実験操作が、**遺伝子組換え技術**の中心になっている。

以上のような分類は包括的・網羅的で優れており、長く使い続けられている。しかし限界もある。酵素としての性質をもつタンパク質でも、より本質的な役割は化学変化の促進ではなく、運動や情報伝達などであるものも多い（5.1.1 項末尾）。EC 番号による分類では、それらをも酵素としての副次的

な性質からながめることになる。たとえば筋肉で力学的な運動を引きおこすミオシンと、脳や腎臓でナトリウムイオンとカリウムイオンを輸送するイオンポンプは、分子生理学的な機能の面でたいへん異なる。にもかかわらず、エネルギー源は共通にATPの加水分解反応であるため、酵素としてはともにATPアーゼ（ATP加水分解酵素）と規定される（ミオシンATPアーゼとNa^+,K^+-ATPアーゼ）。この事情はたとえば、航空機と脱穀機をともに「石油燃焼機」とよぶようなものである（**図 5.2**）。

しばらく前まで、これらATPアーゼのEC番号は、3つめの数字まで共通に3.6.1とされ、4つめの通し番号だけで区別されていた。ただし現在では、化学反応以外の機能も考慮して、分類体系をいくぶん修正している。イオンポンプなど能動輸送体は3.6.3、ミオシンなどモータータンパク質は3.6.4と、副分類の段階で分けている（**表 5.3**）。

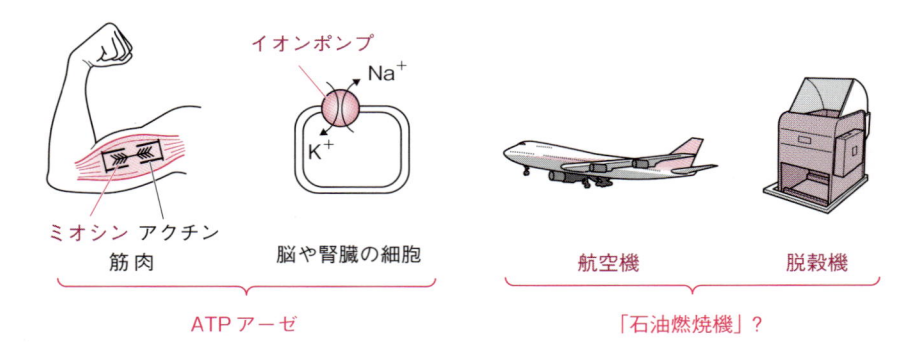

図 5.2 タンパク質の機能と酵素の名前

5.3 酵素の特徴

5.3.1 化学的・量的特徴

無機物や金属有機化合物など一般の触媒に比べ、酵素には次のような特徴がある。

① 反応速度が大きい。

触媒のない自然条件での化学反応に比べて速いだけでなく、一般の触媒反応と比べてもさらに桁違いに速い場合が多い。

② 常温・常圧の穏やかな条件のもとではたらく。

化学反応は一般に温度が高いほど速く、また気体の反応は圧力が高いほど速い。たとえば鉄 Fe を主体とする触媒を用い、窒素 N_2 と水素 H_2 を反応させて、窒素肥料の原料であるアンモニア NH_3 を合成する化学反応（**ハーバー - ボッシュ法**）は、400 ～ 600℃、200 ～ 1000 気圧という高温・高圧でおこなう。ところが生物のからだの中にある酵素は当然、大気圧（1 気圧）下の体温（ヒトなら 37℃程度）という穏やかな条件ではたらく。

また、水素イオン H^+ や水酸化物イオン OH^- が関わる化学反応は、中性よりも強酸性や強アルカリ性の溶液でのほうが速い。ところが細胞の中（**細胞質ゾル**、豆知識 5-5）にある酵素は、穏やかな中性でよくはたらく。

化学反応の速度はふつう、温度や圧力・pH など条件が極端な値のときに最も高くなるのに対し、酵素の活性はそれらの条件が特定の中間的な値のと

豆知識 5-5　細胞質ゾル（cytosol）

細胞は、1）表層の細胞膜や細胞壁、2）中心の核、3）細胞の本体である細胞質（cytoplasm）の 3 部分からなる。このうち細胞質には、ミトコンドリアや小胞体などの細胞小器官や細胞骨格などの構造体も含まれているが、これら構造体を除いた液状部分を細胞質ゾルという。

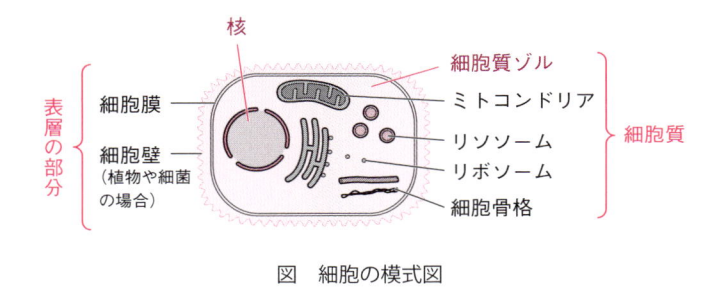

図　細胞の模式図

きに最も高くなる。一般に、酵素活性など何らかの性質が条件に応じて異なることを、**依存性**（dependency）という。そのうち最も高い値を示す条件を、**至適条件**（optimal condition、最適条件）という。

　ヒトの酵素のpH依存性はベル形を示し、至適pHは中性付近にあることが多い（**図 5.3(a)**）。しかし胃酸の存在下ではたらくペプシンなどの消化酵素や、リソソームの内部にある加水分解酵素（**5.2 節③**）の至適pHは酸性である。また微生物の中には、温泉に住む好熱菌や、アルカリ性や酸性の環境に生息する好アルカリ菌や好酸菌などもあり、それらの菌の酵素は生息環境に応じた至適温度や至適pHを示すものが多い。

　酵素の温度依存性は、熱エネルギーによる活性化と酵素タンパク質の熱変性とのバランスで決まる（**図 5.3(b)**）。低温領域では、一般の化学反応と同

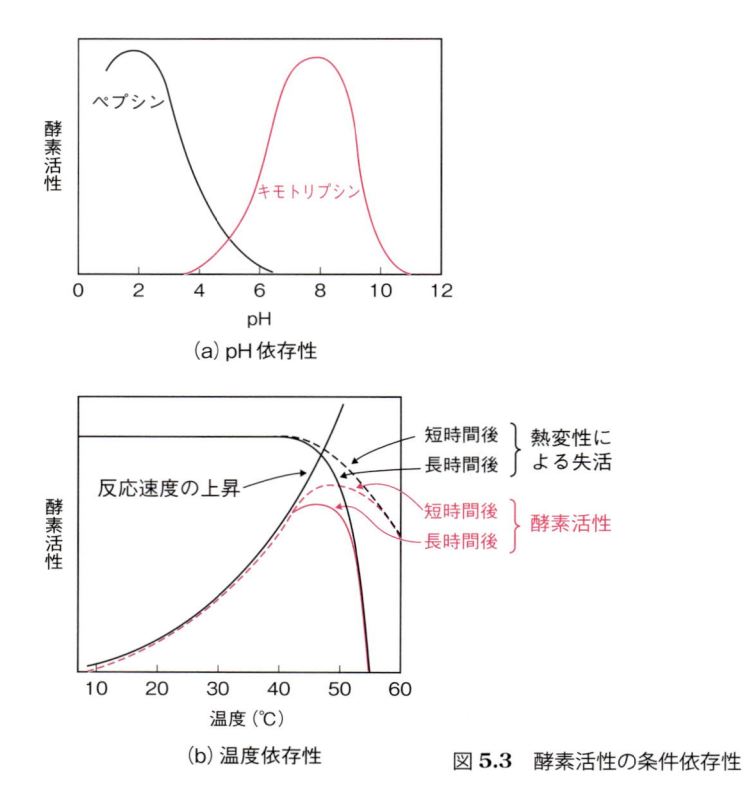

(a) pH依存性

(b) 温度依存性

図 **5.3**　酵素活性の条件依存性

様に、温度が上がるにつれて反応の確率が高まり、酵素活性は上昇する。高温領域では、温度が高いほどタンパク質の変性が速く、酵素活性は低下する。ただし熱変性は不可逆的であり、時間が経過すると進行することに注意すべきである。高温にさらす時間が短いと活性は高いが、長時間後には下がる。加熱による活性上昇は可逆的で、ふたたび温度を下げると活性も低い値にもどるのに対し、加熱による活性低下は不可逆的で、温度を下げても活性は回復しない。

pH依存性でも、極端な条件では不可逆的な酸変性やアルカリ変性をおこす。酵素活性の条件依存性についてはこのように、その変化が可逆的なのか不可逆的なのかに注意する必要がある。

③ **特異性が高い。**

一般の触媒は、化学的性質の近い反応物には同じように作用する傾向があるのに対し、酵素は、官能基が共通の異性体でもその微妙な立体構造を厳密に選り分けて、特定の基質にだけ作用する場合が多い。これを**基質特異性**（substrate specificity）という。たとえばグルコースとガラクトースは、互いによく似た分子どうしである。化学式も共通に $C_6H_{12}O_6$ で、1か所の不斉炭素のキラリティーだけが異なる立体異性体である。しかし多くの酵素はこの2つの単糖を厳密に判別し、片方だけに反応する。基質特異性のうち、立体異性体の識別をとくに**立体特異性**（stereospecificity）という。

DNA分子では、リン酸基と糖のジエステル結合が均一にくり返されているが、DNA分解酵素のうち**制限酵素**（5.2節⑥）は、その中のある特定の塩基配列を認識し、限られた位置のジエステル結合だけを切断する。

また一般の触媒反応では、反応物をメチル化しようとしても、反応物の一部は加水分解してしまうなど、ねらいとは異なる副生成物ができてしまうことが多い。しかし酵素反応ではそのような副反応がおこりにくい。これを**反応特異性**（reaction specificity）という。たとえばある特定のグルコキナーゼは、グルコースの4つのヒドロキシ基のうち特定の1つだけをリン酸化するが、これも反応特異性の例である。

核酸の塩基配列を正確に認識し、特定の反応をおこなうようなタイプの生

物学的過程は、制限酵素のほかにも数多い。代表的な過程として、DNAの複製やDNAからRNAへの転写、また伝令RNAの塩基配列に対応したアミノ酸配列をもつタンパク質の生合成などがあり、これらの過程にもそれぞれ酵素が必須である。細胞が安定に増殖し、生物の形質が正確に子孫に遺伝するには、塩基配列が厳格に認識され（基質特異性）、適切な重合反応が正確に進まなければならない（反応特異性）。酵素の特異性は、このような精密な情報処理にも利用されているわけである。

5.3.2 生化学的・質的特徴

以上①〜③の3つは、すべての酵素に共通な基本的性質である。これらの特徴は、無機化合物など非生物的な触媒に比べると、「より速い」とか「より穏やか」など、量的な違いである。これに対し、以下の④〜⑥のように、一般の無機触媒などとは隔絶した質的な違いもある。ただしこれらの優越性はすべての酵素に共通ではなく、特定の酵素が担っている専門的な役割である。先ほどの①〜③は化学的な性質で、下の④〜⑥は生化学に特有の性質だともいえる。いずれにせよ①〜⑥はすべて、酵素分子が大きくて複雑な高分子であることから可能になっている（5.4.3 項）。

④ 共役により、単独では不可能な反応を駆動する。

先に述べた①をいいかえると、「放っておいてもゆっくりなら進行する反応を速める」ということである。ところが酵素によっては、単独ではおこりえない反応に、単独でおこりうる別の反応を組み合わせることによって、進行を可能にしているものがある。このような組み合わせ方を共役（coupling）という（7.2 節）。

⑤ 基質や生成物以外の物質から調節を受ける。

基質や生成物の濃度によって活性が変わるのは酵素の一般的な性質だが、一部の酵素は基質以外の物質やまわりの条件によって調節（regulation）されている。このような酵素が代謝経路の中の要所要所に存在し、細胞や生物個体の必要に応じて合目的的に反応速度を上げたり下げたりする（7.3 節）。

⑥ 核酸を鋳型として、正確な重合反応を触媒する。

　核酸は4種類のヌクレオチドが、タンパク質（ポリペプチド）は20種類のアミノ酸が、それぞれ多数正確な順序で結合してできている。これらの反応の連鎖を触媒するのも、ポリメラーゼなどの酵素あるいは酵素を含む大型複合体群である。これらの酵素は、基質のほかに**鋳型**（4.3.1項）とよばれる分子を結合し、その配列情報を読み取りながら、反応の連鎖を精密にくり返す（7.4節）。

　酵素のこれらの特徴のおかげで、生物では無生物界から隔絶した生命現象が可能になっている。④～⑥については、**7章**のそれぞれの節でさらに詳しく述べる。

5.4　酵素反応のしくみ

5.4.1　鍵と鍵穴説

　上で述べたような酵素の特徴（とくに③で述べたような立体特異性）は、基質がいったん酵素に結合して反応するとして説明できる（**図5.4**）。すなわち、酵素分子の表面には鍵穴のような凹みがあり、そこにぴったりはまる鍵のような分子だけが基質として反応し、生成物に変わる、というしくみである。19世紀の終わり頃に提唱されたこの考え方を、**鍵と鍵穴説**(lock-and-key theory)という。

　先ほど述べたように（**5章冒頭**）、酵素は自分自身が変化しないまま他の

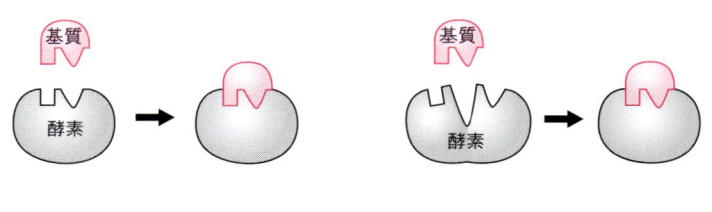

(a) 鍵と鍵穴　　　　　　　　　(b) 誘導適合

図**5.4**　酵素と基質の結合モデル

物質（反応物、基質）を変化させる（生成物に変える）物質である。しかしこの「変化しない」というのは、反応の前後を比べた場合であり、反応の途中では一時的に基質と結合する。多くの場合この結合は、水素結合や静電的結合・疎水性相互作用のような非共有結合だが、場合によっては酵素が過渡的に共有結合性の化学修飾を受けることもある。たとえば2基質の間での転移反応において、片方の基質から1つの官能基を酵素が受け取って共有結合し、その直後にもう1つの基質にそれを受け渡して酵素は元にもどる、という場合もある。

　鍵と鍵穴説は、酵素の特異性を説明する考え方として、基本的には今でも正しいといえる。酵素の鍵穴にあたる凹みを**活性中心**（reaction center）という。あるいは触媒部位（catalytic site）とか基質の結合部位（binding site）ともいう。酵素タンパク質は大きな生体高分子なので、活性中心以外で反応に直接関わらない部分も広い。

　しかし20世紀中頃に酵素の精密な立体構造がわかってくると、この考え方にも修正が必要であることが判明した。もとの鍵と鍵穴説では、まるで銅像の雄型（基質）に対する石膏の鋳型のようにぴったり沿った雌型（活性中心）が、酵素表面にあらかじめ固定的に用意されているという静的なイメージを伴う。しかし実際には、待機中の酵素の活性中心は、基質の雌型とはかなり異なる構造をしている。そこに基質が結合するのに応じて酵素の形が動的に変わり、結果として基質と活性中心がフィットする。酵素の形態的な適合性が、基質自体によって導かれることから、このような動的なしくみを**誘導適合説**（induced-fit theory）という。

　ただし酵素は、幅広い分子種に無節操に迎合するわけではなく、特定の基質だけに特異的に応じる。基質と酵素の「相性」はやはりとても厳しいことに変わりはない。そこで誘導適合説は、鍵と鍵穴説の対立仮説というより、改良された修正モデルだといえる。

　なお、酵素に限らずタンパク質は一般に、化学結合の組み換えを伴わないまま、このような立体構造（立体配座、豆知識1-5）の変化をおこすことが多い。これを**コンフォメーション変化**（conformational change、3.3.3項）という。タンパク質の柔軟な機能には、このコンフォメーション変化が重要である。

5.4.2 活性化エネルギー

化学反応が進行するためには、一般に次のような条件を満たす必要がある。(a) 反応物どうしが衝突すること、(b) 衝突の向きが反応に適していること、(c) 反応するのに十分なエネルギーを反応物がもっていること、の3点である。反応物が1つだけの異性化反応（5.2節⑤）に (a) (b) は必要ないが、(c) はどのような反応にも共通な必要条件である。

酵素や触媒の作用のしくみは、エネルギーダイアグラムを使うとわかりやすい（図5.5）。図の縦軸はギブズの自由エネルギー（G）を示す。詳しくは6.3節で解説するが、ここでは簡単に「エネルギーレベル」として理解しておこう。

酵素（enzyme、略号 E）の反応では、基質（substrate、S）がいったん酵素に結合してから生成物（product、P）に変換される（**前項**）。このことは、SがPに変わる反応は1段階ではなく、少なくとも下の2つの素段階（elementary step）からなることを意味する。

$$E + S \rightarrow ES \rightarrow E + P \qquad 5.1$$

この ES を **ES 複合体**（ES complex）という。

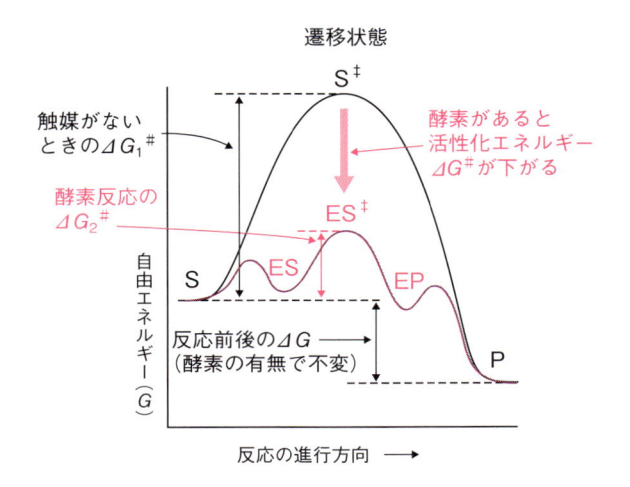

図 5.5　酵素のエネルギー論的役割

SやPがエネルギーレベルの低い**基底状態**（ground state）にあるなら、反応は進行しない。Sの初期状態とPの最終状態はともに基底状態である。この両者の間にはエネルギー障壁があり、これを越えられるだけのエネルギーをもたなければ反応はおこらない。反応するのに十分なエネルギーをSが受け取ると、Sはいったんエネルギーレベルが高く不安定な**遷移状態**（transition state）になる。これを$S^{\ddagger}$であらわす。反応に必要な最低限のエネルギーを**活性化エネルギー**（activation energy、E_aあるいは$\Delta G^{\#}$）とよぶ（図5.5）。$\Delta G^{\#}$に対し、Sの初期状態とPの最終状態の間のエネルギー差をΔGと書く。

酵素EはSと結合すると、Sのエネルギー障壁の高さすなわちE_a（$\Delta G^{\#}$）を下げ、遷移状態（$ES^{\ddagger}$）になりやすくなる。すなわちSは、溶液中の遊離状態にあるよりは、酵素分子上で結合状態にある方（ES複合体の方）がPに変わりやすいわけである。いいかえると酵素は、Sの活性化エネルギーを$\Delta G_1^{\#}$から$\Delta G_2^{\#}$に下げることによって、反応の速度を高めるわけである。ここで注意が必要なのは、反応前後のエネルギー差ΔGは変化させないため、反応の平衡は変わらないことである（詳しくは6.3.2項）。もう1つ大事なことは、酵素は2状態の間の障壁を下げることから、正逆両方向の化学反応をともに等しく促進することである（5.2節④末尾）。これらの注意点も、エネルギーダイアグラムを見ると理解しやすい。

5.4.3　酵素の触媒機構

活性中心は酵素分子の表面から凹んでおり、割れ目（cleft、crevice）などともよばれる。この割れ目の大部分は非極性だが、極性のアミノ酸残基も一部存在しており、それらが基質の結合や触媒作用の発揮に重要な役割を果たしている。

触媒の機構（mechanism、メカニズム）が原子レベルで詳しく解き明かされ完全に証明された例はいまだ多くない。その中でもセリンプロテアーゼとよばれる一群のタンパク質分解酵素は、長い研究の歴史から解明が進んでいる。ここではそのうち膵臓から分泌される消化酵素のキモトリプシン（chymotrypsin）を例として取り上げる（図5.6）。

5.4 酵素反応のしくみ

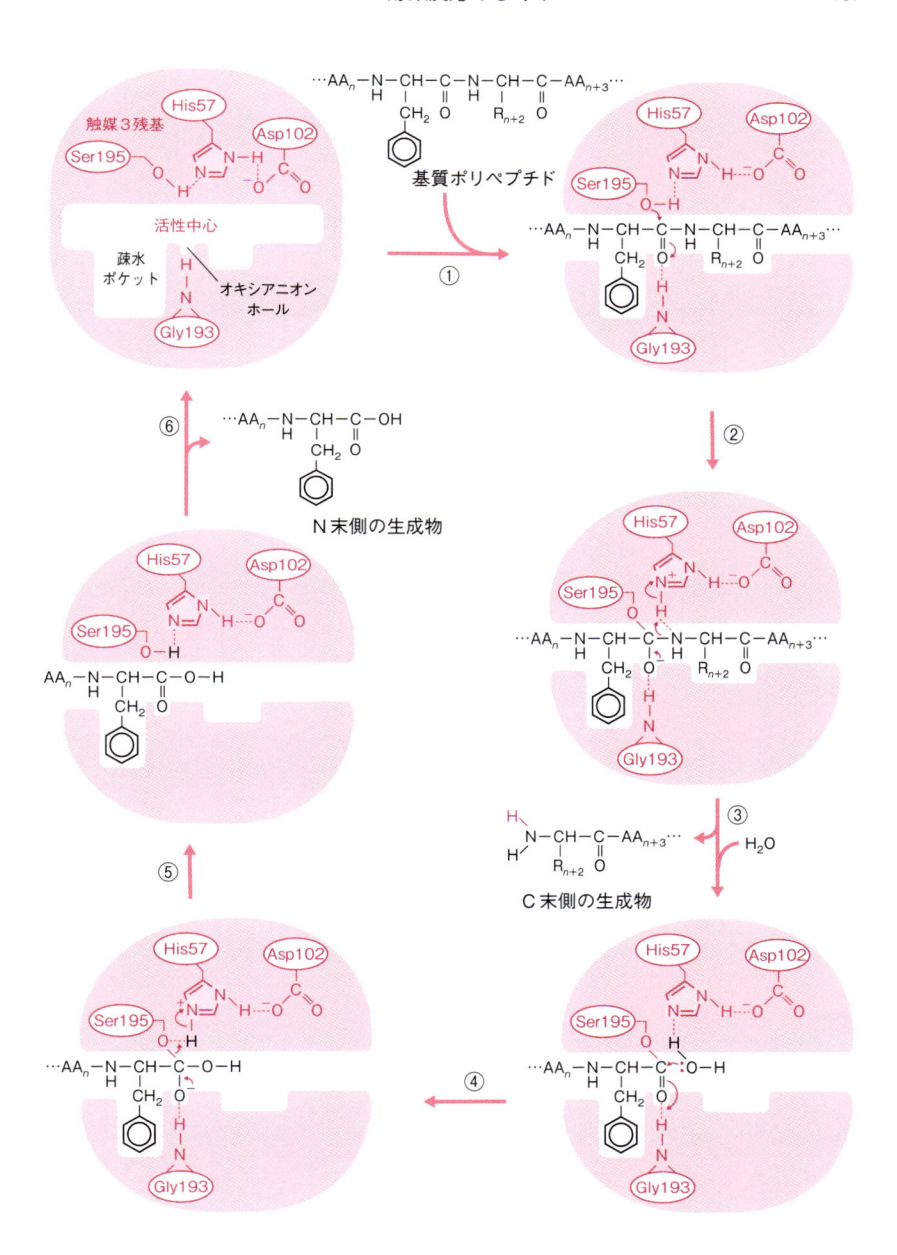

図 5.6 キモトリプシンの触媒メカニズム

セリンプロテアーゼとは、酵素のセリン（Ser）残基が触媒に重要な役割をはたすプロテアーゼの一群である。異様に反応性の高い Ser 残基とともに、ヒスチジン（His）とアスパラギン酸（Asp）の計 3 残基が活性中心を構成し、これらは**触媒 3 残基**（catalytic triad）とよばれる。キモトリプシンのほかトリプシンやエラスターゼなど、セリンプロテアーゼ-ファミリーの酵素は共通にこの触媒 3 残基をもつ。さらには、このファミリーの酵素と分子的**相同性**（豆知識 5-6）が認められないコムギのカルボキシペプチダーゼⅡや、バチラス属細菌のズブチリシンにもこの 3 残基が存在する。触媒 3 残基は、分子進化の過程で少なくとも 3 回独立に生命圏に出現した収斂進化の例である。

豆知識 5-6　相同性（homology）

　ヒトの手とイヌの前肢、ハトの翼などのように、形は違っても（似ていても）進化的起源が共通であることを相同性という。これに対し、鳥の翼と昆虫の羽のように、起源が異なるのに形が似ていることを相似性（analogy）という。タンパク質や遺伝子のような分子レベルでも上述の器官レベルと同様、進化的起源を同じくすることを相同性という。生体高分子の相同性は、アミノ酸配列などの構造が偶然とは考えられないほど高度に類似していることで判定できる（図 3.6）。

キモトリプシンは、芳香族アミノ酸残基 Phe・Tyr・Trp の C 末側のペプチド結合を特異的に切断する。このキモトリプシンは、次のような段階を経て反応する（図 5.6）：

① 基質の結合；酵素の活性中心に疎水性の凹みがあり、基質のポリペプチドが活性中心に結合すると、その疎水ポケットに芳香族側鎖がはまり込む。

② Ser の求核攻撃と四面体中間体の形成；化学反応の機構を理解するには、電子対の動きが重要である。図 5.6 ではそれを赤矢印（→）で示す。一般には**求核基**（豆知識 5-7）の**非共有電子対**が、原子の電気陰性度に応じて移動する。

　触媒 3 残基の Ser 195 が His 57 と相互作用すると、求核性のイオン（-CH_2-O^-、アルコキシドイオン）を生成する。このイオンが、芳香族側鎖のすぐ C 末

側のカルボニル炭素を攻撃することで反応が始まる。この炭素はそれまで3原子に結合し平面的な三角形の配置だったが、この攻撃で4原子に結合し立体的な四面体の配置に変わる。この四面体中間体は不安定で（遷移状態）、カルボニル酸素がもつ負電荷は短寿命だが、オキシアニオンホール（oxyanion hole）とよばれる構造によっていくぶん安定化している。オキシアニオンホールとは、酵素の主鎖の複数の -NH 基が、基質の負に荷電した酸素原子と水素結合して、中間体を安定化させる構造である。このキモトリプシンでは、図中に示す Gly193 などの -NH 基が構成する。

③ **ペプチド結合の開裂とアシル酵素中間体の形成**；②でできたカルボニル酸素の負電荷は不安定なので、四面体構造はこわれ、C=O 二重結合がふたたび形成される。その結果、基質ポリペプチドの前半部によって酵素がアシル化された中間体が生成される（アシル酵素中間体 acyl-enzyme intermediate）。これに伴って切断されたペプチド結合の窒素原子は、His57 によってプロトン化され、アミノ基となる。その結果、基質ポリペプチドの後半部が遊離する。この遊離する生成物の代わりに水分子 H_2O が進入する。

④ **OH^- の求核攻撃と四面体中間体の再形成**；進入した H_2O は脱プロトン化した His57 によってプロトンを引き抜かれ、水酸化物イオン OH^- に変わる。ここから先④と⑤では、②と③と同様の反応がくり返される。OH^- は（②の Ser195 と同様に）アシル酵素中間体のカルボニル炭素を求核攻撃し、②

> **豆知識 5-7** 求核基（nucleophilic group）と非共有電子対（unshared electron pair、孤立電子対：lone pair）
>
> 最外殻の電子（価電子）のうち、共有結合に参加している電子対を**共有電子対**、共有結合に関わらないものを**非共有電子対**という。たとえば酸素原子（O）の最外殻には4対の電子がある。カルボニル基（-CH=O）の O には C と共有される電子2対のほかに、非共有電子も2対ある。電気陰性度（2.1.1項②）は C より O が高いので、この基の2対の共有電子対は O に偏っており、O は δ−、C は δ+ に分極している。一方、ヒドロキシ基の O も δ− を帯びているため、δ+ を帯びたカルボニル炭素に近づくとこれを攻撃し、反応することがある。このような場合、ヒドロキシ基を**求核基**、カルボニル炭素を**求電子中心**（electrophilic center）とよぶ。

に続いてふたたび四面体中間体が形成される。オキシアニオンホールのおかげでやはり負電荷を帯びた酸素原子も形成される。

⑤ **酵素基質結合の開裂とカルボキシ基の形成**；④でできた酸素の負電荷は不安定なので、四面体構造はこわれ、C=O 二重結合がふたたび形成され、カルボキシ基が生成される。すなわち基質ポリペプチドは酵素との共有結合が解消され、2つめ（前半部）の生成物として酵素から遊離する（⑥）。

酵素の触媒作用では一般に、次の a)～d) のような機構がはたらく。
a) **一般酸塩基触媒**
b) **共有結合触媒**
c) **金属イオン触媒**
d) **近接作用による触媒**

キモトリプシンはこのうち、His 57 が一般酸塩基触媒としての役目を果たし、基質のプロトン化や脱プロトン化をくり返す (a)。また酵素は一時的に、共有結合化された中間体（アシル酵素中間体）となる (b)。キモトリプシンの活性中心には金属イオンはないが、他の多くの酵素では金属原子が必須の役割を果たす (c)。

多くの化学反応では複数の反応物（基質）が関与する。一般の化学反応では、それらの反応物がランダムに衝突することで反応するが、酵素の多くは複数の基質を同時に結合することによって酵素表面上でそれらを接近させ、反応をかなり促進させることになる。この効果を近接作用という (d)。

キモトリプシンと同じく膵臓の消化酵素であるトリプシンも、やはりセリンプロテアーゼ ファミリーに属する（**図 5.7**）。キモトリプシンが基質タンパク質の芳香族アミノ酸残基の C 末側を切断するのに対し、トリプシンは塩基性アミノ酸残基 Arg と Lys の C 末側を特異的に切断する。キモトリプシンの疎水ポケット（**本項**①）に対応する凹みがトリプシンにも存在するが、このポケットには酸性残基の Asp が存在しており（**図 5.7(a)**）、この負電荷が基質の Lys や Arg の正電荷と静電的相互作用をする。このポケットは酵素の基質特異性（**5.3.1 項**③）に寄与している。

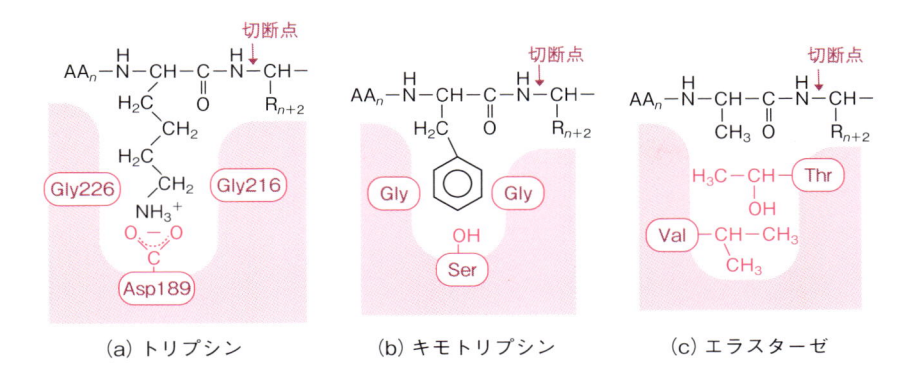

(a) トリプシン　(b) キモトリプシン　(c) エラスターゼ

図 **5.7**　セリンプロテアーゼの特異性ポケット

　3つめのセリンプロテアーゼであるエラスターゼは、結合組織の弾性タンパク質エラスチンを分解することからこの名がつけられた。エラスチンはAla・Gly・Valを豊富に含み、比較的分解されにくいゴム様のタンパク質である。エラスターゼの特異性ポケットには、トリプシンやキモトリプシンのGly残基の代わりにThrやVal残基があって、穴を埋めている（**図 5.7(c)**）。その結果、電荷をもたず芳香族でもない、比較的小さな中性の側鎖をもつアミノ酸残基Ala・Valなどが適合する。

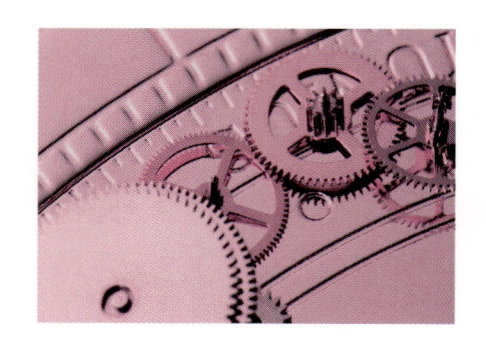

6

酵素の速度論と
エネルギー論

　酵素のはたらきを明確に把握するためには、酵素反応を定量的にながめる必要がある。酵素の数量的取り扱いには、速度論（6.1、6.2 節）とエネルギー論（6.3 節）の 2 分野が重要である。これらの分野に習熟することは、創薬や発酵工学など応用領域にも役立つ上、広く生命科学さらには自然科学全般とのつながりを太くする意味でも有益である。

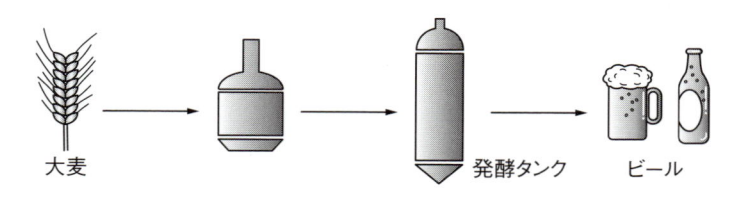

大麦 → 発酵タンク → ビール

ビールも酵素でつくられる

6.1　反応速度論の基本

　酵素活性を定量的に記述する方法の基本に、**酵素反応速度論**（enzyme kinetics）がある。化学反応の速度に関する学問を一般に反応速度論（kinetics）といい、その一部である。

6.1.1　酵素なしの化学反応

　化学反応の速度とは、反応物（A）の減少あるいは生成物（P）の増加の速度のことである。

6.1 反応速度論の基本

$$V = -\frac{d[A]}{dt} = \frac{d[P]}{dt} \qquad 6.1$$

記号 V は velocity（速度）の頭文字による。単純な化学反応の速度（V）は反応物の濃度（[A]）に比例する。その比例定数を**速度定数**（rate constant）といい、k（**豆知識 2-2**）であらわす。一般に、[X] は物質 X の濃度を意味する。これに対し、物質の絶対量をあらわす場合は、カギかっこをつけずに物質名そのものを使う。

さて、反応のタイプごとで、V がどうあらわされるか見てみよう。

① 反応物が 1 つだけの反応：

$$A \longrightarrow P \qquad 6.2$$

このように反応が単純な場合、その V も次のように単純な式であらわせる。

$$V = k\,[A] \qquad 6.3$$

② 反応物が複数の反応：

反応物が A と B の 2 つだと、反応式は、

$$A + B \longrightarrow P + Q \qquad 6.4$$

となる。このとき $V = -d[A]/dt = -d[B]/dt = d[P]/dt = d[Q]/dt$ であり、V はその 2 つの反応物の濃度の積に比例する。

$$V = k\,[A]\,[B] \qquad 6.5$$

反応物が 3 つでも 4 つでも、この延長で考えられるだろう。なお、上の式 6.4 では生成物を仮に 2 つ（P, Q）としたが、1 つだけでも 3 つ以上でもかまわない。

③ 同一の物質 2 分子が反応する場合：

$$2A \longrightarrow P \qquad 6.6$$

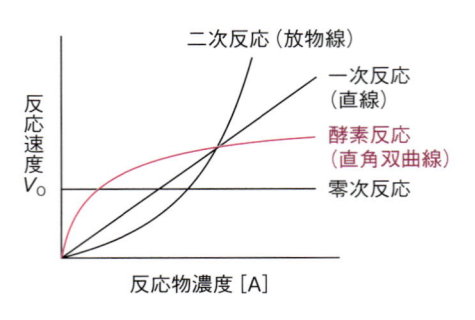

図 6.1 濃度依存性

式 6.5 において [B] = [A] だから、V は濃度の 2 乗に比例する。

$$V = k\,[A]^2 \qquad 6.7$$

式 6.3 のような反応を**一次反応**、式 6.5 や式 6.7 のような反応を**二次反応**という。物質 A を水（B）と反応させる加水分解反応（5.2 節③）では、溶媒として大過剰に存在する B は、実質的に濃度が変化しない。その結果、V は [A] だけに比例するように見える。このような場合を**擬一次反応**という。

一次反応や二次反応のグラフは、それぞれ一次曲線（直線）や二次曲線（放物線）になる（**図 6.1**）。三次以上の反応も同様に類推できるだろう。V が [A] によらず一定の場合は**零次反応**とよぶ。

化学反応が進行すると、反応速度は低下することが多い（**図 6.2**）。その

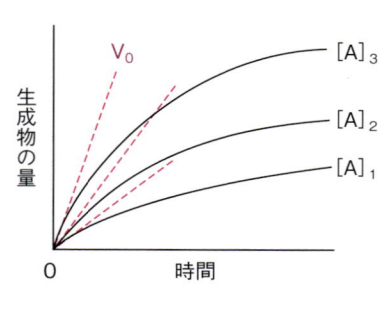

図 6.2 初期速度

理由の1つは、反応物（A）の濃度が低下することである。もう1つの理由は、化学反応は一般に可逆的なため、生成物（P）ができると逆反応も始まり、正味の（差し引きした）正方向の変化がおとろえることにある。たとえば①のように単純なケースでも、逆方向がおこる（A $\rightleftharpoons$ P）と、速度は $V = k_1[A] - k_{-1}[P]$ のように2項の差となる（ここで k_1 と k_{-1} はそれぞれ正反応と逆反応の k）。[P] = 0 のときのみ式6.3のように単純な1項になる。解析を単純にするため、[A]の低下や[P]の上昇が無視できるよう、初期の反応だけに着目することが多い。その場合の反応速度を**初期速度** V_0 という。

6.1.2 ミカエリス - メンテン解析

酵素反応の基質濃度依存性は、触媒の関わらない一般の化学反応（**前項**）とは異なる様子を示す（図6.3）。基質の濃度が低い領域では、V_0 が [S] に比例する一次反応（図6.1）に近いが、濃度が高まるにつれて V_0 の上昇率（図6.3の傾き）がおとろえ、水平な漸近線に近づく。この V_0 の上限を最大速度 V_{max}（ヴィーマックス）という。また、V_{max} の半分の V_0 を与える [S] をミカエリス定数 K_m（ケーエム）という。ミカエリスは酵素反応速度論の研究者の名前である。多くの酵素の濃度依存性は、共通にこのような直角双曲線の形をとり、K_m と V_{max} の2つが重要な指標（パラメーター）である。

酵素反応のこのような性質は、「基質はいったん酵素に結合し、複合体を形成してから反応物に変化する」として説明できる。20世紀のはじめミカエリス（Michaelis, L.）とメンテン（Menten, M.L.）は、このES複合体の

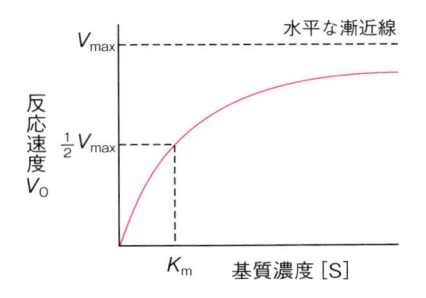

図 **6.3** 酵素の飽和現象

モデルを酵素解析の一般理論として展開した。

$$E + S \underset{k_{-1}}{\overset{k_1}{\rightleftharpoons}} ES \overset{k_2}{\longrightarrow} E + P \qquad 6.8$$

この2段階モデルにおいて、反応速度として初期速度 V_0 をとれば、2段階めの逆反応（k_{-2}）による生成物濃度 [P] の影響は無視できる。酵素には、基質を結合した状態（ES）と結合していない遊離状態（E）とがあり、両者は平衡関係にある。基質濃度 [S] が高いほど E が減り ES が増える。[S] が十分高くなり遊離の E がなくなると、ES はそれ以上増えない。これを酵素の飽和（saturation）という。反応速度 V_0 すなわち P の増加速度は、ES 複合体の濃度に比例する。

$$V_0 = k_2 \,[ES] \qquad 6.9$$

図 6.3 で傾きが低下して水平線に漸近する（徐々に近づく）現象は、このような酵素の飽和モデルで説明できる。

さてここで速度論の課題は、図 6.3 のような曲線すなわち V_0 の [S] 依存性（5.3.1 項②）を、速度定数（k_1、k_2、k_{-1}）であらわすことである。酵素の合計濃度 $[E]_t$（t は total の頭文字）は既知だが、その内訳すなわち [ES] や [E] それぞれは未知なので、式 6.9 から [ES] を消去するという方針で解く。計算は次の3段階で進める。

① 酵素の恒常式；酵素の合計濃度 $[E]_t$ は一定である。$[E]_t$ の内訳をあらわす式を酵素の恒常式という。

$$[E]_t = [E] + [ES] \qquad 6.10$$

ここでは反応の中間体が ES の1種類だけだが、ES と EP の2つだとか、ES_1、ES_2、ES_3 の3つだとか仮定することもある。いずれも同様に恒常式を立てることができる。つまり、ここで説明する解法は応用範囲が広い。

$$E + S \rightleftharpoons ES \rightleftharpoons EP \rightarrow E + P\,; \qquad [E]_t = [E] + [ES] + [EP] \qquad 6.11$$

$$E + S \rightleftarrows ES_1 \rightleftarrows ES_2 \rightleftarrows ES_3 \rightarrow E + P\,;$$
$$[E]_t = [E] + [ES_1] + [ES_2] + [ES_3] \qquad 6.12$$

② 定常状態の仮定；酵素反応が継続的に進行しているときは、基質は減少し生成物は増加しながらも、中間体（ES複合体）は一定である。このような状態を定常状態（豆知識6-1）という。式6.8の反応において、ESの形

豆知識 6-1　定常状態（steady state）

酵素反応に限らずあらゆる変化において、「出発材料と最終産物の量は変化するのに、中間状態（下のA、B）の量は一定値を保つ」という場合がある。「源泉かけ流し温泉」のお湯の量のようなものである。これを定常状態という。これに対し、AとBが相互変換しながら、それぞれの量は一定である場合を平衡状態（equilibrium state）という。以上2つの状態はともに動的（dynamic）であり、AとBが相互変換もせず不変のままにとどまる静的（static）な状態（静止状態、resting state）と対比される。中間体の量まで変動する過渡状態（6.2.1項）まで含め、静的なものから動的なものへの順に並べると、次のようになる；

静的　　　静止状態；　　A（不変）　互いに孤立　B（不変）
⇓　　　　平衡状態；　　A（一定）　⇄　B（一定）
　　　　　定常状態；　　入力→A（一定）⇄B（一定）→出力
動的　　　過渡状態；　　入力→A（変動1l）→B（変動1l）→出力

したがって生化学的・熱力学的には、平衡状態はすでに動的であり、動的平衡（dynamic equilibrium）という語には「頭が頭痛」のような冗長さがある。「通常の平衡よりもっと動的」という意味なら、「定常状態」や「過渡状態」など、より適切な語を選ぶべきである。ただし「平衡」という語はもともと力学的には、天秤や「やじろべえ」のような物体の静的な釣り合い（static balance）を意味したので、それに対比する意味で「動的平衡」といわれることもある。

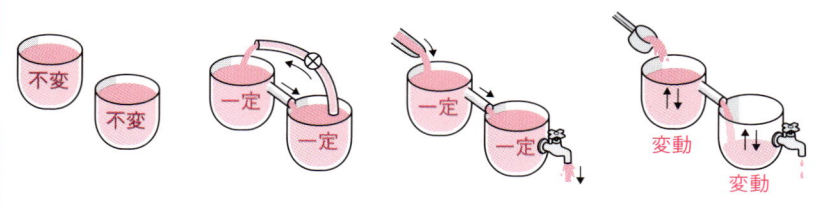

図　2つの水がめによる4状態のモデル

成にはEとSの結合という1つの道筋しかないが、ESの分解にはEとSへもどる道筋と、EとPに解離する道筋の2つがある。定常状態において、これらESの形成速度と分解速度は等しいので、

$$\frac{d[ES]}{dt} = k_1[E][S] - (k_2 + k_{-1})[ES] = 0 \qquad 6.13$$

となる。このような定常状態の仮定を酵素の解析に持ち込んだのは、ブリッグス（Briggs, G.E.）とホールデン（Haldane, J.B.S.）である。式6.13を変形して、[E]を[ES]であらわすと、

$$[E] = \frac{(k_2 + k_{-1})[ES]}{k_1[S]} \qquad 6.14$$

なお、式6.11や6.12のように中間体が複数ある場合も、それぞれについて式6.13にあたる定常状態式を1つずつ立てることができる。ひいては式6.14のように、最後の中間体（式6.11ではEP、式6.12ではES_3）の濃度によって他のすべての中間体の濃度をあらわす式を立てることができる。

③ [ES]（最終中間体の濃度）を$[E]_t$であらわす；式6.14を酵素の恒常式（式6.10）に代入すると、変数（未知数）である[ES]を、定数（既知数）である$[E]_t$であらわすことができる；

$$[E]_t = \left(\frac{k_2 + k_{-1}}{k_1[S]} + 1\right)[ES]$$

変形して

$$[ES] = \frac{[E]_t}{\frac{k_2 + k_{-1}}{k_1[S]} + 1} \qquad 6.15$$

なお、中間体が複数ある場合（式6.11や式6.12）もやはり、②末尾で述べたような式を、その中間体の数だけつくって代入することにより、最後の中間体の濃度を$[E]_t$であらわす式を導くことができる。

④ 式6.9から[ES]（全中間体の濃度）を消す；式6.15を式6.9に代入し、V_0の式から[ES]（や[E]）を消し、[S]以外の変数が残らない形に変形する；

6.1 反応速度論の基本

$$V_0 = k_2 \frac{[E]_t}{\frac{k_2 + k_{-1}}{k_1 [S]} + 1} \qquad 6.16$$

これが求める式である。すなわち、[S] 以外は定数だけを用いて V_0 をあらわした式である。

⑤ K_m と V_{max} を導入；ここで2つの重要なパラメーター（本項冒頭）K_m と V_{max} を導入し、速度定数を消去する。まず、反応速度 V_0 が最大（V_{max}）になるのは、すべての酵素 E が基質 S で飽和されたときだから、

$$V_{max} = \lim_{[S]\to\infty} V_0 = \lim_{[S]\to\infty} k_2 \frac{[E]_t}{\frac{k_2 + k_{-1}}{k_1 [S]} + 1} = k_2 [E]_t \qquad 6.17$$

この式 6.17 を 6.16 に代入すると、

$$V_0 = \frac{V_{max}}{\frac{k_2 + k_{-1}}{k_1 [S]} + 1} \qquad 6.18$$

次にミカエリス定数 K_m は、V_0 が V_{max} の半分になるときの [S] だから、式 6.18 に $V_0 = (1/2)V_{max}$ と $[S] = K_m$ を代入すると、

$$\frac{1}{2}V_{max} = \frac{V_{max}}{\frac{k_2 + k_{-1}}{k_1 K_m} + 1}$$

「$K_m =$」の形に変形して、

$$K_m = \frac{k_2 + k_{-1}}{k_1} \qquad 6.19$$

以上のうち、式 6.17 の $V_{max} = k_2 [E]_t$ と、式 6.19 とをあらためて式 6.16 に代入すると、

$$V_0 = \frac{V_{max}}{\frac{K_m}{[S]} + 1} \qquad 6.20$$

この式 6.20 をミカエリス-メンテンの式（Michaelis-Menten equation）という。

式 6.17 と 6.19 は、モデル 6.8 を仮定した場合の K_m と V_{max} をあらわしている。モデル 6.11 や 6.12（式 6.11 や 6.12 の左側のモデル）など どのような場合でも、①〜⑤の手順をたどれば、同様の式を導くことができる。すなわち、それぞれのモデルの K_m と V_{max} を、速度定数と全酵素濃度 $[E]_t$ とであらわすことができる。ただし式の内容はモデルごとで異なる。

　ミカエリス-メンテンの解析では、2 段階の反応にいずれも速度定数を用いた（モデル 6.8）。しかしもし、1 段階めの基質の結合・解離（k_1, k_{-1}）が、2 段階めの生成物の解離（k_2）より十分速ければ、2 つの速度定数を 1 つの平衡定数（K_1）に置き換えることができ、その方が式は単純化できる。とくに式 6.11 や 6.12 のように中間体が多くなると、簡略化の利点は大きくなる。ミカエリス-メンテンのオリジナルな解析法は、実はそのような平衡定数を用いていた。速度定数と定常状態仮定を取り入れた修正版が、現在広く用いられている「ミカエリス-メンテンの式」である。

6.1.3　酵素活性の単位と計算

　酵素の反応速度は、分（minute、略して min）や秒（second、略して s）など単位時間あたりの基質の減少量ないしは生成物の増加量であらわす。その単位は $\mu mol \cdot min^{-1}$ や $n mol \cdot s^{-1}$ がよく使われる。酵素の反応速度は反応条件や基質濃度 [S] によって異なるが、至適条件での V_{max} は酵素の試料ごとで一定の値になる。これを**酵素活性**（enzyme activity）という（**豆知識 1-4**）。試料に固有な活性としての反応速度の単位 $\mu mol \cdot min^{-1}$ は、U（unit、ユニット）と表現される。この単位 U は 20 世紀なかばに国際生化学連合（5.2 節）で採択され、広く使われている。ただし 20 世紀末から、より普遍的な**国際単位系**（SI、豆知識 6-2）に取り入れられたカタール（記号 kat）の使用が推奨されている。kat は $mol \cdot s^{-1}$ の意味なので、60 U = 1 μkat である。

　試料のタンパク質重量あたりの酵素活性を**比活性**（specific activity）といい、その単位は $\mu mol \cdot min^{-1} \cdot mg^{-1}$ = $unit \cdot mg^{-1}$ などである。このような単位は、純粋な酵素にも、不純物が混在する試料にも使うことができる。同じ種類の酵素なら**純度**（purity）が高いほど比活性も高いので、比活性を酵素の純度の指標にすることもできる。

> **豆知識 6-2　国際単位系（the international system of units：SI）**
>
> ほとんどの国で使われ、多くの国で使用が義務づけられている最も普遍的な単位系。基本単位として長さに m（メートル）、重さに kg（キログラム）、時間に s（秒）を使い、それらを組み合わせてそのほかの単位も定義するものを MKS 単位系というが、これを拡張したのが SI 単位系である。物質量には mol（モル）を使う。

　酵素の物質量（モル量、mol）がわかれば、タンパク質重量ではなく酵素モル量あたりの活性を計算することができる。酵素 1 分子（あるいは 1 mol）が単位時間（通常は 1 秒）あたりに反応する基質の分子数（あるいは mol 数）を酵素の**分子活性**（molecular activity）あるいは**代謝回転数**（turnover number）といい、k_{cat}（ケイキャット）とあらわす。すなわち、

$$k_{cat} = \frac{V_{max}}{[E]_t} \qquad 6.21$$

である。ここでは分母の酵素量と分子の基質変化量に同じ単位を使うので相殺され、k_{cat} の単位は単純な s^{-1} となる。

　実験的な測定値から K_m と V_{max} の値を求めるには、**曲線フィッティング**（curve fitting）の手法を用いる。まず実験において、基質濃度 [S] を幅広く変えて反応速度 V_0 を測定する。その測定値を**図 6.3** のようなグラフにプロットする。ミカエリス - メンテンの式（式 6.20）による直角双曲線がそれらデータ群に最もよく当てはまるように K_m 値と V_{max} 値を決める。

　かつてはこの計算に直線化手法である両逆数プロット（**図 6.7 下段**）が用いられたが、これは誤差が大きいことなどから、現在では上で述べた非直線化手法が推奨されている。

　異なる酵素を比較したり、多数の酵素をまとめて扱ったりする場合、酵素活性をあらわす尺度が K_m と V_{max} の複数あることは煩雑である。そこで k_{cat}/K_m 比の値が単一の指標としてしばしば用いられる（**表 6.1**）。

　細胞内の生理的条件下では、酵素が飽和されるほど基質濃度が高いことはめったになく、$[S]/K_m$ 比は 0.01 〜 1.0 の範囲にあるのが普通である。式 6.21

表 6.1　酵素の K_m、k_{cat}、k_{cat}/K_m の値

酵素	基質	K_m (μM)	k_{cat} (s^{-1})	k_{cat}/K_m (s^{-1}・M^{-1})
スーパーオキシド ジスムターゼ	スーパーオキシド ($O_2\cdot$)	360	1,000,000	2,800,000,000
エノイル CoA ヒドラターゼ	ブテノイル CoA	20	5,700	280,000,000
トリオースリン酸 イソメラーゼ	グリセルアルデヒド 3-リン酸	18	4,300	240,000,000
フマル酸 ヒドラターゼ	フマル酸	5	800	160,000,000
アセチルコリン エステラーゼ	アセチルコリン	95	14,000	150,000,000
β-ラクタマーゼ	ベンジルペニシリン	20	2,000	100,000,000
カルボニック アンヒドラーゼ	CO_2	12,000	1,000,000	83,000,000
カタラーゼ	過酸化水素 (H_2O_2)	1,100,000	40,000,000	36,000,000
キモトリプシン	N-アセチルチロシン エチルエステル	660	190	290,000
ウレアーゼ	尿素	25,000	10,000	400,000

を変形した $V_{max} = k_{cat}[E]_t$ をミカエリス-メンテンの式（式 6.20）に代入した式

$$V_0 = \frac{k_{cat}[E]_t}{\frac{K_m}{[S]} + 1} \qquad 6.22$$

において、$[S] \ll K_m$ であれば、分母の第2項（すなわち1）は第1項 $K_m/[S]$ に比べて無視できるため、

$$V_0 = \frac{k_{cat}}{K_m}[E]_t[S] \qquad 6.23$$

と変形できる。つまりそのような濃度領域では、酵素反応は酵素と基質についての二次反応（**6.1.1 項**）であり、反応速度 V_0 は $[E]_t$ と $[S]$ の積に比例する。k_{cat}/K_m というパラメーターは、この二次反応の速度定数にあたり、単位は s^{-1}・M^{-1} である。

　酵素の助け（触媒作用）で基質が化学反応する頻度は、拡散による両者の衝突の頻度を上回ることはあり得ない。この衝突の速度は通常 $10^8 \sim 10^9$ s^{-1}・M^{-1} 程度の範囲である。表 6.1 を見ると、スーパーオキシド ジスムターゼ（SOD）をはじめ多くの酵素がこの上限値に近い。これらの酵素では、基質分子が酵素分子に衝突するとほぼ必ず反応することになり、反応効率が

非常に高い。活性中心が酵素表面のごく一部に過ぎないことを考えると、これはむしろ速過ぎる。分子どうしの衝突の後、静電的相互作用などによって基質が活性中心に導かれるのではないかと考えられる。

6.2 速度論の応用

6.2.1 過渡相

前節で紹介したミカエリス‐メンテンの解析では、反応が定常状態にあることを仮定した(**6.1.2 項②**)。しかし実際には、反応が開始されてから ms（ミリ秒）とか μs（マイクロ秒）のような短い間は、まだ定常状態には達せず、S が E に結合する過程が徐々に進行する（**図 6.4**）。このような前定常状態を**過渡相**（transient phase）という。一般に生成物の出現には、この**図 6.4(b)**にあるように遅滞（lag）が生じる。

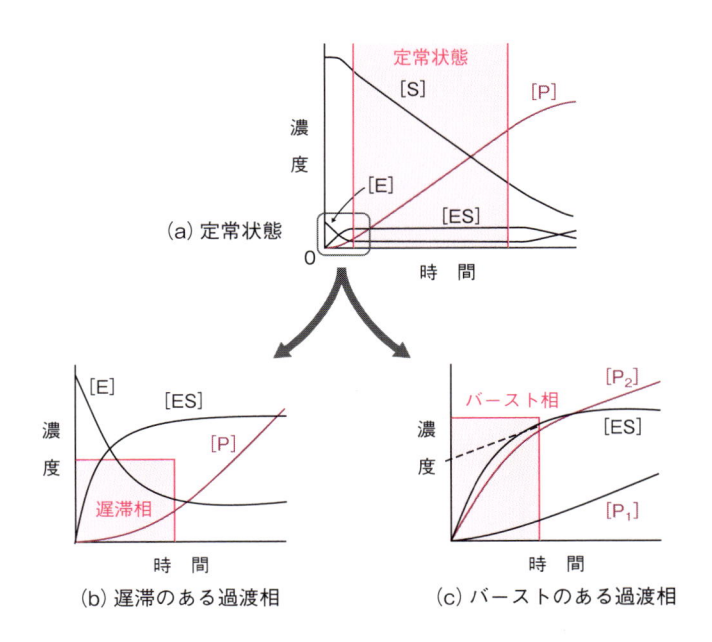

図 6.4　反応の過渡相と定常状態

> **豆知識 6-3　人工基質（artificial substrate）**
>
> 　自然界ではたらく**天然基質**（natural substrate）に対して、実験上で用いる基質。本文にあるように、反応によって吸光度が大きく変わるので測定が便利だったり、水溶性が高くて扱いやすかったりする物質を、天然基質の代わりに使うことで、研究を促進しうる。分子構造がどの程度違っても反応しうるかは場合によるので、酵素の特異性や活性中心の構造などを調べるのにも用いられる。

　ところが酵素によっては、定常相の前に生成物が急速に出現する現象、すなわち**バースト**（burst）のおこる場合もある（図 6.4(c)）。たとえばキモトリプシンの活性測定に**人工基質**（豆知識 6-3）の N-アセチル-L-フェニルアラニン p-ニトロフェニルエステル（N-acetyl-L-phenylalanine p-nitrophenyl ester）を用いた場合にバーストが観察される。このエステルは無色だが、エステル結合が切断されると N-アセチル-L-フェニルアラニン（図 6.4(c) の P_1）と p-ニトロフェノラート（同 P_2）という 2 つの生成物が生じる。P_2 は黄色なので、吸光度を測ることによって反応の進行を定量的に観察できる。切断直後に P_2 は酵素から遊離するが、P_1 は天然基質の場合（図 5.6）と同様、いったん活性中心のセリン残基に共有結合して残留し、アシル酵素中間体（5.4.3 項③）を生じる。

　過渡相を観察することにより、前節のような定常状態からだけではわからない反応機構を理解しうる。ただしふつう、ms や μs のように速い反応を測る必要があるので、溶液の混合装置と吸光度の測定装置を組み合わせて精密に制御された実験システムが必要である。これを**高速混合装置**（rapid mixing apparatus）という。

6.2.2　多基質酵素

　前節の解析では、基質を 1 つと仮定した。この仮定は、異性化酵素（5.2 節⑤）などには合うが、酸化物と還元物を反応させる酸化還元酵素（同①）や、ある分子から他の分子に基を移す転移酵素（同②）などには合わない。

　濃度を変える基質は 1 つだけにしぼり、他の基質は過剰に与えるかあるいは一定に保つなら、近似的に 1 基質の反応とみなして解析することは可能で

ある。一方、基質が複数あることを含めて解析するには、それらの結合の順序を考える必要がある。基質結合の順序は次の3型に分類される。

① **定序逐次機構**（ordered sequential mechanism）；2つ以上の基質が全部結合してから反応物を生成する逐次機構（sequential m.）のうち、結合の順序が決まっているもの（図 6.5(a)）。生成物の解離は必ずしも定序である必要はない。たとえばリンゴ酸脱水素酵素（**10.2.1 項⑨**）は、まず NAD^+ が結合してから次にリンゴ酸が結合し、その上ではじめて酸化還元反応がおき、NADH とオキサロ酢酸が生成される。

② **ランダム機構**（random m.）；2つ以上の基質が全部結合してから反応物を生成する逐次機構のうち、結合の順序が1通りには決まっていないもの（図 6.5(b)）。たとえばクレアチンキナーゼは、基質の ATP とクレアチンがどちらも先に結合しうるが、両者が結合してはじめてリン酸基の転移反応が

(a) 定序逐次機構

(b) ランダム機構

(c) ピンポン機構

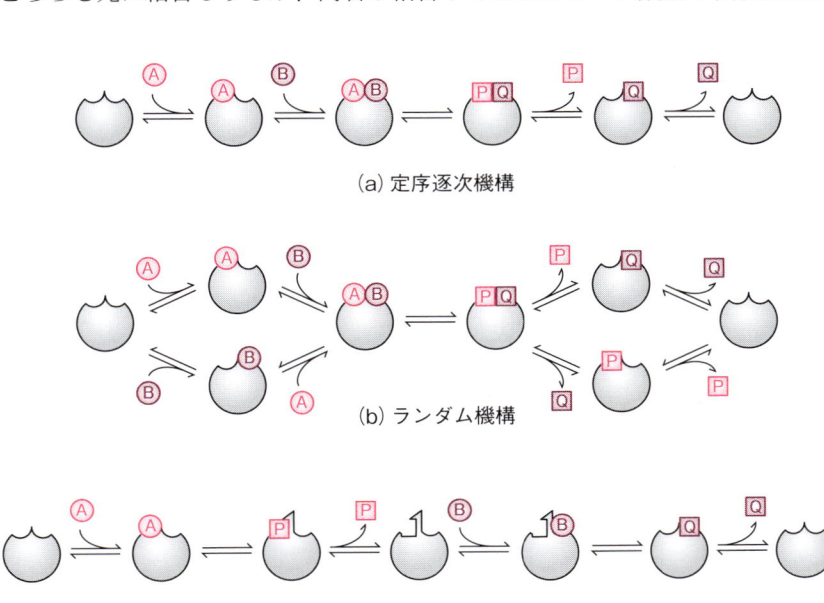

図 **6.5** 多基質反応の3類型

③ **ピンポン機構**（ping-pong m.）；すべての基質が結合し終わる前に生成物の1つが遊離するもの（図6.5(c)）。たとえばアスパラギン酸アミノトランスフェラーゼの場合、まずアスパラギン酸（図ではA）が結合し、そのアミノ基が酵素の補欠分子族であるピリドキサルリン酸に転移して修飾酵素（変形した酵素）が生じる。これにより生じたオキサロ酢酸（P）が遊離した後、2つめの基質である2-オキソグルタル酸（B）が結合し、酵素からアミノ基を受け取ってグルタミン酸（Q）を生じる。

これらの反応機構は前節の1基質反応の場合より複雑だが、素段階のそれぞれに速度定数や平衡定数をおいて**6.1.2項**と同様の考え方で解いていけば、理論式を導くことができる。

6.2.3 阻害様式

酵素に直接作用して活性を妨げる物質を**阻害剤**（inhibitor）という。酵素は生理機能の大部分に関わっているため、医薬品の多くは酵素阻害剤である。たとえば高コレステロール血症のすぐれた治療薬であるスタチン類は、人体でコレステロールを生合成する酵素の阻害剤であり、動脈硬化や心疾患の治療にたいへん効果がある。

阻害剤の作用の仕方にはいくつかの種類がある。まず大きく**可逆阻害**（reversible inhibition）と**不可逆阻害**（irreversible i.）に二分される。可逆阻害とは、遊離状態の阻害剤を溶液から除くことなどにより解除されるような阻害である。この場合、酵素と阻害剤の結合は非共有結合であり、結合型と遊離型とが平衡関係にある。それに対し不可逆阻害とは、いったん作用すると元にはもどらないような阻害である。多くの場合、阻害剤が酵素に共有結合し、活性中心をふさいだり、活性を発揮する官能基を破壊したりする。

このうち可逆阻害は、さらに次の3つに分類される（図6.6）。

① **拮抗阻害**（competitive i.）；阻害剤がES複合体には結合せず、基質の

6.2　速度論の応用

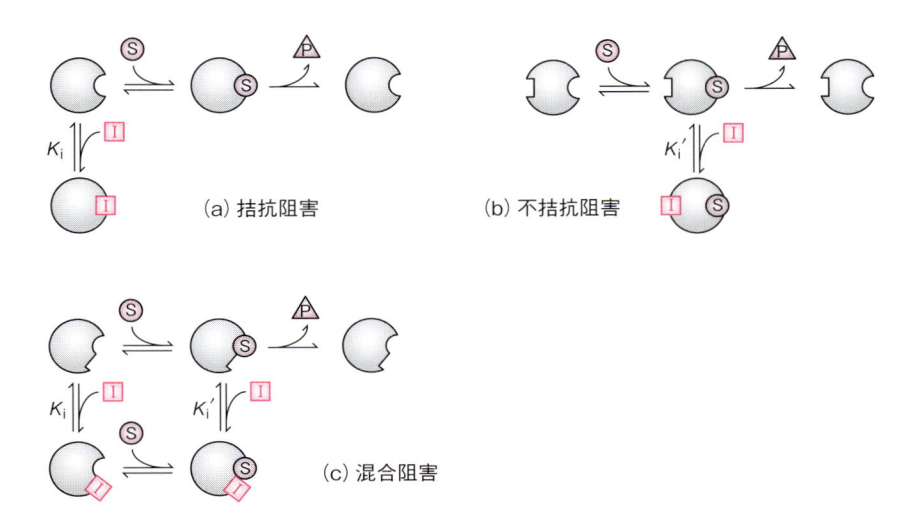

図 6.6　3つの阻害様式

結合していない酵素（E）だけに結合して阻害する場合。多くの場合この阻害剤は、構造的に基質に似ている基質類似体（substrate analog）であり、同じ活性中心を奪い合う関係にある。

② **不拮抗阻害**（uncompetitive i.）；①とは逆に阻害剤が単なる E には結合せず、ES 複合体だけに結合して阻害する場合。阻害剤の結合部位は当然、基質の結合する活性中心とは別の位置にあり、活性中心に影響を及ぼす。

③ **混合阻害**（mixed i.）；①と②の混合型で、阻害剤が ES 複合体と E の両方に結合しうる場合。ES への結合と E への結合の強さが同じ場合を伝統的に**非拮抗阻害**（noncompetitive i.）とよんできたが、それは混合阻害の特殊なケースだと見ることができる。実際に E と ES への結合の程度が等しい阻害剤はあまり多くない。

これらの阻害様式についてもやはり **6.1.2 項**や **6.2.2 項**と同様の考え方をして、素段階のそれぞれに速度定数や平衡定数を当てはめれば、理論式を導

くことができる。阻害剤と酵素の結合の平衡定数を**阻害定数**といい、K_i であらわすことが多い（図6.6）。

　拮抗阻害剤があっても、基質の濃度を上げていくと活性中心から阻害剤が追い出され、反応速度はどんどん上がっていくので、V_{max} は阻害剤のないときと同じである（図6.7(a) 上段）。ただし V_{max} に達するのに必要な基質濃度は高まるので、K_m は大きくなる。不拮抗阻害では、阻害剤により V_{max} が減少するとともに、K_m も小さくなる（同 (b)）。混合阻害はその中間になる。混合阻害のうち非拮抗阻害の場合、すなわち阻害剤の E への結合定数（図6.6(c) の K_i）と ES 複合体への結合定数（同図の K_i'）がちょうど等しい（$K_i = K_i'$）場合は、阻害剤により V_{max} は減少するが K_m は変わらない（図6.7(c) 上段）。$K_i < K_i'$ だと拮抗阻害に近く K_m は大きくなるのに対し、逆の $K_i > K_i'$ だと不拮抗阻害に近く K_m は小さくなる。

　これらの阻害様式は、反応速度 V_0 と基質濃度 [S] の両逆数プロット（double reciprocal plot）のグラフを描くと区別しやすい（図6.7 下段）。こ

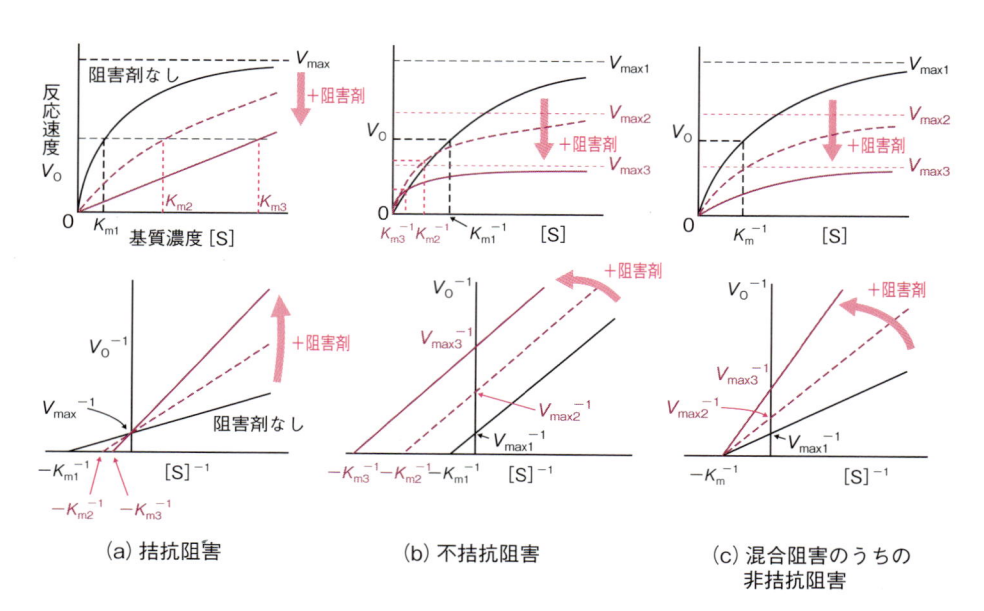

図6.7　阻害様式と両逆数プロット

(a) 拮抗阻害　　(b) 不拮抗阻害　　(c) 混合阻害のうちの非拮抗阻害

のプロットは**ラインウェーバー - バークプロット**（豆知識6-4）とよばれ、酵素反応の解析に好んで使われてきた。ミカエリス-メンテン式にしたがう酵素の挙動は、このプロットでは直線になる。縦軸の切片は V_{max} の逆数 (V_{max}^{-1}) になり、横軸の切片は $-K_m^{-1}$ になる。

拮抗阻害の場合、直線群は縦軸で交わり、不拮抗阻害だと平行になる。混合阻害のうち非拮抗阻害では横軸で交わる。$K_i < K_i'$ だと交点は第2象限（**左上の区画**）に位置するのに対し、逆の $K_i > K_i'$ だと交点は第3象限（**左下の区画**）にくる。

豆知識 6-4　ラインウェーバー - バークプロット（Lineweaver-Burk plot）

このプロットは、図6.7下段のような阻害様式の表示をはじめ、酵素の反応機構を論じるのに便利である。かつてはさらに、測定値から K_m や V_{max} の値を求めるフィッティング（fitting、あてはめ）手法としても好んで用いられたが、精度の低い低 [S] 濃度領域が過度に重んじられるという難点があり、このような目的には不向きである。コンピュータの発達により大量の測定値を曲線のままフィッティングする手法が容易に用いられる現代では、計算の簡略化のために逆数などを用いて精度を犠牲にする直線化手法は、一般に不合理になっている。

6.3　生体エネルギー学

酵素は共役というしくみ（5.3.2項④）によって、さまざまなエネルギー変換をおこなっている。たとえば筋肉のミオシンATPアーゼは、ATPの加水分解反応という化学反応と、空間的な運動とを共役させることによって、化学エネルギーを力学的エネルギーに変換している（5.1.1項）。またホタルの発光現象は、ルシフェラーゼという酵素が化学エネルギーを光エネルギーに変換する共役現象である。生体におけるこのようなエネルギー変換を研究する分野を、**生体エネルギー学**（bioenergetics）という。

6.3.1 ギブズの自由エネルギー

生体エネルギー学で最も重要な数値が**ギブズの自由エネルギー変化**(Gibbs free energy change、記号は ΔG) である。

細胞とか試験管内の水溶液などのように、ひとまとまりの空間や構造体を**系**(system)とよび、そのまわりの全体である**外界**(environment)から区別する。系内部のエネルギーの合計を内部エネルギー(U)という。U は、**自由エネルギー**(free energy：F)と**束縛エネルギー**(bound energy：TS)の2成分に分けられる(図 6.8)。

$$U = F + TS \qquad 6.24$$

束縛エネルギーとは、系にとどまって取り出し得ないため、仕事として有効に利用できないエネルギーであり、T は絶対温度(単位は K、ケルビン)、S はエントロピー(単位は J/K)をあらわす。自由エネルギーは逆に、有効に利用できるエネルギーであり、定容(体積一定)条件のもとで系の内部で**自発的に**(spontaneously、自然に)進行するのは、F が減少する場合である($\Delta F < 0$)。式 6.24 を変形すると、

$$F = U - TS \qquad 6.25$$

となる。この式の両辺に系の圧力(P)と体積(V)をかけ合わせた PV の

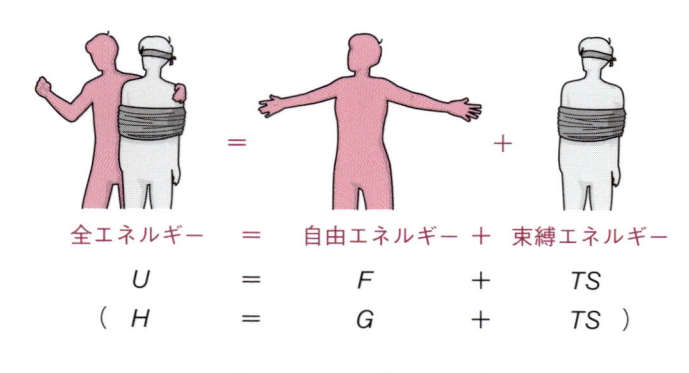

全エネルギー	=	自由エネルギー	+	束縛エネルギー
U	=	F	+	TS
(H	=	G	+	TS)

図 **6.8** エネルギーの2分割

項を加えて変形した式

$$G = H - TS \qquad 6.26$$

の左辺 G がギブズの自由エネルギー（$G = F + PV$）で、短くギブズエネルギーともよぶ。ΔG はその変化量である。H（$= U + PV$）はエンタルピーである。定圧（圧力一定）条件のもとで系の内部で自発的に進行するのは、G が減少する場合である。生物界はこちらの条件に近い。G に対比して、F をヘルムホルツの自由エネルギーともいう。

生化学的な反応、

$$aA + bB \rightleftharpoons pP + qQ \qquad 6.27$$

のギブズエネルギー変化は一般に、

$$\Delta G = \Delta G^\circ + RT \ln \frac{[P]^p[Q]^q}{[A]^a[B]^b} \qquad 6.28$$

とあらわすことができる。ここで R は気体の状態定数（8.315 J·mol^{-1}·K^{-1}）、ln は自然対数、ΔG° は物理化学的な標準状態における ΔG、すなわち**標準ギブズエネルギー変化**（standard Gibbs energy change）である。**標準状態**（standard state）とは、0℃（$T = 273.15$ K）、1気圧（atm）で、基質や生成物の濃度がすべて 1.0 M の状態である。したがって [A] = [B] = [P] = [Q] = 1.0 M のときは $\Delta G = \Delta G^\circ$ である。ΔG° は反応の種類（反応式）で決まる定数であるのに対し、ΔG は系の条件によってさまざまに変わる。

しかし標準状態のこのような定義は、非生物的な物理化学には適していても、生命現象を扱う生化学にはふさわしくない。水素イオン H$^+$ や水酸化物イオン OH$^-$ の濃度が 1.0 M だということは、pH が 0 や 14 の激しい酸性やアルカリ性であり、人体にとっては極端な条件である。液体の水が約 55 M にあたるのも煩雑になる。そこで生化学では、水の活量を 1 とし、pH が 7 の状態を標準状態として、その標準ギブズエネルギー変化を $\Delta G^{\circ\prime}$ とあらわす。$\Delta G^{\circ\prime}$ は化学反応ごとに決まっている定数である。

$$\Delta G = \Delta G^{\circ\prime} + RT \ln \frac{[P]^p[Q]^q}{[A]^a[B]^b} \qquad 6.29$$

6.3.2 ΔG の 2 つの意味

ΔG には次の 2 つの意味がある。

① ΔG の**符号**は、その反応（変化）が**自発的におこりうるか否か**を示す。
$\Delta G < 0$；自発的におこる。このように、系の自由エネルギーが減少する（エネルギーを出す）反応を**発エルゴン反応**（exergonic reaction）という。
$\Delta G > 0$；自発的にはおこらない。このように、系の自由エネルギーが増加する（エネルギーを取り込む）反応を**吸エルゴン反応**（endergonic reaction）という。しかしこれの逆反応は発エルゴン反応であり、自発的におこる。
$\Delta G = 0$；正方向にも逆方向にも正味の反応はおこらない。つまり平衡状態（豆知識 6-1）になる。

発エルゴン反応を**下り坂**（downhill）、吸エルゴン反応を**上り坂**（uphill）と表現することもある。ただし反応の ΔG は、反応のおこりうる方向を示すだけで、その速度は示さない。速度に対応するのは遷移状態の ΔG、すなわち活性化エネルギー $\Delta G^{\#}$ である（図 5.5）。全体としては下り坂の反応でも、途中にあって越えるべき山が高いと速度は遅い。

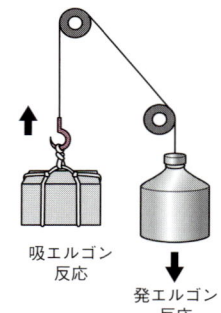

② ΔG の**値**は、その反応によって**利用しうるエネルギーの最大量**をしめす。たとえば ATP の加水分解の ΔG が -50 kJ·mol^{-1}（$\Delta G_1 = -50$ kJ·mol^{-1}）だとすると、ΔG（ΔG_2）が 50 kJ·mol^{-1} 以下（$\Delta G_2 < 50$ kJ·mol^{-1}）の別の反応を駆動しうる。つまり、単独では進行し得ない吸エルゴン反応（$\Delta G_2 > 0$）でも、これを他の発エルゴン反応（$\Delta G_1 < 0$）と共役させる酵素があれば、進行しうるということである。ただしそれらの絶対値に条件があり、$|\Delta G_2| < |\Delta G_1|$ でなければならない。これが前章（5.3.2 項④）で述べた共役の、定量的な意味である（7.2.1 項）。

$\Delta G^{\circ\prime}$ は定数だが、ΔG は基質や反応物の濃度によって変わる。それらの濃度が 10 倍になると ΔG は何 J 変わるだろうか。温度をほぼ体温の 37℃ とし、

自然対数と常用対数の関係 $\ln X = 2.303 \log_{10} X$ を式 6.29 に用いると、

$$\Delta G = \Delta G^{\circ\prime} + 5.94 \text{ kJ} \cdot \text{mol}^{-1} \log_{10} \frac{[\text{P}]^p[\text{Q}]^q}{[\text{A}]^a[\text{B}]^b} \qquad 6.30$$

となる。すなわち、対数内の分母（$[\text{A}]^a[\text{B}]^b$）が 10 倍になると ΔG は 5.94 kJ・mol^{-1} 減少し（反応がおこりやすくなり）、分子（$[\text{P}]^p[\text{Q}]^q$）が 10 倍になると ΔG は 5.94 kJ・mol^{-1} 増加する（反応がおこりにくくなる）。

さて、上の①で述べたように、反応が平衡状態にあると $\Delta G = 0$ となる。平衡状態での [X] を $[\text{X}]_{\text{eq}}$ とあらわすと、式 6.29 から

$$0 = \Delta G^{\circ\prime} + RT \ln \frac{[\text{P}]_{\text{eq}}^p[\text{Q}]_{\text{eq}}^q}{[\text{A}]_{\text{eq}}^a[\text{B}]_{\text{eq}}^b}$$

移項して

$$\Delta G^{\circ\prime} = - RT \ln \frac{[\text{P}]_{\text{eq}}^p[\text{Q}]_{\text{eq}}^q}{[\text{A}]_{\text{eq}}^a[\text{B}]_{\text{eq}}^b} \qquad 6.31$$

一方、平衡定数 $K_{\text{eq}}{}^\prime$ は次のように定義される。

$$K_{\text{eq}}{}^\prime = \frac{[\text{P}]_{\text{eq}}^p[\text{Q}]_{\text{eq}}^q}{[\text{A}]_{\text{eq}}^a[\text{B}]_{\text{eq}}^b} \qquad 6.32$$

これを式 6.31 に代入すると、

$$\Delta G^{\circ\prime} = - RT \ln K_{\text{eq}}{}^\prime \qquad 6.33$$

つまり、反応のギブズエネルギー変化と平衡定数は、お互いに一方から他方を計算できる。酵素反応の速度は $\Delta G^{\#}$ で決まるのに対し、その平衡は $\Delta G^{\circ\prime}$ で決まるわけである（**5.4.2 項末尾**）。

6.3.3 ATP；エネルギー通貨

生物が生き生きと活動するためには、発エルゴン反応が自発的に進行するだけでは不十分であり、多くの吸エルゴン反応も駆動される必要がある。細胞におけるさまざまな反応の間でエネルギーをやり取りする普遍的な物質が ATP である。社会において商取引を円滑に進めるのに共通の通貨が使われるのと同様に、生体において諸反応を円滑に結びつけるのに使われるのがこの ATP であり、ATP は細胞の**エネルギー通貨**（energy currency）とよばれ

ている。

　ATPは、塩基のアデニン・糖のリボース・3つのリン酸基の3部分からなるヌクレオチドである（図4.1）。このリン酸基は、中性pHの細胞中では解離して負電荷を帯びており、Mg^{2+}やMn^{2+}を結合している。このリン酸基部分が加水分解される際、大量のギブズエネルギーが遊離される：

$$ATP + H_2O \rightarrow ADP + P_i \qquad 6.34$$
$$\Delta G^{\circ\prime} = -30.5 \text{ kJ} \cdot \text{mol}^{-1}$$

$$ATP + H_2O \rightarrow AMP + PP_i \qquad 6.35$$
$$\Delta G^{\circ\prime} = -45.6 \text{ kJ} \cdot \text{mol}^{-1}$$

正確な$\Delta G^{\circ\prime}$の値は、pHや金属イオンの濃度などに依存している。また式6.28からわかるように、実際のΔGの値はATPやADP、P_iなどの濃度にも依存している。典型的な細胞では、ATPをADPに加水分解する反応のΔGは$\Delta G^{\circ\prime}$より絶対値が大きく、約$-50 \text{ kJ} \cdot \text{mol}^{-1}$である。この反応で解放される大きなエネルギーは、生体物質を生合成する化学反応に用いられるだけではなく、筋肉運動や神経伝達・物質輸送などさまざまな活動に使われる（7.1.2項）。

　生合成反応の中には、他のヌクレオシド三リン酸が利用されるものもある。たとえば、糖の生合成にはUTPがよく使われ（図9.14）、脂質合成にはCTP（図11.11）、タンパク質合成にはGTPが好んで用いられる。これらいずれのヌクレオチドも、加水分解の際にほぼ同量のエネルギーを遊離し、各反応を駆動する。これらのように、リン酸基が加水分解されるのに伴って大量のギブズエネルギーを遊離する物質を**高エネルギーリン酸化合物**（high-energy phosphate compound）と総称する。

　高エネルギーリン酸化合物はヌクレオチドだけではなく、クレアチンリン酸やホスホエノールピルビン酸（PEP、9.1.1項⑩）などの有機化合物もある。ただしすべてのリン酸有機化合物が高エネルギーなのではない。グルコース1-リン酸やグリセロール3-リン酸などは、加水分解で遊離されるエネルギー

が小さく、低エネルギーリン酸化合物である。ATPなどヌクレオシド三リン酸は、高エネルギーリン酸化合物の中ではむしろ、遊離エネルギー量が低い方である。だからこそエネルギー変換を仲介するのにふさわしい。

6.3.4 電気化学ポテンシャル

細胞でおこる生命現象は、水溶液中の化学反応だけではない。多くの現象において、細胞膜など閉じた生体膜（**2.5節**）が重要な舞台装置になっている。

溶液中のイオンや溶質が膜を隔てて不均一に分布することも、1種のエネルギーである。このような形態のエネルギーを**浸透エネルギー**（osmotic energy）という。浸透エネルギーは、生化学の範囲内の呼吸のような代謝にも深く関わっている（**10.3節**）が、さらには細胞内に栄養物を取り込んだり、老廃物を細胞外に汲み出したりするなどの、細胞生物学的な過程でも活発にはたらいている。化学反応どうしの共役を**化学共役**（chemical coupling）というのに対し、膜を隔てたイオンや溶質の輸送反応と化学反応との間の共役を**化学浸透共役**（chemiosmotic coupling）という。

浸透エネルギーの大きさは、**電気化学ポテンシャル**（electrochemical potential）で決まる（図6.9）。細胞の内外には大量の水溶液があり、生体膜

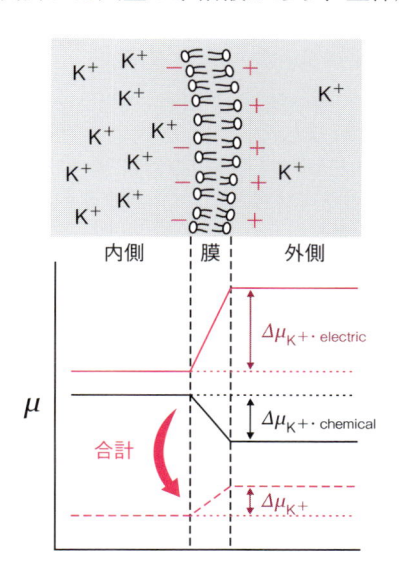

図 **6.9** 電気化学ポテンシャル

によって多くの区画に区切られている。水溶液中の溶質には、濃度の高い区画から濃度の低い区画へ移動しようとする勢い（**ポテンシャル**、**豆知識6-5**）がある。また正電荷をもった溶質（陽イオン）は、2つの区画で濃度が同じでも、電位の高い区画から電位の低い区画へ移動しようとする勢いがある。前者を化学ポテンシャル、後者を電気ポテンシャル、その合計を電気化学ポテンシャルといい、μ（ギリシャ文字のミュー）であらわす。電荷 $z+$ をもつイオン A^{z+} について、細胞の内（in）と外（out）で比べた電気化学ポテンシャル差 $\Delta\mu_{A^{z+}\text{in-out}}$ は、次のようにあらわせる。

$$\Delta\mu_{A^{z+}\text{in-out}} = \Delta\mu_{\text{electric·in-out}} + \Delta\mu_{\text{chemical·in-out}}$$

$$= zF\Delta\psi_{\text{in-out}} + RT\ln\frac{[A^{z+}]_{\text{in}}}{[A^{z+}]_{\text{out}}} \quad 6.36$$

電気ポテンシャル差 $\Delta\mu_{\text{electric}}$ は、電荷 z とファラデー定数 F、膜電位 $\Delta\psi_{\text{in-out}}$（内外の電位差、デルタプサイ）の3者の積である。一方の化学ポテンシャル $\Delta\mu_{\text{chemical}}$ は、イオン A^{z+} の内外濃度比の自然対数 $\ln([A^{z+}]_{\text{in}}/[A^{z+}]_{\text{out}})$ と気体定数 R、絶対温度 T の3者の積である。

豆知識 6-5　ポテンシャル（potential）

　一般名詞としては潜在性とか潜在能力の意味。たとえば人物評では、「山本くんは今のところ実力を発揮できていないが、大器晩成型でポテンシャルは高い」などと使う。物理化学では、場所によって決まる粒子群のエネルギーを意味する。粒子にかかる力が、それの存在する場所によって決まるとき、その空間にはその粒子に対する「力の場」があり、その位置によって決まった値のエネルギーを粒子がもっていると見ることができる。わかりやすい例は、「重力の場」に基づく位置エネルギー（potential energy）である。水力発電を思い起こせばわかるように、もの（水）が高い位置にあれば、たとえ静止していても、高度に応じたポテンシャル（潜在力）をもつ。

　この重力場に基づく力学的ポテンシャルと同様、ほかにも電場に基づく電気ポテンシャル、濃度に基づく化学ポテンシャルなどがある。これらのポテンシャルも地形にたとえることができ、上り坂・下り坂という表現も容易に類推できる（6.3.2項）。なおポテンシャルは、単位が $J \cdot mol^{-1}$ であり、物質量（mol）をかけただけでエネルギーそのものになる。

溶質がイオンでなくグルコースのように電荷をもたない場合は、比較的単純である。式 6.36 に $z = 0$ を代入して第 1 項が消去されるので、化学ポテンシャル $\Delta\mu_{chemical}$ の項だけになる。一方、イオンのように電荷をもつ場合は、移動する方向が 2 つの項のバランスで決まるので、複雑である。イオンは濃度の薄いところから濃度の濃いところに自発的に移動することもある。たとえば、膜電位が大きな負の値であるため K^+ イオンの細胞内外の電気ポテンシャル差 $\Delta\mu_{electric\cdot in\text{-}out}$ が大きな負の値 -15 kJ·mol^{-1} だと、化学ポテンシャル $\Delta\mu_{chemical\cdot in\text{-}out}$ が正の値 $+10$ kJ·mol^{-1} でも、十分打ち勝って K^+ は内に流れ込む。ただしこの移動の結果、内部の K^+ 濃度が高まり $\Delta\mu_{chemical\cdot in\text{-}out}$ が $+15$ kJ·mol^{-1} に達すると、K^+ の流入は止まる。

イオンの浸透エネルギーは、さまざまな生理現象のエネルギー源となっている。このようなエネルギーを**イオン駆動力**（ion motive force）という。たとえば細菌の細胞膜では、水素イオンの電気化学ポテンシャル差が ATP の合成やベン毛の回転運動を駆動している。水素イオンは陽子（proton）なので、このような駆動力を**プロトン駆動力**（proton m. f.）という。また動物の細胞膜では、**ナトリウム駆動力**（sodium ion m. f.）がさまざまな栄養素の取り込みを駆動している。

6.3.5 酸化還元電位

酵素が触媒する反応のうち酸化還元反応（5.2 節①）は、還元剤（還元型の基質）から酸化剤（酸化型の基質）へ電子を渡す反応と見ることができる。水溶液中で還元剤から電子が除かれる反応と、酸化剤に電子が加わる反応は、適当な条件が整えば、正負 2 つの電極で互いに隔離することができ、電位を測定できる（**図 6.10**）。その片方ずつの反応を**半反応**（half reaction）という。**表 6.2 の左欄**に、基質が還元される方向として記述した半反応（還元半反応）の実例を示す。

特定の半反応を基準と定めれば、そのほかの半反応について起電力を測定することができる。具体的には、水素イオン H^+ が還元されて気体水素 H_2 ができる反応が、そのような基準に選ばれている（ただし H_2 1 気圧、pH = 0 における反応）。こうして求められる起電力の値を、それぞれの還元半反

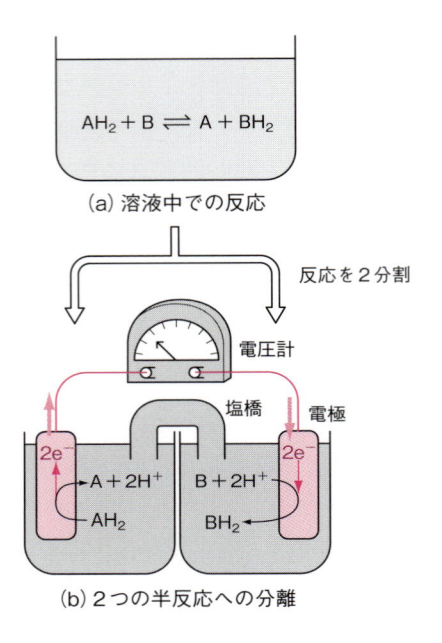

図 6.10　酸化還元反応

(a) 溶液中での反応：$AH_2 + B \rightleftharpoons A + BH_2$

(b) 2つの半反応への分離

応の**酸化還元電位**（redox potential、E）という。ギブズ自由エネルギーの場合（6.3.1 項）と同様に、生化学的な標準状態における E を標準酸化還元電位 $E^{\circ\prime}$ とする。

$$E = E^{\circ\prime} + \frac{RT}{nF} \ln \frac{[\text{Ox}]}{[\text{Red}]} \qquad 6.37$$

ここで n は、半反応にでてくる電子の数（**表 6.2 の反応式の** e^- **の数**）を示し、[Ox] と [Red] はそれぞれ基質の酸化型と還元型の濃度をあらわす。

$E^{\circ\prime}$ の例を**表 6.2 の右欄**に示す。$E^{\circ\prime}$ は酸化力や還元力の指標となる。$E^{\circ\prime}$ が小さい（負の値で絶対値が大きい）ほど還元力が強く、それが大きいほど酸化力が強い。酸化反応と還元反応は裏腹の関係にあるので、正反応（右方向の反応）で左辺の物質が酸化力の強い酸化剤としてはたらく場合（たとえば O_2）は、右辺の物質は逆反応（左方向の反応）で還元力の弱い還元剤（たとえば H_2O）としての役割しか果たせない。また、右辺の物質が逆反応で

表 6.2 還元半反応と酸化還元電位

還元半反応	$E^{\circ\prime}$ (V)
酢酸$^-$ + 3H$^+$ + 2e$^-$ ⇌ アセトアルデヒド + H$_2$O	-0.581
6CO$_2$ + 24H$^+$ + 24e$^-$ ⇌ グルコース (C$_6$H$_{12}$O$_6$) + 6H$_2$O	-0.43
2H$^+$ + 2e$^-$ ⇌ H$_2$	-0.421
NAD$^+$ + H$^+$ + 2e$^-$ ⇌ NADH	-0.315
FAD + 2H$^+$ + 2e$^-$ ⇌ FADH$_2$	-0.219
メナキノン + 2H$^+$ + 2e$^-$ ⇌ メナキノール	-0.074
フマル酸$^{2-}$ + 2H$^+$ + 2e$^-$ ⇌ コハク酸$^{2-}$	+0.031
ユビキノン + 2H$^+$ + 2e$^-$ ⇌ ユビキノール	+0.09
デヒドロアスコルビン酸 + 2H$^+$ + 2e$^-$ ⇌ アスコルビン酸	+0.058
シトクロム b (Fe^{3+}) + e$^-$ ⇌ シトクロム b (Fe^{2+})	+0.077
シトクロム c (Fe^{3+}) + e$^-$ ⇌ シトクロム c (Fe^{2+})	+0.22
シトクロム a (Fe^{3+}) + e$^-$ ⇌ シトクロム a (Fe^{2+})	+0.29
½O$_2$ + 2H$^+$ + 2e$^-$ ⇌ H$_2$O	+0.815

半反応 2H$^+$ + 2e$^-$ ⇌ H$_2$ は基準に選ばれており、生化学的な標準状態(pH7)の $\Delta E^{\circ\prime}$ は -0.421 だが、物理化学的な標準状態（pH0）の ΔE は 0 である。

強い還元剤として働く場合（たとえばアセトアルデヒド）は、左辺の物質は正反応で弱い酸化剤（酢酸）としての役回りしか担えない。

酸化還元反応のギブズ自由エネルギー変化 ΔG は、2つの半反応の E の差（ΔE）に比例する。$\Delta G^{\circ\prime}$ も同様である。

$$\Delta G = -nF\Delta E \qquad 6.38$$

$$\Delta G^{\circ\prime} = -nF\Delta E^{\circ\prime} \qquad 6.39$$

ここで F はファラデー定数である（$F = 9.65 \times 10^4$ C・mol^{-1}）。

7 代謝系の全体像

酵素が単独ではたらくことはむしろまれである。多くの場合は、**代謝系**（metabolic system）という大きなシステムの一部として他の酵素と協調したり、さらに多くの生命現象で幅広いタンパク質と共同してはたらいている（7.1 節）。このように高い次元の機能を発揮するため、酵素には無機触媒などからは隔絶しためざましい特徴が備わっている。そのうちおもな 3 点、エネルギー共役（7.2 節）・調節（7.3 節）・鋳型の利用（7.4 節）について、それぞれの節で学ぶ。

7.1 代謝の概要

7.1.1 代謝の種類

生体内の物質変化を**代謝**（metabolism）または**新陳代謝**という。代謝には、物質が小さな分子に分解される**異化**（catabolism）と、小さな部品が組み立てられて生体に必要な大きな分子が合成される**同化**（anabolism）とがある（図 7.1）。大まかな傾向として、異化は酸化的な発エルゴン反応であり、同化は還元的な吸エルゴン反応である（6.3.2 項）。大気に約 20％含まれている酸素 O_2 にさらされながら生きている生物においては、有機物は遅かれ早かれ酸化的に分解されていく宿命にある。それに抗して還元的な**生合成**（biosynthesis）をおこなうには、還元力とエネルギーを注入する必要がある。

異化という過程のうち、単純な分解反応にも、有害物質の解毒などの機能がある。しかし異化過程の主要部分は、エネルギーを獲得するという、より大きな使命をもっている。食物から抜き取られたエネルギーは、おもに

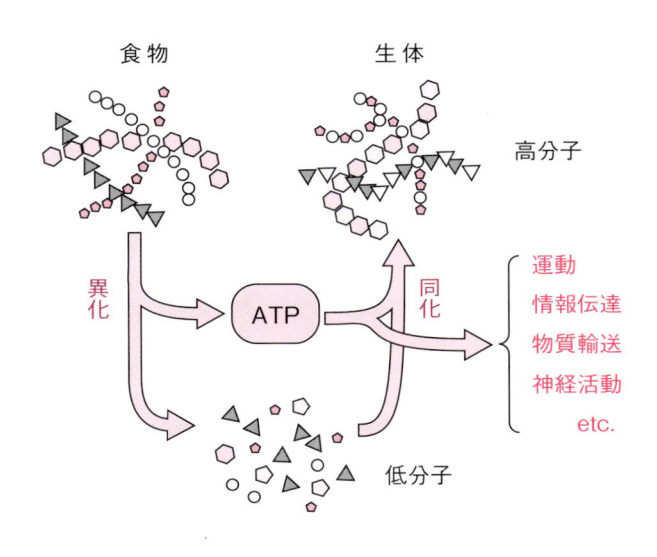

図 7.1　異化と同化

ATP の化学エネルギーのかたちで確保される。確保されたエネルギーは、代謝系の内部の過程である同化にも使われるが、それだけではなく運動や物質輸送・神経の電気的活動などさまざまな生命活動に供給される。

　代謝はまた物質の種類に応じて、糖質代謝・脂質代謝・アミノ酸代謝などに分けられる。代謝において、物質は一気に大幅に変化するのではなく、わずかずつの化学変化が何段階も引き続いておこる。そのような変化の道筋を**代謝経路**（metabolic pathway）という。代謝経路の各段階の化学反応は、それぞれ異なる酵素によって触媒されるので、各段階は酵素名で表示されることが多い（たとえば**図 9.2**）。代謝経路には、解糖系やクエン酸回路・脂肪酸 β 酸化系などさまざまなものがあり（**第 3 部**）、その全体を代謝系としてまとめる（**図 7.2**）。多くの生物において、ゲノムの全遺伝子の 3 割前後が代謝系の酵素をコードしている。

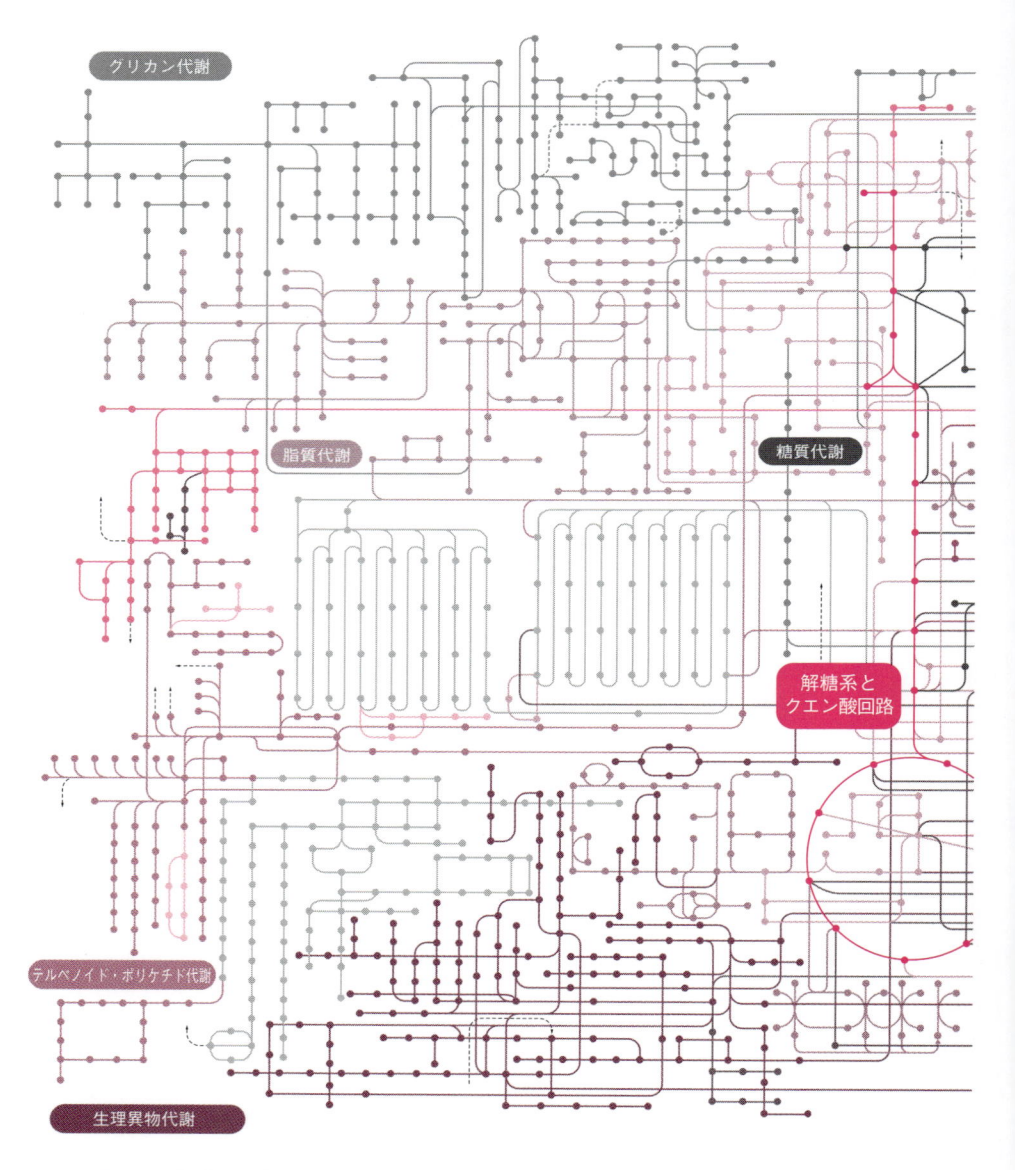

図 **7.2** 代謝系の全体像
KEGG のデータベースより（www.genome.ad.jp/kegg/pathway/map/map01100.html）

7.1 代謝の概要

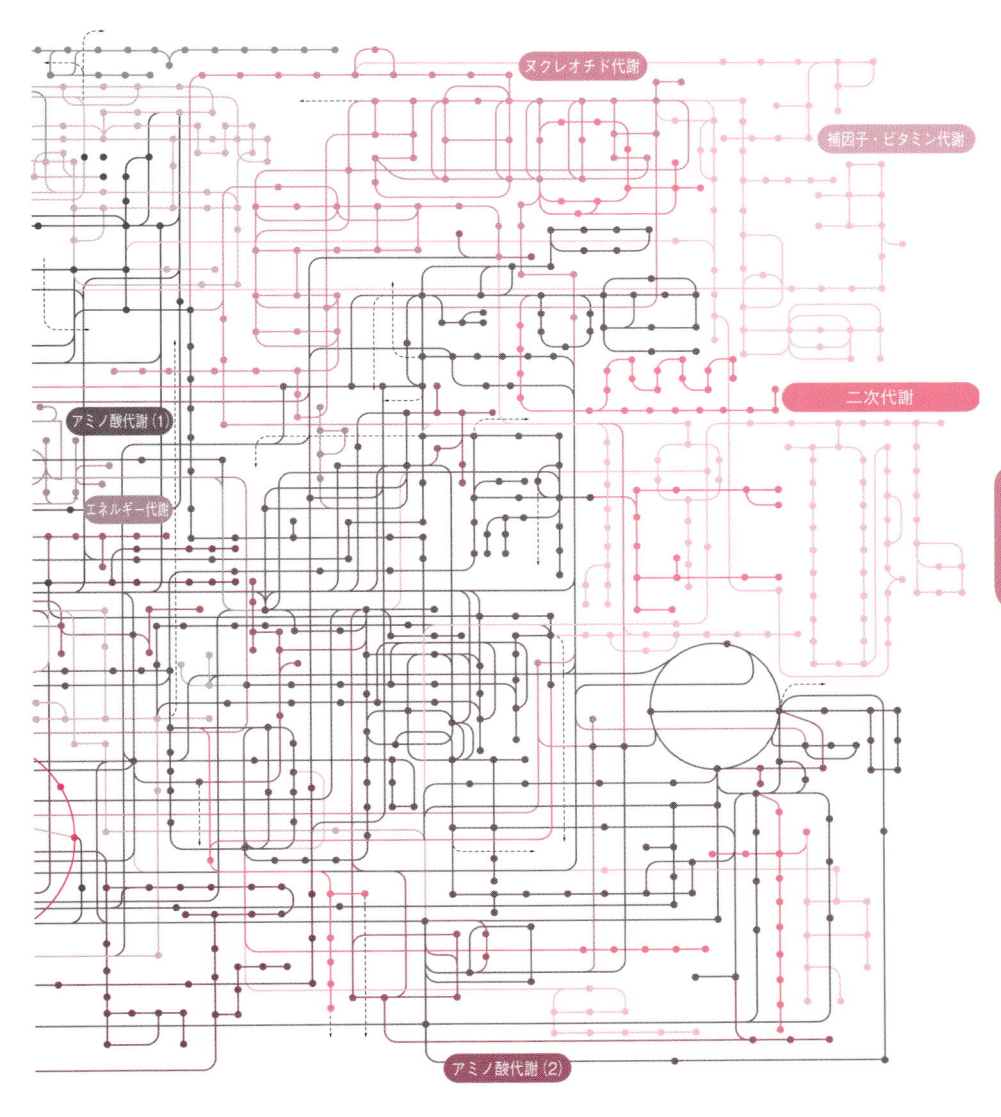

ヌクレオチド代謝

補因子・ビタミン代謝

二次代謝

アミノ酸代謝 (1)

エネルギー代謝

アミノ酸代謝 (2)

第2部 酵素編

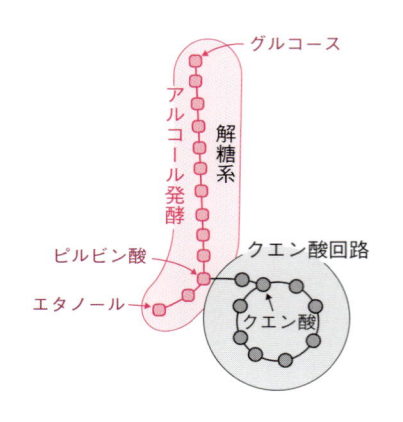

図 7.3 代謝経路の例

アルコール発酵（9.1.4 項）は 12 段階の酵素反応からなり（図 7.3）、それぞれ化学反応式として書くことができる。ある段階の生成物（反応式の右辺の項）の 1 つは、次の段階の基質（反応式の左辺の項）の 1 つと共通である。このような代謝経路の中間の「生成物＝基質」を、**中間代謝物**（intermediate）という。一連の代謝経路の中では、最も遅い段階が経路全体の速度を決める。そのような段階を**律速段階**（rate-limiting step）という。律速段階にある重要な酵素を**鍵酵素**（key enzyme）という。

代謝のうち、解糖系やクエン酸回路のように、生存に必須なエネルギーを獲得したり、生体を構成する脂質やアミノ酸を合成したりする中心的な部分を、**一次代謝**（primary metabolism）という。これに対し、生物の基本的な生命活動に関与しない部分を**二次代謝**（secondary m.）とよぶ。本来生体に存在しない外来物質である**生体異物**（xenobiotics）を分解・解毒する代謝経路もある。

代謝にはまた、物質の変化に注目した**物質代謝**という語と、エネルギー変換に着目した**エネルギー代謝**という語もある。しかしすべての酵素反応は両方の性質を兼ね備えているので、これらは代謝経路を分類する概念というよりは、着眼点をあらわす言葉だといえる。とはいえ、ATP の合成と分解を伴う反応群を、エネルギー代謝の中核部分と見ることが多い。

7.1.2 代謝の普遍性

代謝という語は、糖質や脂質など有機物の変化をさす場合が多いが、骨の分解や合成など無機質の変化も含む。生物は、取り込んだ食べ物をただ分解して排出するだけではなく、自分のからだを構成する物質そのものも少しずつ分解し合成しながら入れ替えている。建築資材の製造工場が、原材料から

製品を生産すると同時に、工場の建屋自体も改築し続けているようなものである（図7.4）。生体物質の置き換わる速度は、組織や物質の種類によってさまざまだが、日々年々更新されていることは共通である。皮膚では、表皮が角質化して垢としてはがれ落ちるのに同期して、真皮から新しい細胞層が作られてせり上がり、連続的に入れ替わっている。このように細胞が移りゆく組織では、それと同時に物質も置き換わっていることはわかりやすい。しかし脳のように細胞の入れ替わりがお

図 **7.4** みずからを改築する建築資材製造工場

こらない、あるいは非常に遅い組織でさえ、その構成成分は更新されている。ヒトは長期にわたってその外見を継続し、**自己同一性**（identity）を安定に保っているように見えても、物質的には動的に流転している。

　生命現象の総体には、代謝のほかにも遺伝・膜輸送・信号伝達・運動などいろいろな過程があり、それぞれに多数のタンパク質や遺伝子がはたらいている。酵素はそのうち代謝系で主役の座を占めている（図7.5）。しかし酵

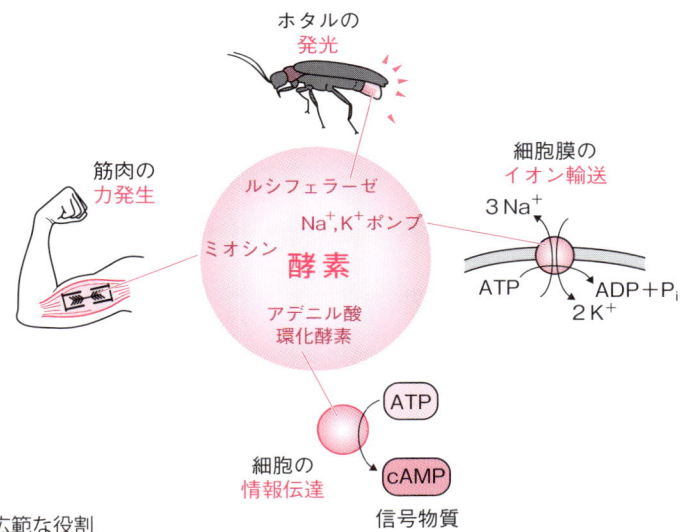

図 **7.5** 酵素の広範な役割

素はさらに、運動や信号伝達を含む幅広い過程でもはたらいている（5.1.1項）。たとえば、代表的な信号物質である環状 AMP（cAMP）は、その細胞内濃度が上下することによって、細胞の状態を変える。この環状 AMP を作るのもアデニル酸環化酵素（adenylate cyclase）というリアーゼだし、これを壊すのもホスホジエステラーゼ（phosphodiesterase）という加水分解酵素である。筋肉運動の主役であるミオシンも、イオン輸送体の代表である Na^+, K^+ ポンプも、ATPアーゼという酵素としての性格をもっている。

　生物のタンパク質を、動的な役割を果たす機能タンパク質と、細胞や組織の構造を支える構造タンパク質とに 2 大別する考え方がある。この機能タンパク質にはもちろん、代謝（化学反応）を主要な任務とする酵素が含まれる。しかしそれに加え、物質輸送や情報変換を主要任務としながら、酵素としての側面を付随するタンパク質も数多い（5.1.1 項末尾）。機能タンパク質の大多数がこのような広義の酵素であり、生命の本質は酵素であるとみなす考え方がある。これは**汎酵素的生命像**とよぶことができる。

7.2 エネルギー共役

　酵素をすべて単純な触媒と規定するモデル（図 7.6(a)）では、生命現象における酵素の圧倒的な重要性を理解するのは難しい。酵素には、無機触媒などとは質的に異なる複合的なしくみを備えたものも多い（図 7.6(b)〜(d)）。ここから 3 つの節で順に、エネルギー共役・調節・鋳型の利用について見ていこう。まず第一に、一部の酵素は複数の反応を共役することにより、個別にはおこりえない反応を駆動する（5.3.2 項④）。

7.2.1 単一酵素による共役

　また Na^+, K^+-ATPアーゼを振り返ってみよう。この酵素は、ATP の加水分解に伴って、ナトリウムイオン（Na^+）を細胞内から細胞外に輸送し、カリウムイオン（K^+）を細胞外から細胞内に輸送する（図 7.5）。これは、Na^+ を濃度の薄い内側から濃度の濃い外側に運ぶなど、エネルギーの坂を上る吸エルゴン反応（6.3.2 項）である。通常の自然界ではおこりえない現象が、酵

7.2 エネルギー共役

(a) 単純な触媒作用

(b) エネルギー共役

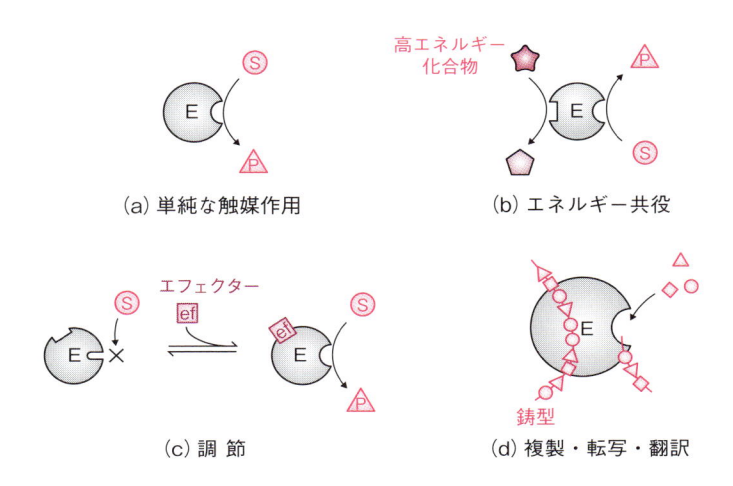

(c) 調 節

(d) 複製・転写・翻訳

図 **7.6** 酵素の機能

素のおかげで進行しているわけである。

酵素や触媒の一般的な性質である反応の促進（5.3.1 項①）とは、いいかえると「放置しておいてもごくゆっくりなら進む反応を、もっと速める」ということであった。すなわち一般の酵素は、活性化エネルギー（$\Delta G^{\#}$）を下げることによって反応の速度を高めるが、反応前後のエネルギー差 ΔG すなわち反応の平衡は変化させえない（図 5.5）。

ところが Na^+,K^+-ATP アーゼのような酵素は、ATP の加水分解という発エルゴン反応で放出されるエネルギーを利用することにより、単独ではおこりえない吸エルゴン反応を引きおこしている。これを**エネルギー共役**（energy coupling）という。「酵素なしでもゆっくりおこる過程を酵素が（量的に）加速している」、ということではなく、「酵素なしならおこりえない過程を酵素が引きおこしている」、という質的な違いである。

Na^+,K^+-ATP アーゼは、共役する 2 つの反応が化学反応とイオン輸送反応の事例であり、酵素反応としては特殊な例だった。しかし共役する 2 反応がともに化学反応である場合でも、同様の議論が成り立つ（図 7.7）。

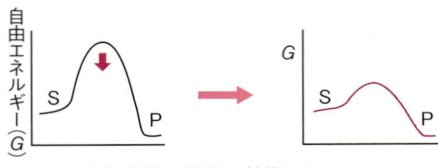

(a) 通常の酵素の特徴（5.4.2項）

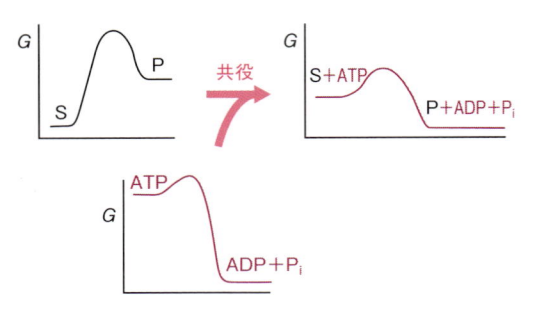

(b) エネルギー共役のある酵素の特徴（5.3.2項④）　　　図 7.7　酵素のめざましい特徴

たとえばグルコースをリン酸化する反応；

$$\text{グルコース} + P_i \rightarrow \text{グルコース 6-リン酸} + H_2O \qquad 7.1$$
$$\Delta G_1^{\circ\prime} = +13.7 \text{ kJ·mol}^{-1}$$

は、$\Delta G^{\circ\prime}$ が正の吸エルゴン反応であって、単独ではおこらない。しかし発エルゴン反応である ATP の加水分解反応（**6.3.3 項**）；

$$\text{ATP} + H_2O \rightarrow \text{ADP} + P_i \qquad 7.2$$
$$\Delta G_2^{\circ\prime} = -30.5 \text{ kJ·mol}^{-1}$$

と共役させる酵素があれば、進行可能になる。そのような酵素がヘキソキナーゼである（**9.1.1 項①**）。この酵素によって触媒される反応は、式 7.1 と 7.2 の 2 つの反応を合体（共役）させたものであり、その $\Delta G^{\circ\prime}$ は $\Delta G_1^{\circ\prime}$ と $\Delta G_2^{\circ\prime}$ の和である；

$$\text{グルコース} + \text{ATP} \rightarrow \text{グルコース 6-リン酸} + \text{ADP} \qquad 7.3$$
$$\Delta G_{1+2}^{\circ\prime} = -16.8 \text{ kJ·mol}^{-1}$$

ただしそれらの絶対値には条件があり、$|\Delta G_2^{\circ\prime}| > |\Delta G_1^{\circ\prime}|$ でなければならない（6.3.2 項②）。

　Na^+,K^+-ATPアーゼは、ATP 1 分子の加水分解に伴って Na^+ を 3 個、K^+ を 2 個輸送する。この 1:3:2 のような反応物の量的な関係を、**化学量論**（stoichiometry）という。ヘキソキナーゼ反応のような純然たる化学反応だと、反応物と生成物の化学式さえ確定していれば、それらの化学量論も質量保存則によって決まってしまう。それに対し、Na^+,K^+-ATPアーゼのように物質輸送が共役しているような現象では、質量保存則などの理論的考察だけでは決まらない。化学量論の決定には、数値の実測や原子レベルの立体構造に基づく共役メカニズムの解明などが必要とされる。

7.2.2 前駆体の活性化

　前項では、単一の酵素が 2 つの反応をかたく組み合わせることによって、単独ではおこりえない反応を遂行するというタイプの共役を説明した。実際の代謝ではそのほかに、ある酵素の基質を別の酵素で前もって**活性化**（activation）しておくことによって、そのような前処理なしではおこりえない反応を遂行するという戦略もとっている。たとえば、グルコースの重合体であるグリコーゲン（1.3 節②）にさらにグルコース分子を付加する反応は吸エルゴン反応であり、自発的には進行しない；

$$\text{グリコーゲン}(n) + \text{グルコース} \rightarrow \text{x}$$

（ここで n は、グリコーゲン分子に含まれるグルコース単位の数をあらわす）しかしグリコーゲン貯蔵器官である肝臓や筋肉には、グルコース 1-リン酸にウリジル基（UMP）を転移する酵素があり、まず UDP-グルコースに変えることで活性化する（9.4.3 項）；

$$\text{グルコース 1-リン酸} + \text{UTP} \rightarrow \text{UDP-グルコース} + PP_i \quad 7.4$$

ここで PP_i は二リン酸（ピロリン酸）をあらわす。次に、この UDP グルコースがグリコーゲン合成酵素によってグリコーゲン(n) に付加される反応は発エルゴン反応となり、グリコーゲン($n+1$) への伸長が実現する；

グリコーゲン(n) + UDP-グルコース → グリコーゲン($n+1$) + UDP　　7.5

この伸長反応がくり返されて、さらに高分子化される。

　このようなしくみは、単純には進行し得ない重合反応を進行させるために、高エネルギーリン酸化合物を消費することによって前もって**前駆体**（豆知識7-1）を活性化し、重合を実現するという戦略である。すなわち複数段階の酵素反応の組み合わせによって、エネルギー共役を実現していると見ることができる。

豆知識7-1　前駆体（precursor）

　一連の代謝経路の中で、着目した特定の物質より前の段階にある物質のこと。消化酵素トリプシンの前駆体であるトリプシノーゲンには酵素活性がないが、ポリペプチドの一部が切断・除去されることによってトリプシンに**成熟**（maturation）する。コレステロールの生合成ではスクアレンが前駆体であり（図11.12）、様々な重合体（多量体）では単量体が前駆体である（表7.1）。名称には、接尾辞としてゲン（-gen）がつけられる場合のほかに、接頭辞としてプロ（pro-）やプレ（pre-）がつけられることもあり、それらが重ねられることもある（プレプロインスリンなど）。

　このような戦略は、グリコーゲン合成酵素など通常の酵素だけではなく、遺伝情報の複製や発現（7.4節）に関わる酵素でも採用されている。DNAやRNAは、ヌクレオチド一リン酸（NMP）単位が重合した形の高分子だ（図4.3）が、それらを合成するポリメラーゼの基質となるのはヌクレオチド三リン酸（NTP）である（**表7.1：158ページ**）。すなわち核酸の合成反応においては、高エネルギーリン酸化合物であるNTP自体が活性化前駆体であり、PP_iを遊離して低エネルギーリン酸化合物のNMPとなりながら、これを構成単位（単量体）とする多量体になる。遺伝情報の翻訳過程（7.4節）ではたらく伝令RNA（アミノ酸を運ぶアダプター）も、エネルギー論的には、タンパク質合成の素材（アミノ酸）を前もって活性化する分子という側面ももっている。さらには、アセチル基（CH_3CO-）を運ぶ補酵素A（CoA、8.2.2項）なども、活性化運搬体の例である。アセチルCoAは「活性化された酢酸（CH_3COOH）」ともいわれる。

7.3 調 節

代謝は、酵素分子の活性の変化と、酵素の量自体の変動の2段階で調節 (regulation) されている。酵素活性の調節は、基質以外の物質が活性中心以外の部位に結合したり、酵素分子自体が化学的な修飾を受けたりすることによっておこる（図 7.6(c)）。このような調節酵素（regulatory enzyme）が代謝経路の要所に存在し、細胞や個体の必要に応じて、生産物の供給や出発物質の消費を増減している（5.3.2 項⑤）。代謝の調節は、律速段階（7.1.1 項）でなされるのが効率的である。

7.3.1 酵素量の調節

酵素も他のタンパク質と同様、合成と分解のくり返しで代謝回転 (turnover) している。酵素の合成と分解が定常状態（豆知識 6-1）にあり、酵素量がほぼ一定しているものを構成酵素（constitutive enzyme）という。それに対し、処理すべき基質が与えられると生合成が促進され量の増える酵素を誘導酵素（inducible enzyme）という。肝臓で薬物・毒物代謝をおこなうシトクロム P450（豆知識 7-2）の多くは誘導酵素である。

酵素を含めタンパク質の生合成は、遺伝子の転写・転写後・翻訳・翻訳後などいくつかの段階で調節される。そのうち転写段階がいちばんの中心である。転写の調節には、転写因子（transcription factor）とよばれるタンパク質がはたらく。ゲノム DNA 上のプロモーター上流にある特定の調節配列や、

> **豆知識 7-2　シトクロム P450（cytochrome P450）**
>
> 肝細胞の小胞体には、酸化還元反応を連鎖的に行う酵素群があり、**電子伝達系**とよばれている。シトクロム P450 はその電子伝達系にある一群の酸化還元酵素である。多くの種類があり、全体として様々な薬物の修飾や異物の解毒を担当している。シトクロムとは、ヘムをもつ色素タンパク質のうち、中心の Fe が一電子酸化還元をくり返し、2 価（Fe^{2+}）と 3 価（Fe^{3+}）の間で変換するタンパク質の総称である（10.3 節 (a)）。P450 は、波長 450 nm の可視光を最も強く吸収する色素（**p**igment）という意味で名づけられた。なお電子伝達系やシトクロムは、小胞体のほかにミトコンドリアの呼吸鎖（10.3 節）や植物の葉緑体にもある。

図 7.8　酵素の合成と分解

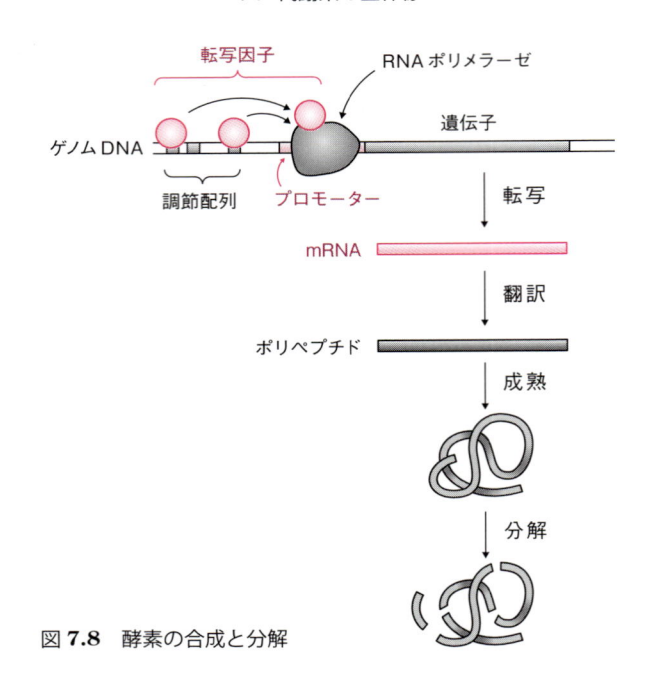

RNA ポリメラーゼなどにこの因子が結合し、転写速度を上げ下げする（図7.8）。細胞にはタンパク質を分解する分子装置（プロテアソームなど）もあり、酵素を含むタンパク質の寿命を左右する。

7.3.2　酵素活性の調節

酵素活性の調節にはいくつかのしくみがある。

① **アロステリック制御**（allosteric control）；酵素の活性中心（**5.4.1 項**）とは異なる場所にリガンド（**豆知識 7-3**）が結合して、酵素活性を上下させる制御である。そのような場所を**調節部位**（regulatory site）とよぶ。allo- は「異なる」、steric は「立体的な」の意味である。このような効果を**アロステリック効果**（allosteric effect）といい、このリガンド（調節物質）を**エフェクター**（effector）ともいう（**9.1.5 項**）。調節部位にエフェクターが結合すると、酵素の立体構造が可逆的に変化し（コンフォメーション変化、**豆知識 1-5**）、

> **豆知識 7-3　リガンド（ligand）**
>
> 酵素に結合する基質や調節物質（エフェクター）とか、受容体に結合する薬物分子のように、タンパク質と特異的に結合する物質の総称。低分子を指すことが多いが、糖タンパク質の糖鎖に結合する**レクチン**（糖鎖結合タンパク質）など、高分子を含めることもある。なお ligand という語は、「配位子」という訳語を当てて、かなり異なる意味でも用いる。配位子とは、錯体（金属イオンを結合する有機化合物）分子の中で、金属原子に直接結合している原子やイオンのこと。

離れた活性中心にも影響を与える（図 7.6 (c)）。このような制御を受ける酵素を**アロステリック酵素**という。そのほか、ヘモグロビンのように酵素活性をもたないタンパク質でも同様の調節を受けるものもあり、まとめて**アロステリックタンパク質**と総称する。

アロステリックタンパク質の多くはいくつかのサブユニットからなり、それぞれに基質が結合すると、互いに影響を与え合う。このように同種のサブユニット（あるいは基質結合部位）の間で影響を与え合うことを**共同性**（cooperativity）という。1つの結合が他の結合をおこりやすくさせる場合を**正の**（positive）共同性、逆に結合しにくくさせる場合を**負の**（negative）共同性として対比する。同一基質どうしの影響もアロステリック効果に含め、これを**ホモトロピック**（homotropic）なアロステリック効果とよぶ。一方、上述のように基質と異なる物質がエフェクターとして影響する場合を、**ヘテロトロピック**（heterotropic）なアロステリック効果として対比する。

これらの効果について、アスパラギン酸カルバモイルトランスフェラーゼというアロステリック酵素を具体例として説明しよう。この酵素は、CTPなどピリミジンヌクレオチド（4.1 節）を合成する代謝経路の最初の段階の酵素であり、次の反応を触媒する；

$$\text{アスパラギン酸} + \text{カルバモイル リン酸} \rightarrow N\text{-カルバモイル アスパラギン酸} + P_i \qquad 7.6$$

この酵素は6個の大きな触媒サブユニットと6個の小さな調節サブユニットからなる。

(a) CTPは調節サブユニットに結合し、活性を抑制する。これは**負のヘテロトロピック効果**である。この調節には合目的的な生理機能があると考えられる。すなわち、代謝経路の最終産物であるCTPが細胞内に十分存在するときは、さらに増やす必要はないので、その合成を初発段階で止めるというしくみである。

この例のように、蓄積した産物が一続きの代謝経路の初期段階の酵素を阻害するような調節を、一般に**フィードバック阻害**（feedback inhibition）という。一方、代謝経路の出発物質が蓄積した際に、その先の律速段階の酵素を促進するような調節を**フィードフォワード活性化**（feedforward activation）という。アロステリック酵素は代謝経路のかなめの位置に存在している。これらの調節様式は、生化学に限らず工学的な制御機構としても広く存在する。

(b) ATPは逆に、酵素の活性を高め**正のヘテロトロピック効果**を示す。この効果の生理機能は、mRNAやDNAの生合成を推し進める調節として説明できる。すなわちATPは、これら核酸合成のエネルギー源（エネルギー通貨、**6.3.3項**）であるとともに、素材としてのプリンヌクレオチドでもある。それらの供給が十分なら、それに合わせてピリミジンヌクレオチドの方も増産しようとするしくみである。

(c) これらに対し、基質アスパラギン酸（aspartate）は**正のホモトロピック効果**を示す。正のホモトロピック効果を示すアロステリック酵素は、反応速度の基質濃度依存性が通常の双曲線（図6.3）にはならず、ある狭い濃度域で急に立ち上がる**S字曲線**（sigmoidal curve）になる（図7.9）。酵素ではないタンパク質のヘモグロビンでも同様に、O_2の結合に関して正のホモトロピック効果が見られ、同様なS字形の依存性がある。この場合、グラフの横軸はO_2濃度で、縦軸はO_2結合量となる。これはO_2の効率的な交換にふさわしいしくみである。ヘモグロビンはO_2を肺から全身の末梢組織に送る運搬体である。肺におけるO_2分圧（溶存O_2濃度）はS字の右（高濃度側）にあたり、末梢組織におけるO_2分圧はS字の左（低濃度側）にあた

る。ヘモグロビンはこれら2つの場所のO_2分圧の高低差を鋭敏に感じ取り、肺ではめいっぱい結合して、末梢組織ですべて遊離することになる。酵素においても同様に、代謝の流れを鋭敏に加速・減速しうる。

このような正のホモトロピック効果を説明する仮説に、**協奏モデル**（concerted model）と**逐次モデル**（sequential model）の2つがある（**図 7.10**）。いずれのモデルでも各サブユニットは、基質に親和性の低いT状態（緊張状態 tense state）と親和性の高いR状態（弛緩状態 relaxed state）をとりうる。協奏モデルでは、全サブユニットがそろって一方の状態になる。基質結合度（O_2結合数）がどのレベルでも、T状態とR状態は平衡関係にある。しかし結合度が低いほどT

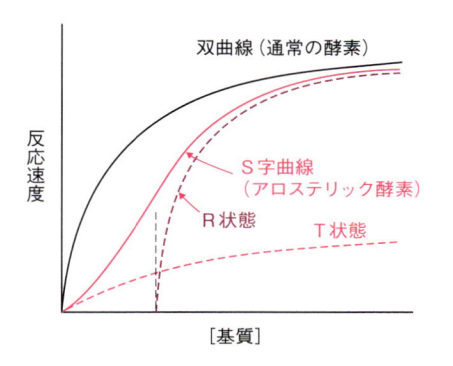

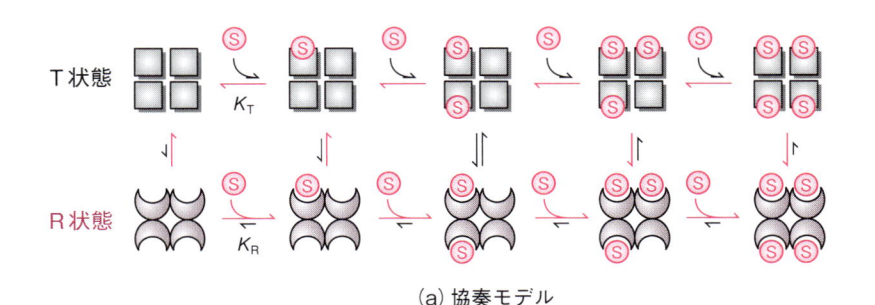

図 7.9 アロステリック酵素のS字曲線

図 7.10 アロステリック効果の2つのモデル

状態が有利で、結合度が高いほど R 状態が有利になる（**同図 (a)**）。もう一方の逐次モデルでは、サブユニットに基質が 1 つずつ結合するにつれ、逐次近くのサブユニットだけが親和性を高める（**同図 (b)**）。いずれにせよ S 字曲線は、基質濃度の低い領域では K_m の高い T 状態が優勢で、基質濃度が上がると K_m の低い R 状態に移るとして定性的に理解できる。

ここで例示したアスパラギン酸カルバモイルトランスフェラーゼの場合は、協奏モデルでうまく説明できる。しかし他の多くのアロステリック酵素は、両者の折衷的なモデルがふさわしいようである。

② **調節タンパク質**（regulatory protein）**の結合**；カルモジュリン（calmodulin）は、EF ハンドという構造モチーフをもつ Ca 結合タンパク質である（**3.3.3 項**）。これは代表的な調節専門のタンパク質で、カルシウムイオン（Ca^{2+}）を結合すると立体構造（コンフォメーション）が変化し、不活性な酵素に結合して相手を活性化する。Ca^{2+} は細胞内の信号物質であり、カルモジュリンはその濃度を感知して細胞機能を制御する。上の①に出てきた調節サブユニットは、特定のタンパク質だけに作用するが、カルモジュリンのように制御の標的が幅広いものを調節タンパク質と称する。カルモジュリンが結合する標的酵素には、アデニル酸環化酵素・ホスホリラーゼ b リン酸化酵素・グリコーゲン合成酵素・トリプトファンやチロシンの水酸化酵素など多数あるほか、細胞骨格タンパク質や神経伝達物質受容体など、酵素以外のタンパク質も標的にする。

③ **可逆的な共有結合性の修飾**（reversible covalent modification）；共有結合性修飾の代表である**リン酸化**（phosphorylation）は、酵素を含む多くのタンパク質を調節するしくみである。このリン酸化を触媒するのも、タンパク質リン酸化酵素（protein kinase、プロテインキナーゼ）という酵素である。細胞には**脱リン酸化**を触媒する酵素のホスファターゼ（phosphatase）もあり、両方合わせるとリン酸化は可逆的である。リン酸化酵素自体がリン酸化・脱リン酸化による調節を受けることもあり、キナーゼキナーゼ（kinase kinase）やキナーゼキナーゼキナーゼ（kinase kinase kinase）などもある。

豆知識 7-4　カスケード反応（cascade reaction）

　カスケードは「滝」を意味する。同じ滝でも "fall" は、華厳の滝や那智の滝のように大きな落差を邪魔物なしに一気に落下するタイプの滝であるのに対し、"cascade" は、次々に岩を伝いながら水流が徐々に分かれ広がるタイプの滝を指す。一般に1分子の酵素は多数の基質分子を修飾するので、カスケード反応は各段階で信号を増幅する作用を発揮する。

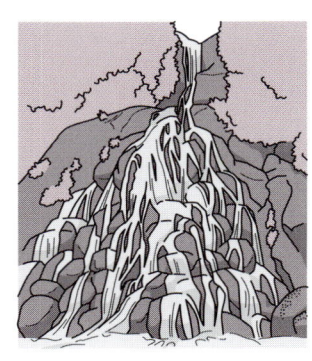

フォール　　　　カスケード

図　2つの滝

　このように多段階の調節や増幅のしくみを**カスケード反応**（豆知識 7-4）という。

　タンパク質リン酸化酵素には多くの種類が存在する。ヒトゲノムの遺伝子の約2％を占め、9つほどのファミリーに分類される。リン酸化の標的も多様であり、調節する細胞機能も、代謝のほか細胞運動・細胞周期・細胞骨格の再編成・転写・分化などと幅広い。リン酸化は、標的タンパク質のアミノ酸側鎖のヒドロキシ基に対しておこる。標的残基としてはセリンとトレオニンが多いが、量的には少ないチロシンも質的な重要性は高い。

④ **タンパク質分解による活性化**（proteolytic activation）；胃や膵臓から分泌される消化酵素は、まず不活性な前駆体（precursor、豆知識 7-1）として分泌される。その後、腸管内腔でペプチド結合の切断を受けると、活性化さ

れる。たとえば胃液のタンパク質分解酵素ペプシンは、ペプシノーゲンという前駆体として分泌される。膵液の消化酵素キモトリプシンの同様な前駆体は、キモトリプシノーゲンという。上記①〜③の調節が可逆的なのに対し、④の活性化様式は不可逆反応である。④と同様の調節機構は、血液凝固のカスケードなど、代謝系以外にもある。

7.4 鋳型に基づく合成反応

核酸は4種類のヌクレオチドが精密な順序で長く重合している（表7.1）。タンパク質もやはり20種類のアミノ酸が複雑かつ正確な順序でつながった重合体である。**遺伝情報**（genetic information）は、これら生体高分子の塩基配列・アミノ酸配列で担われている。DNA鎖の塩基配列に忠実に一致した新たなDNA鎖を合成することを、DNAの**複製**（replication）という（図7.11）。一方、DNA鎖の塩基配列を忠実に写し取ったRNA鎖を合成することは**転写**（transcription）とよばれる。さらに、伝令RNA（4.3.2項）の

表 7.1 主要な4生体物質の生合成

物質	過程	酵素	鋳型（情報源）	単量体		結合	末端の名称
				分子中の残基（物質源）	活性化前駆体（＋エネルギー源）		
タンパク質（ポリペプチド）	翻訳	ペプチジルトランスフェラーゼ（リボソームのリボザイム）	mRNA	アミノ酸	アミノアシルtRNA	ペプチド結合（アミド結合）	N末、C末
核酸 RNA	転写	DNA依存性RNAポリメラーゼ	ゲノムDNA	NMP	NTP	リン酸ジエステル結合	5'末端、3'末端
核酸 DNA	複製	DNA依存性DNAポリメラーゼ	ゲノムDNA	dNMP	dNTP	リン酸ジエステル結合	5'末端、3'末端
多糖（グリコーゲン）	一般の代謝	グリコーゲン合成酵素	（なし）	グルコース	UDP-グルコース	グリコシド結合	還元末端、非還元末端
脂質（中性脂肪）	一般の代謝	アシルトランスフェラーゼ	（なし）	脂肪酸、グリセロール	アシルCoA、グリセロール3-リン酸	エステル結合	―

7.4 鋳型に基づく合成反応

鋳型のない酵素反応
- 基質グルコース
- 生成物グリコーゲン
- グリコーゲン合成酵素

鋳型に基づく酵素反応

複製
- 生成物 DNA 鎖
- 鋳型 DNA 鎖
- DNA 依存性 DNA ポリメラーゼ
- 基質ヌクレオチド

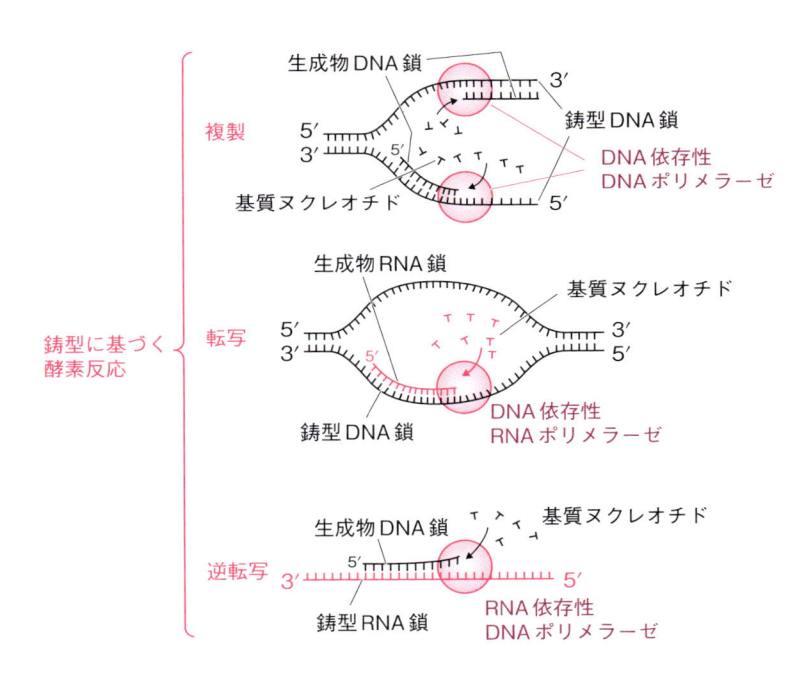

転写
- 生成物 RNA 鎖
- 基質ヌクレオチド
- 鋳型 DNA 鎖
- DNA 依存性 RNA ポリメラーゼ

逆転写
- 生成物 DNA 鎖
- 基質ヌクレオチド
- 鋳型 RNA 鎖
- RNA 依存性 DNA ポリメラーゼ

図 **7.11** 酵素・基質・生成物 + 鋳型

配列を忠実に反映したアミノ酸配列のポリペプチドを構成することを**翻訳**（translation）という。遺伝子機能の**発現**（expression）とは、転写と翻訳を合わせた過程である。これらの過程を遂行するのも、酵素あるいは酵素を含む大規模なタンパク質・核酸複合体群である。

複製にはたらく酵素は DNA 依存性 DNA ポリメラーゼ、転写をおこなう酵素は DNA 依存性 RNA ポリメラーゼという。また、エイズウイルス（HIV）や B 型肝炎ウイルス（HBV）がもつ**逆転写酵素**は、RNA 依存性 DNA ポリメラーゼである。これらのポリメラーゼは、核酸の鎖を鋳型（**4.3.1 項**）と

して、その上をスライドし（滑り）ながらはたらく。鋳型の配列に合う適切なヌクレオチドの単量体を、前駆体のポリヌクレオチド鎖の 3′ 末端に次々に付加していく。一方、翻訳におけるポリペプチド鎖の重合反応は、リボソームに組み込まれた**ペプチジルトランスフェラーゼ**がおこなう。伝令 RNA を鋳型としながら、その配列に合う適切な単量体のアミノ酸残基を、転移 RNA からポリペプチドの C 末に移していく。

通常の酵素反応（図 7.6(a)）のおもな要素は酵素と基質の 2 つだが、上記のポリメラーゼなどの反応では、このようなスライド式の鋳型という第 3 の要素が加わる（図 7.6(d)）。

塩基配列を精密に認識する酵素がすべて後者のタイプだというわけではない。**制限酵素**（restriction enzyme）とよばれる一群のヌクレアーゼ（核酸分解酵素、5.2 節③）は、数残基の塩基を正確に認識して切断する。たとえば *Eco*RI（エコアールワン）は、次のような DNA の 6 塩基対を認識し、実線のように切断する；

$$
\begin{array}{l}
5'\ \text{G}|\text{A A T T C}\ 3' \\
3'\ \text{C T T A A}|\text{G}\ 5'
\end{array}
\qquad 7.7
$$

*Bam*HI や *Sma*I など他の制限酵素も、それぞれ別の配列を識別して分解する。これらの酵素は二本鎖 DNA を基質として直接認識する。対象とする配列は、それぞれただ 1 つに決まっており、認識のしくみは酵素に「作り付け」になっている（ビルトインされている）。これらは基質特異性が高い（5.3.1 項③）だけで、通常タイプ（図 7.6(a)）の酵素である。スライド式の鋳型を利用する酵素では、どの基質（単量体）を次に選ぶかを、酵素が決めず鋳型がそのつど指定する。

本章の各節で述べたように、酵素分子はサイズが大きくて付加的なしくみを装備できるおかげで、一般の触媒とは質的に異なる高レベルの機能を発揮している。これらの酵素が多数協調してはたらくことによって、無生物界とは隔絶した高度に複雑な生命現象が可能になっている。

8 ビタミンとミネラル

　リボザイム（4.3.2 項）を例外に、ほとんどの酵素の実体はタンパク質だが、その多くはペプチド以外の構成成分を含む複合タンパク質（3.3.1 項）である。酵素の機能を補助する成分には、リボヌクレオチドをはじめとする有機化合物や金属原子がある。前者の多くはビタミン（8.1 ～ 8.3 節）として、後者はミネラル（無機質、8.4 節）として、食物から摂取する必要のある**栄養素**（nutrient）である。

　第 1 部で述べた糖質（1 章）・脂質（2 章）・タンパク質（3 章）の 3 つは、生体物質として生化学の対象であると同時に、栄養学の対象である**主要栄養素**（macronutrient）でもある（図 8.1）。主要栄養素とは、生体が大量に必要とする栄養素であり、上の 3 群は三大栄養素ともよばれる。それらに対し、ビタミンとミネラルのように少量だけ必要なものを**微量栄養素**（micronutrient）とよぶ。両者を合わせて五大栄養素ともいう（図 8.1）。ビタミンは水溶性（8.2 節）と脂溶性（8.3 節）に大別される。

8.1 ビタミンと補酵素

8.1.1 ビタミンの発見

　主要栄養素は食物中のかさが大きいだけに、早くから近代化学の対象であったのに対し、物質としてのビタミンが発見されたのは 20 世紀になってからである。中世にはすでに壊血病（ビタミン C 欠乏症）や脚気（ビタミン B_1 欠乏症）が知られていたが、これらがビタミンという栄養素の不足によっておこる病気だとはわかっていなかった。15 世紀ヨーロッパの大航海

図 8.1　いろいろな栄養素

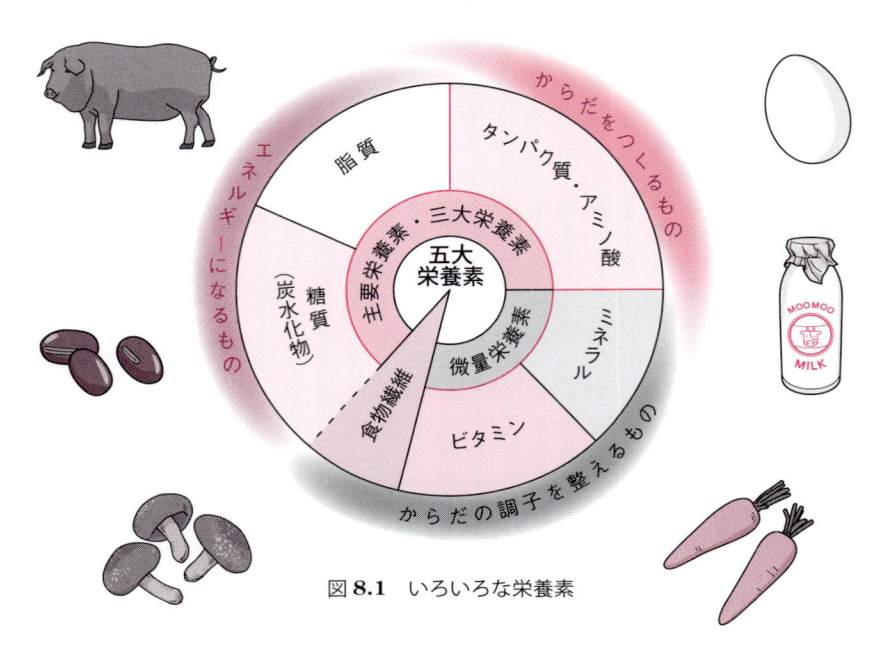

時代には、食物の種類が限られる長期の遠洋航海で壊血病が多発し、徳川時代の江戸では、美味な白米に偏った「ぜいたくな」食生活で脚気が発生し、「江戸わずらい」とよばれていた。

　19世紀後半になると、炭疽病や結核などの病気が細菌によっておこる感染症であることが次々に判明し、「微生物学の黄金時代」とよばれた。このような時代には、他の病気についても何らかの病原菌が原因ではないかと疑われた。しかし20世紀のはじめには、米糠から脚気の治療に有効な成分が抽出された。この物質はアミンの一種だったので、「生命のアミン」を意味する vitamine という名がつけられ、ビタミン欠乏症が認識された。

　次にバターや卵黄の脂肪の中から、ネズミの成長に不可欠の物質が発見された。これは「脂溶性A」とよばれ、先ほどのアミンは「水溶性B」として対比された（表8.1）。さらに柑橘類の中から壊血病を予防する成分が抽出され、「ビタミンC」とよばれた。しかしこれら新発見の物質はアミン化合物ではなかったので、ビタミンの発音はそのままに、つづりから語尾の "e" を除いて vitamin と表記することになった。

表 8.1 ビタミンと補酵素

	ビタミン(前駆体)	補酵素(活性型)	運ばれるもの(被運搬体)	生化学・生理学的役割	欠乏症(不足で起こる病気)	高含量の食品(おもな由来)
水溶性ビタミンB群	ビタミンB_1 チアミン	チアミンニリン酸	アルデヒド基	アルデヒド基転移、オキソ酸の脱炭酸(糖代謝)	脚気(体重減少、心臓障害、神経障害)	豚肉、穀類胚芽、豆・木の実類
	ビタミンB_2 リボフラビン	FMN, FAD	電子 (e)	酸化還元、細胞呼吸	口唇炎、口角炎、脂漏性皮膚炎	レバー、卵、牛乳、緑黄色野菜、豆類
	ビタミンB_6 ピリドキシンなど	ピリドキサルリン酸	アミノ基	アミノ基転移(アミノ酸代謝)	うつ病、錯乱、けいれん	豆・木の実類、殻類胚芽、肉類
	ナイアシン(ビタミンB_3)	NAD, NADP	電子 (e)	酸化還元、細胞呼吸	ペラグラ(皮膚炎、下痢、うつ病)	魚、肉類、海藻、きのこ、落花生
	パントテン酸(ビタミンB_5)	補酵素 A (CoA)	アシル基	アシル基、アセチル基、カルボキシ基 (C_2) 転移	手足の麻痺、高血圧	レバー、酵母、卵黄、豆類(納豆)
	ビオチン(ビタミン H)	ビオチン	CO_2	炭酸固定、カルボキシ基転移	眉毛周辺の発疹、筋肉痛	レバー、豆類、殻物胚芽、卵黄
	葉酸(ビタミン M, B_9)	テトラヒドロ葉酸	C_1 基	C_1 基転移	巨赤芽球性貧血、生児の神経管の異常	豆類、緑黄色野菜、レバー、海藻
	ビタミンB_{12} シアノコバラミン	アデノシルコバラミン、メチルコバラミン	メチル基	分子内転位、メチル基転移など	悪性貧血、アンドーシス	レバー、肉類、魚介類、卵、牛乳
	ビタミン C L-アスコルビン酸	(水溶液中ではモノアニオンとして存在)	電子 (e)	コラーゲン・ノルアドレナリンなどの合成、抗酸化作用	壊血病(歯茎の腫れ、出血、皮下出血)	柑橘類、他の果物、緑黄色野菜、いも類
脂溶性ビタミン	ビタミン A レチノール	レチナール、レチノイン酸		視覚における光受容、上皮組織の分化を誘導するホルモン	夜盲症、眼球乾燥症、皮膚のケラチン化	緑黄色野菜、卵黄、牛乳
	ビタミン D カルシフェロール	ジヒドロキシコレカルシフェロール		Ca代謝を調節するホルモン	くる病(小児の骨形熟異常)、骨軟化症	魚、卵黄、牛乳、きのこ
	ビタミン E トコフェロール	トコフェロール		抗酸化作用(特に細胞膜の)	不妊症(精子形成障害、まれに神経障害)	植物油、豆・木の実類、殻類胚芽
	ビタミン K メナキノンなど			酸化還元、血液凝固因子の合成	血液凝固障害、皮下出血	緑黄色野菜、豆類、海藻、植物油

生命に必要な微量化合物はその後も次々に見つかり、化学構造が判明するまでの仮称として、順にD、E、F…と名づけられた。ただしビタミンKは、その欠乏で血液凝固が不全になることから、ドイツ語で凝固を意味するKoagulationの頭文字から名づけられた。またビタミンBとよばれたものには、性質のよく似た複数の物質が含まれていたことから、B_1、B_2、B_3…などと添字をつけて区別された。

その後、ビタミンFなど間違いであることがわかったり、ビタミンHなどB群に所属することが判明したりしたものの名称は除かれ、アルファベットや番号がとびとびになった。また、化学構造の解明が早く、適当な化学名がすぐについたものなどは、あまり仮称（ビタミン何々）の方ではよばれないものもある（ビタミンMやB_9でなく葉酸、ビタミンB_3でなくナイアシンなど）。

以上のような歴史的経緯に基づいて認識された**ビタミン**（vitamin）とは、「外部から微量を摂取する必要のある有機栄養素」といえる。ビタミンには一部 生合成されるものもあるが、それだけでは不足するので、食物としてあるいは場合によってはサプリメントや輸液（点滴）として補給する必要がある。ビタミンの欠乏（deficiency）によって生じる病気を**ビタミン欠乏症**（avitaminosis、hypovitaminosis）という（図8.2）。

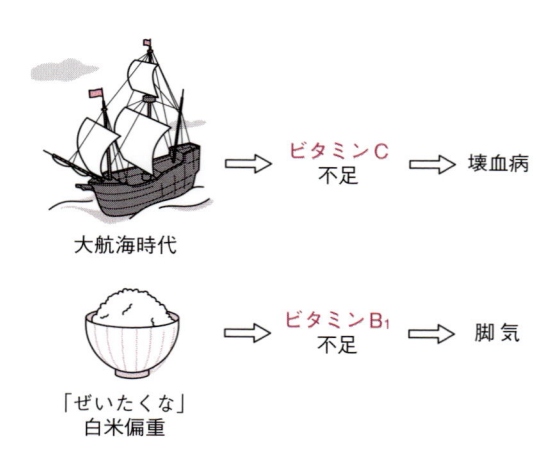

図8.2 ビタミン欠乏症

ビタミンのうちでも B_6・E・Kや、ナイアシン、パントテン酸、ビオチンなどは食品中に広く分布しており、欠乏症は比較的おこりにくい。ビタミン B_2 と B_6・B_{12}・K およびビオチン・パントテン酸は、腸内に共生している細菌による生合成でも一部供給される。食物のうち穀物では胚芽の部分に種々のビタミンが多いので、小麦粉では全粒粉、米では玄米のように、胚芽を残した状態の方がよりよく摂取できる。

8.1.2 補酵素・補欠分子族・補因子

ビタミンの多くは、酵素のはたらきを補助する**補酵素**（coenzyme）として機能する。ただしビタミンDやAは例外で、ホルモンとしての機能を発揮する。

20世紀のはじめ生化学の黎明期（ごく初期）に、酵素は2つの成分からなると考えられた。当時おこなわれた実験において、酵素標品をセロハンの袋に入れて透析（豆知識3-3）すると活性（豆知識1-4）が失われた（図8.3）。また別に、酵素標品を高温に加熱してもやはり**失活**（inactivation）した。ところが、それら透析後の液と熱失活後の液とを混ぜ合わせると、酵素活性が復活した。この結果は、酵素が2つの成分、熱に不安定で分子量の大きな（セロハン袋の内側にとどまる）成分と、熱に安定で分子量の小さな（セ

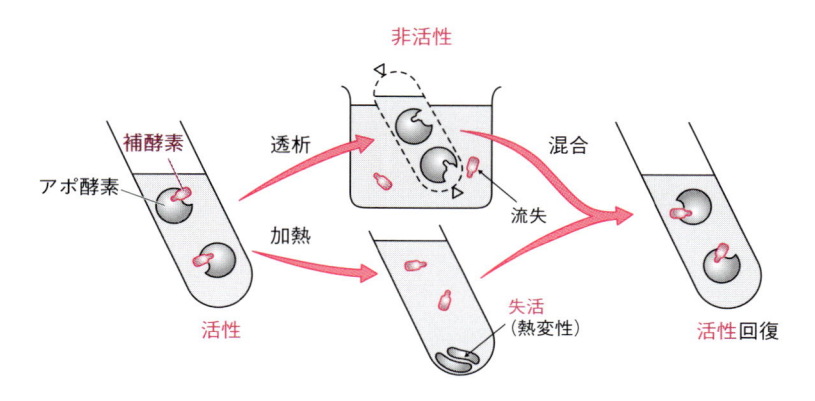

図 **8.3** アポ酵素と補酵素

ロハン膜を通過して失われる）成分とからなるためだと解釈された。このうち後者の低分子有機化合物が補酵素である。前者は生体高分子のポリペプチドが中心であり、**アポ酵素**（apoenzyme）とよばれる。いずれも単独では活性がないが、両者が合わさって完成した活性のある酵素を、とくに**ホロ酵素**（holoenzyme）という。

　一般に、ポリペプチドだけからなるタンパク質を単純タンパク質というが、多くのタンパク質はポリペプチド以外の物質も含む複合タンパク質である（3.3.1 項）。タンパク質の機能を補完する物質のうち、ポリペプチドに固く結合したままはたらく有機化合物を**補欠分子族**（prosthetic group）という。補酵素にもそのような補欠分子族としてのはたらき方をするものもある（図 8.4(a)）が、基質や生成物と同じように結合と解離をくり返しながら、はたらくものもある。たとえばクエン酸回路の補酵素 A（10.2.1 項①）のように、1つの酵素で修飾されるがすぐ次の酵素で元にもどされるもの（図 8.4(b)）がある。また、ATP（6.3.3 項）や NAD（8.2.1 項）のように、異なる代謝経路の間をシャトルのように行き来してエネルギーや還元力を運ぶもの（図 8.4(c)）もある。このように一口に補酵素といっても、そのはたらき方にはかなり異なる 3 つの様式がある。このうち (b) や (c) の補酵素は、それぞれの酵素に対しては基質としてふるまう。

　このように多様な機能の物質を同じ言葉であらわすのは、歴史的な事情が

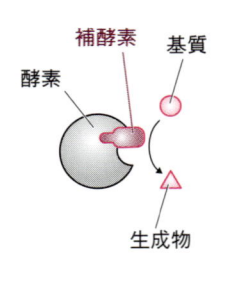

(a) 補欠分子族としてはたらく　　(b) 一連の酵素で続いてはたらく　　(c) 複数の代謝経路を結んではたらく

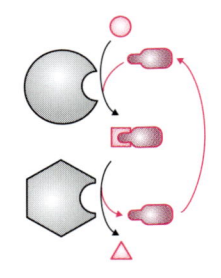

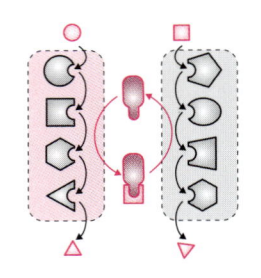

図 8.4　補酵素のはたらき方の 3 様式

関係している。透析実験でふれたような生化学の黎明期には、純粋に単離された酵素はまだ少なく、多くの酵素が混在する試料を扱っていた。そのような酵素群が全体として化学反応を触媒していると見れば、3タイプの補酵素はいずれも「その内部で酵素反応を助ける成分」と見なせるだろう。

ビタミンはそのままの形で補酵素としてはたらくのではなく、生体内で化学的な修飾を受け、活性化（activation、豆知識1-4）されてから機能する。したがってビタミンは補酵素の前駆体（豆知識7-1）であり、補酵素は活性型ビタミンである（表8.1）。この関係は、ホルモンとしてはたらくビタミンDやAでも同様である（8.3節）。

8.2 水溶性ビタミン

水溶性ビタミン（water-soluble vitamin）には、B群に含まれる8つとCの計9つがある。

8.2.1 酸化還元の補酵素

ビタミンB群のうちの2つ、ナイアシンとリボフラビン（ビタミンB_2）は、ヌクレオチド（4.1節）の形に活性化され、電子伝達体すなわち還元力の運搬体として酸化還元反応ではたらく。

このうち**ナイアシン**（別名、ニコチン酸）からは2つの補酵素がつくられる（図8.5）。ニコチンアミドアデニン ジヌクレオチド（nicotinamide adenine dinucleotide：NAD）にリン酸基が1つ付け加わったのがニコチンアミドアデニン ジヌクレオチドリン酸（nicotinamide adenine dinucleotide phosphate：NADP）である。ナイアシンは分子中でアミドの形で存在しており、このニコチンアミド環がまさに酸化還元のおこる場所である。酸化型では正電荷を帯びており、電子（e^-）2つと水素イオン（H^+）1つを受け取って還元型に変わると、電気的に中性となる。そのため補酵素の酸化型をNAD^+、$NADP^+$と書きあらわし、還元型はNADH、NADPHと表記する。酸化還元反応でNADやNADPの相手となる有機酸などの基質は、多くの場合2つの水素原子、いいかえると2つのe^-と2つのH^+を解離・結合する。し

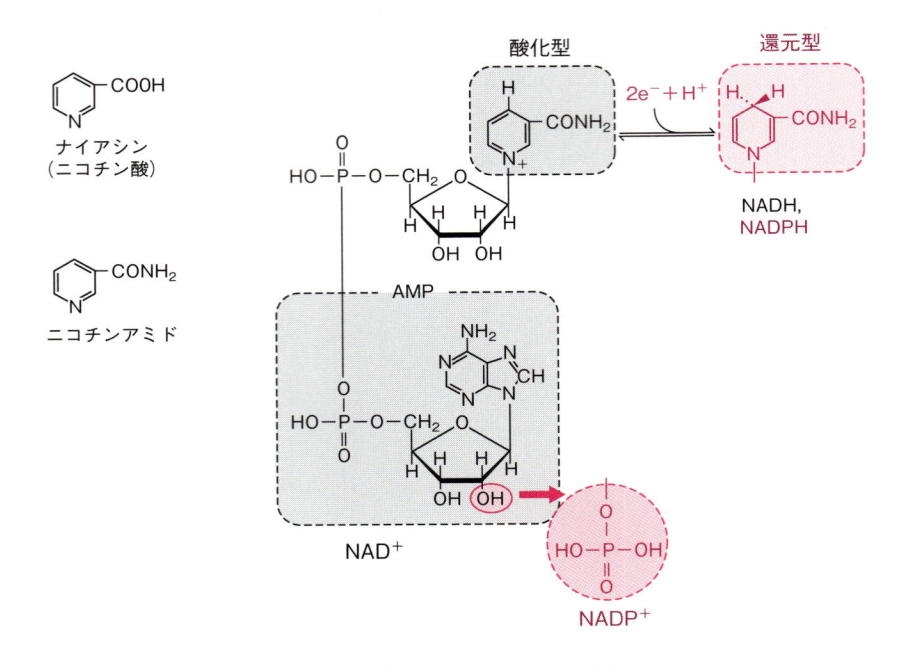

図 **8.5** ナイアシンと NAD、NADP

たがって両者が反応すると H$^+$ が 1 つ遊離（逆反応の場合は吸収）される：

$$SH_2 + NAD^+ \rightleftharpoons S + NADH + H^+ \qquad 8.1$$

ゆえに NAD(P) の還元型とは、NAD(P)H 単独の分子というより「NAD(P)H ＋ H$^+$」のセットだと考える方がわかりやすい。このことから、これらの補酵素が参加する反応は、溶液の pH と関係が深い。たとえば式 8.1 の正方向の反応は溶液を酸性化するし、また溶液が塩基性であるほど反応がおこりやすい（ΔG が小さい、**6.3.2 項**①）。

　NAD と NADP の分子構造は、リン酸基が 1 つ多いか少ないかが違うだけだが、これらの生体内の役割は大きく異なる。NAD はおもに糖質や脂質の異化（酸化的分解）の過程で基質から還元力を集める酸化剤としてはたらく。一方、NADP はおもに同化（生体物質の生合成）で還元剤としての役割を果たす（**第 3 部各所**）。前者で集められた還元力は、おもに O$_2$ を使う代謝

でATP生産に利用され（酸化的リン酸化、**10.3節**）、後者に必要な還元型（NADPH）はおもに特別な糖質分解の代謝（五炭糖リン酸経路、**9.3節**）で供給される。

もう1つの**リボフラビン**（riboflavin、ビタミンB_2）も、2つの補酵素の元になる。フラビン モノヌクレオチド（flavin mononucleotide：**FMN**）とフラビンアデニン ジヌクレオチド（flavin adenine dinucleotide：**FAD**）である（**図8.6**）。FMNやFADも、上のNADやNADPと同様リボヌクレオチドである。ATP（**6.3.3項**）なども含め、補酵素にはこのようにリボヌクレオチドやその誘導体が多い。このことは、生命の起源に関する**RNAワールド**（**豆知識8-1**）仮説の根拠の1つとも考えられている。

フラビンもナイアシン誘導体と同様、2電子酸化還元をおこなう補酵素である。ただしNADやNADPとは違い、2つのe^-と同時にH^+も2つ授受す

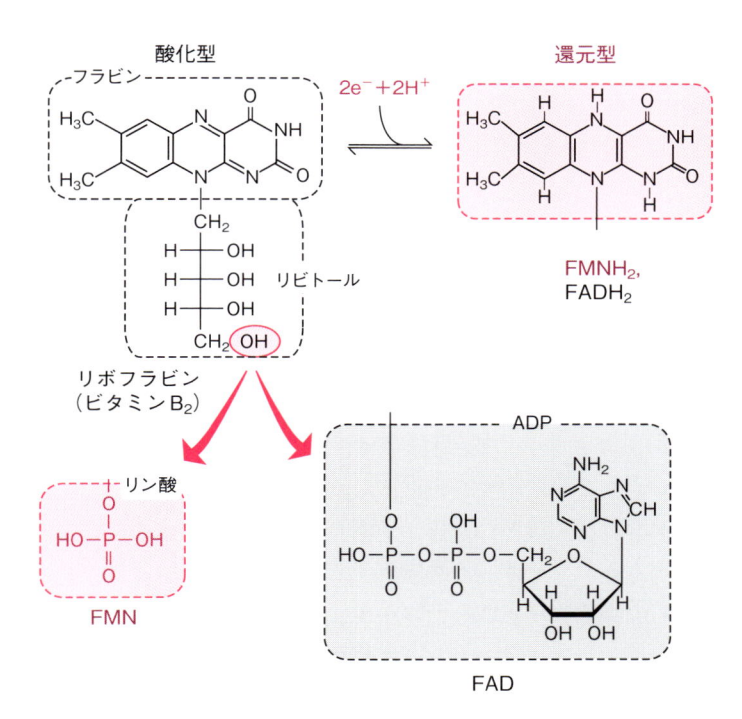

図 **8.6** リボフラビンとFMN、FAD

豆知識 8-1　RNA ワールド（RNA world）

　生物の進化は、単純なものから複雑なものへと進んだと考えられる。現存の生物には、酵素活性をタンパク質、遺伝現象を DNA が担うという分業体制があるが、原初の生命では両方の機能を単一の物質が果たしていたと推定される。そこで浮上する候補が RNA である。RNA は、DNA と同様の塩基配列をもつとともに、**リボザイム**（4.3.2 項、5.1.1 項）として触媒活性も示す。そこで生物進化の初期段階では、遺伝と代謝の両機能をともに RNA が果たす「RNA ワールド」だったと考えられる。その後の複雑化で、2 つの物質が分担する現在の「タンパク質 -DNA ワールド」に進化したと考えるわけである。この仮説では、酵素の世界にタンパク質が進出し RNA が退きながらも、いまだ活性中心に残る RNA のなごりが、現在のリボヌクレオチド性の補酵素であると位置づけられる。

るので、H^+ が遊離・吸収されることはない：

$$SH_2 + FAD \rightleftharpoons S + FADH_2 \qquad 8.2$$

また、ナイアシン誘導体が酵素や代謝経路の間をシャトルのように仲介する（図 8.4(b)、(c)）のに対し、フラビンは補欠分子族として酵素に結合したまま働くことが多い（図 8.4(a)）。そのような酵素を**フラビン酵素**（flavin enzyme）という。

　アスコルビン酸（ascorbic acid、ビタミン C）も酸化還元反応の補酵素である（図 8.7）。**壊血病**（scorbutus）の治療や予防に効果のある酸として発見・命名された（a- は否定の接頭辞）。たいていの動植物は D-グルコースから生合成できる（1.1.5 項①）。ところがヒトを含む霊長類やモルモットなどは、合成に必要な酵素の 1 つ L-グロノラクトンオキシダーゼを欠損するため、ビタミンとして食べ物から摂取する必要がある。

　壊血病の症状には、皮膚の変化・毛細血管の脆弱化・歯肉の崩壊・歯の脱落・骨折などがあり、いずれも細胞外マトリクスの繊維状タンパク質であるコラーゲンの合成不足による。コラーゲンにはアミノ酸残基としてヒドロキシプロリンとヒドロキシリシンが含まれている（3.4 節）。これらは、コラーゲン前駆体に含まれるプロリンとリシンが、翻訳後修飾としてヒドロキシ化を受けてできる。このヒドロキシ化反応にアスコルビン酸が必要である。

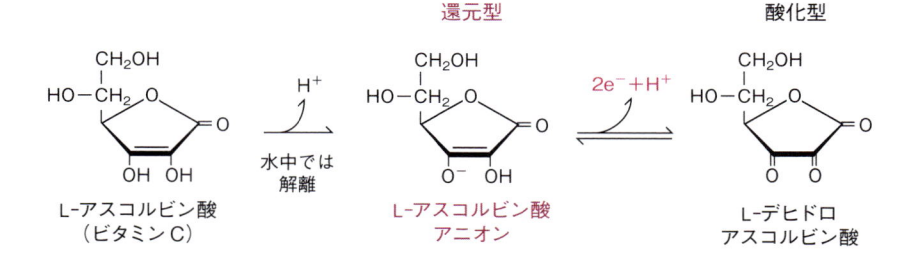

図 8.7 アスコルビン酸

アスコルビン酸はほかにも、ホルモンや神経伝達物質の生合成にも必要とされる。たとえば副腎髄質や中枢神経で、ドーパミンがヒドロキシ化されてノルアドレナリンやアドレナリンが合成される反応（**図 12.8**）にも要求される。このビタミンには非酵素的な抗酸化作用もあり、活性酸素種などの**酸化ストレス**（10.4 節）にさらされている生体にとって重要である。

8.2.2 基の運搬体

ビタミン B 群の 1 つ**パントテン酸**（pantothenic acid）の語源は「どこにでもある酸」という意味である。食物に広く存在し、ヒトに欠乏症がおこることはほとんどないため、摂取を心がけるべき栄養素としての意義は低い。しかしパントテン酸を含む**補酵素 A**（coenzyme A：**CoA**）は、代謝の中核的な経路に必須である。名称にアルファベットの 1 文字めが使われていることにも象徴されているように、生化学的な重要性が高い（**図 8.8**）。CoA は、そのスルフヒドリル基（-SH）にアシル基（R-CO-）をチオエステル結合するアシル基運搬体（acyl carrier）である。炭素鎖の長い脂肪酸も運ぶ（**11.1.1 項**）が、多くの場合は C_2 のアセチル基を運搬する（**10.2.1 項など**）。加水分解でこのチオエステル結合を切断して、アセチル基を CoA から遊離する反応は、$\Delta G^{\circ\prime}$ が大きな負の値の発エルゴン反応（**6.3.2 項①**）である：

$$CH_3CO\text{-}S\text{-}CoA + H_2O \rightleftharpoons CH_3COOH + CoA\text{-}SH \qquad 8.3$$
$$\Delta G^{\circ\prime} = -31.4 \text{ kJ·mol}^{-1}$$

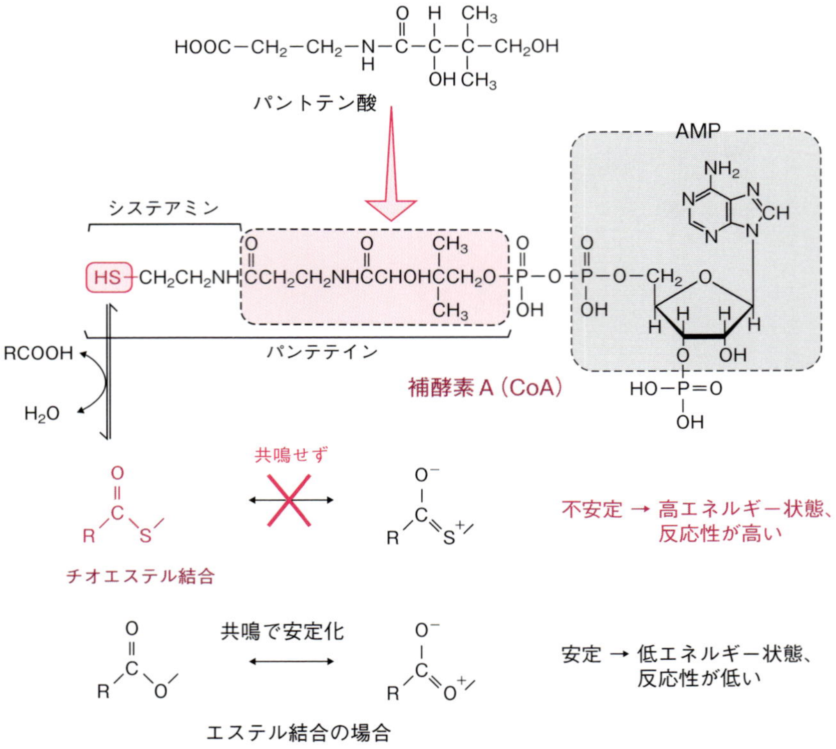

図 8.8　パントテン酸と補酵素 A（CoA）

　そのわけは、エステル結合（-COO-）の C=O の電子は C-O と安定な共鳴構造をとるのに対し、チオエステル結合（-COS-）の C=O の電子は C-S と安定な共鳴構造を作らないためである。結果としてアセチル CoA は、不安定で反応性の高い活性化アセチル基を運搬していることになる（**7.2.2 項末尾**）。これは、ATP においてリン酸基が活性化されているため、他の基質をリン酸化しうる高い反応性をもっているのと同様である（**6.3.3 項、7.3.2 項③**）。

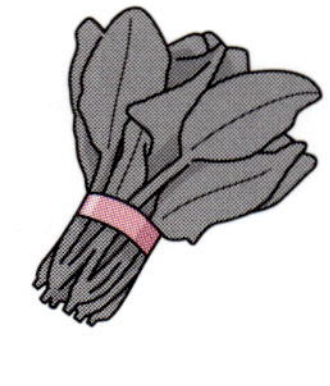

　葉酸（folic acid）は、ホウレンソウの自己消化液の中から発見されたことから、ラテン語の folium（葉）にちなん

8.2 水溶性ビタミン

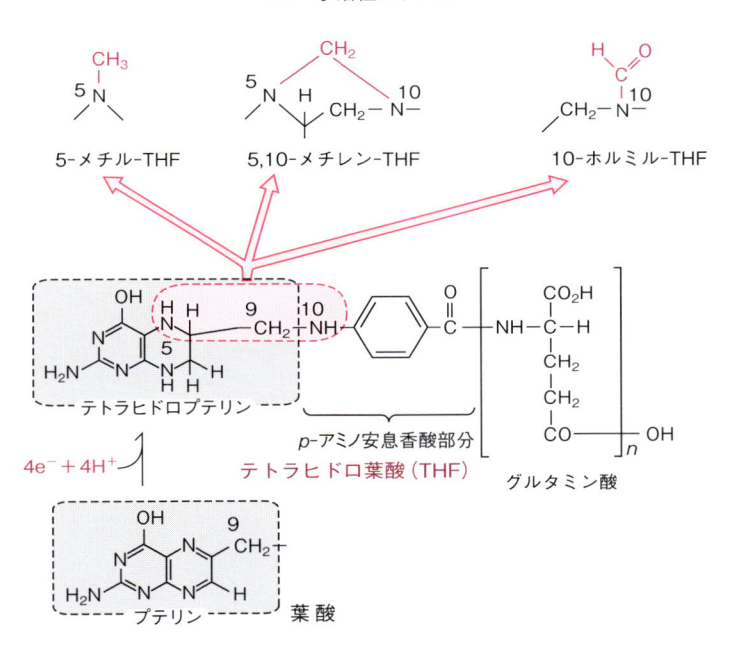

図 8.9 葉酸と THF

で名づけられた（図 8.9）。葉酸にはグルタミン酸残基が数個（図の n）、γ-アミド結合している。$n=1$ の葉酸が還元されたテトラヒドロ葉酸（THF）が補酵素である。CoA がおもに C_2 運搬体としてはたらくのに対し、THF は C_1 運搬体として機能する。ホルミル基・メチル基・メチレン基など各種の C_1 単位を転位する酵素反応ではたらき、核酸塩基のプリン・ピリミジン、アミノ酸のグリシン・セリン・メチオニンの生合成など、重要な生体物質の生成に必要である。とくに DNA 合成に必須なため、細胞交代のさかんな赤血球の増殖にも必要で、葉酸は重要な貧血治療薬でもある。また妊娠時に必要量が高まるため、妊婦に不足しやすい。また最近、認知症や脳梗塞などの予防にも効果的なことがわかり、広く摂取量を増やす取り組みも始まった。

一方で葉酸アナログ（構造類似体）は、核酸合成などを阻害する代表的な**代謝拮抗薬**であり、増殖の速い病原体やがん細胞に対抗する治療薬となる（13.3 節）。抗がん薬のメトトレキサートや抗菌薬のトリメトプリムなどが

利用されてきた。

チアミン（thiamine、ビタミンB_1）は最初に発見されたビタミンで、20世紀のはじめに**脚気**の治療薬として同定された（8.1.1 項）。thia- や thio- は硫黄（S）を意味し、チアミンという名は硫黄原子を含むアミンであることにちなむ。二リン酸化により活性化されて補酵素となり、酸化的脱炭酸やトランスケトラーゼ反応などにおいて、アルデヒド基の運搬体としてはたらく（図 8.10）。

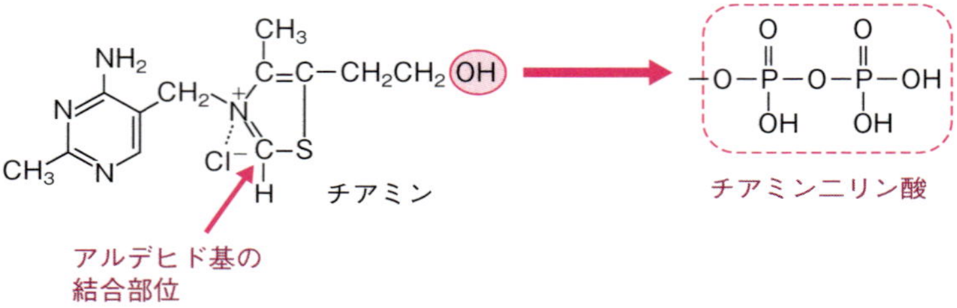

図 8.10　チアミン（ビタミンB_1）

ビオチン（biotin）はアポ酵素のリシン残基に共有結合し、補欠分子族としてはたらくビタミンで、炭酸塩イオン（HCO_3^-）を転移するカルボキシ化反応をおこなう（図 8.11）。ビオチンは腸内細菌が十分に合成してくれるの

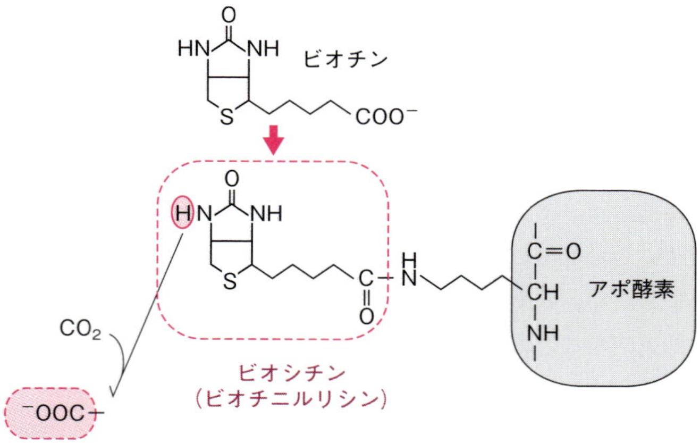

図 8.11　ビオチン

で、ふつう欠乏症の心配はない。ただし、卵白に含まれる**アビジン**という塩基性タンパク質はビオチンと強く結合するため、非加熱の卵白を大量に食べると、ビオチン不足で卵白障害がおこることがある。ビオチンとアビジンの結合は特別強いので、生化学的な研究・応用の道具としても愛用される。

シアノコバラミン（cyanocobalamin、ビタミン B_{12}）は、金属原子コバルト（Co）を含む珍しい生体物質で、アデノシルコバラミンあるいはメチルコバラミンに変換されて補酵素として機能する（図 8.12）。分子構造が複雑で植物にはないビタミンなのに、徹底的な菜食主義者でも欠乏症がまれなのは、腸内細菌がつくってくれるおかげである。異性化反応などでの水素運搬体や、メチル基転移反応の中間体としてはたらく。葉酸とともに赤血球の形

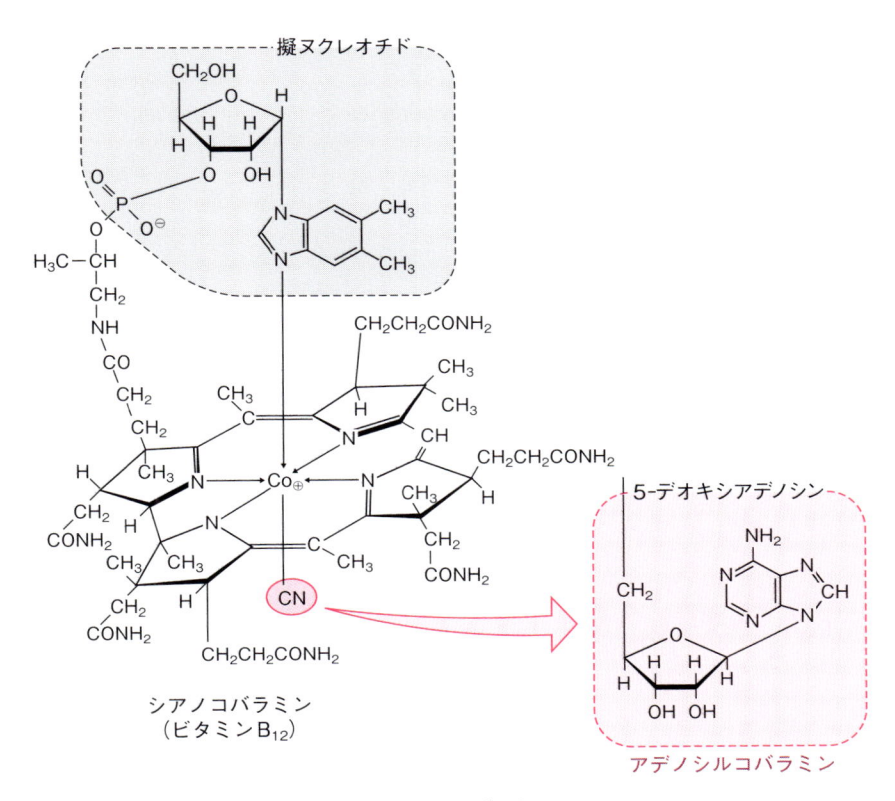

図 8.12　シアノコバラミン

成に必要で、これも貧血治療薬の1つである。

ビタミンB_6は、ピリドキシン（pyridoxine、別名ピリドキソール pyridoxol）・ピリドキサル（pyridoxal）・ピリドキサミン（pyridoxamine）の総称である。リン酸化によって活性化され、ピリドキサルリン酸になる（図8.13）。アミノ酸代謝に重要であり、アミノ基転移酵素をはじめとする多数の酵素の補酵素として機能する。酵素の活性中心では、ホロ酵素のリシン残基とアルデヒド基で結合しているが、基質アミノ酸が来るとリシン残基から離れ、アルデヒド基が基質の化学反応にあずかる。ほかにグリコーゲンの加リン酸分解や、ステロイドホルモンの作用終結にもはたらいている。

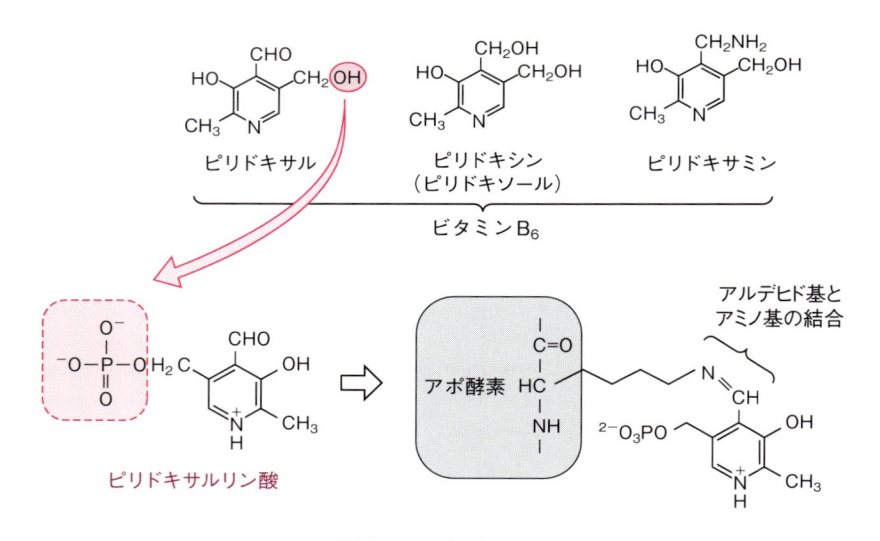

図 8.13　ビタミンB_6

8.3　脂溶性ビタミン

ビタミンを過剰に摂取することでおこる病気を**ビタミン過剰症**（hypervitaminosis）という。水溶性ビタミンは、過剰に摂取しても尿として排泄されやすいので、あまり過剰症の心配はないのに対し、脂溶性ビタミンでは気をつける必要がある。ただし通常の食物としてとる程度ではおこりに

くく、栄養補助薬や医薬品として大量に投与された場合に生じうる。

脂溶性ビタミン（fat-soluble vitamin）にはビタミン A、D、E、K の 4 つがある。これらはいずれも生体で C_5 単位から組み立てられる化合物**イソプレノイド**（豆知識 8-2）である。

> **豆知識 8-2　イソプレノイド（isoprenoid）**
> C_5 化合物であるイソプレン（isoprene）が縮合してできた化合物の総称。

ビタミン A の**レチノール**（retinol）は、目の網膜（retina）にちなんで名づけられたことからも類推できるように、視覚における光受容に関係しているが、そのほかに細胞の増殖や分化のホルモンとしてもはたらく（図 8.14）。β-カロテンをはじめとする植物色素のカロテノイドも、分子のまん中で開裂されてビタミン A を生じるので、**プロビタミン A**（provitamin A、豆知識 7-1）とよばれる。

レチノールからは 2 つの誘導体が生じる。酸化されてできるアルデヒドの**レチナール**（retinal）は、網膜にある視物質**ロドプシン**（rhodopsin）な

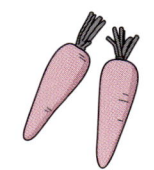

図 **8.14**　ビタミン A

どの補欠分子族である。アポタンパク質のオプシン（opsin）と共有結合して、ホロタンパク質を構成する。さらに酸化された誘導体の**レチノイン酸**（retinoic acid）は、ステロイドホルモン・甲状腺ホルモン・活性化ビタミンDなどと同様に、脂溶性のホルモンである。核内受容体に結合して、遺伝子の転写を調節することにより、皮膚を含む上皮組織の発生にはたらく。したがってビタミンAの欠乏症には、夜盲症とともに皮膚のケラチン化などがある。過剰症には、中枢神経・肝臓・皮膚を含む幅広い組織の障害がある。

ビタミンDの物質名**カルシフェロール**（calciferol）は、石灰化（calcify）にちなんで名づけられたことからも連想されように、骨の代謝に関わっている（図8.15）。構造のよく似たD_2～D_7の6種の分子の総称だが、活性が高く実用されているのはD_2とD_3の2つだけである。野菜・肉類・いも類・豆類など主要な食品群にほとんど含まれていないので、不足しがちなビタミンである。ただし魚類と卵黄は別で、全般的に多く含まれている。

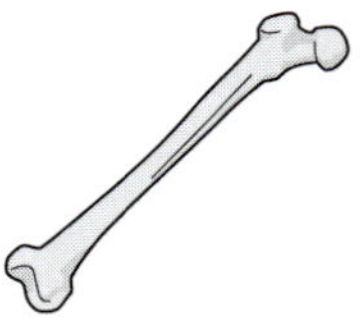

ビタミンDはまた、皮膚に紫外線を浴びることでコレステロールの誘導体（プロビタミンD）からも生成される。したがって、ビタミンDの欠乏による骨形成不全の病態（**くる病**など）は、日光に乏しい高緯度地域で生じやすい。ビタミンDは肝臓と腎臓でそれぞれヒドロキシ化を受けて活性化され、血中のカルシウム（Ca）濃度を維持する活性化ビタミンDホルモンとしてはたらく。このホルモンは、腸からのCa吸収・腎臓における

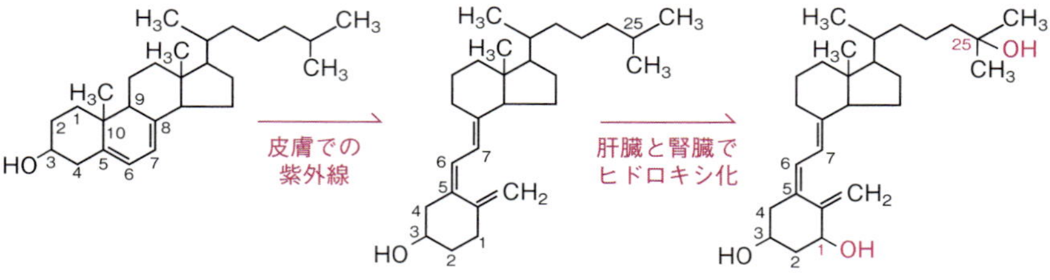

プロビタミンD_3
（7-デヒドロコレステロール）

ビタミンD_3
（コレカルシフェロール）

活性化ビタミンD_3ホルモン
（1,25-ジヒドロキシコレカルシフェロール）

図 **8.15**　ビタミンDの合成と活性化

Caの再吸収・骨から血中へのCa動員などを促進する。この3つめの作用は、骨形成の促進と矛盾するようだが、腸からの吸収を促進する作用がまさるため、全体では骨への沈着に傾くのだろう。

ビタミンEは、α-**トコフェロール**（α-tocopherol）をはじめとする構造のよく似た6種の分子の総称である（図8.16）。不飽和脂肪酸の酸化を防ぐなど、脂溶性の抗酸化物質（10.4節）として機能する。ビタミンCやβ-カロテンなど、抗酸化作用のある他の物質とも関係してはたらく。食品中に広く分布している上、腸内細菌が合成するので、ヒトでは欠乏症はまれである。他の脂溶性ビタミンとは違い、過剰症もあまり心配いらない。

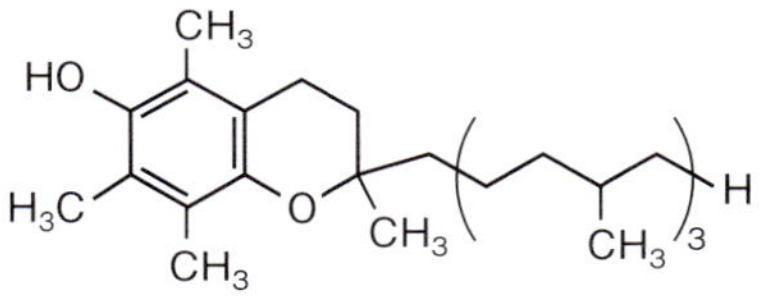

図8.16　α-トコフェロール

ビタミンKは、1,4-ナフトキノンを基本構造とする脂溶性物質で、やはり通常は食品と腸内細菌で十分足りる。しかし、新生児には腸内細菌が整っていないため、腸内や頭蓋内で出血しやすいことから、それらの予防のために投与される。天然のビタミンKは、緑葉に含まれるK_1（フィロキノン）と細菌の生産するK_2（メナキノン群）だが、人工合成したK_3（メナジオン）やK_4（メナジオール二リン酸ナトリウム）の方が活性は強い（図8.17）。ただしK_3は大量摂取で有害作用が生じるため、K_4が医薬品として利用されている。

ビタミンKは、血液中のタンパク質である数種の血液凝固因子を翻訳後修飾で成熟させるのに必要な電子伝達体としてはたらくので、欠乏すると**血液凝固不全**となる。プロトロンビンをはじめとする血液凝固因子は、生合成される過程でグルタミン酸残基の一部がカルボキシ化される。その結果、2つのカルボキシ基をもつγ-カルボキシグルタミン酸残基となって、カルシウムイオン（Ca^{2+}）の結合部位を形成する。この反応の際にビタミンKは、

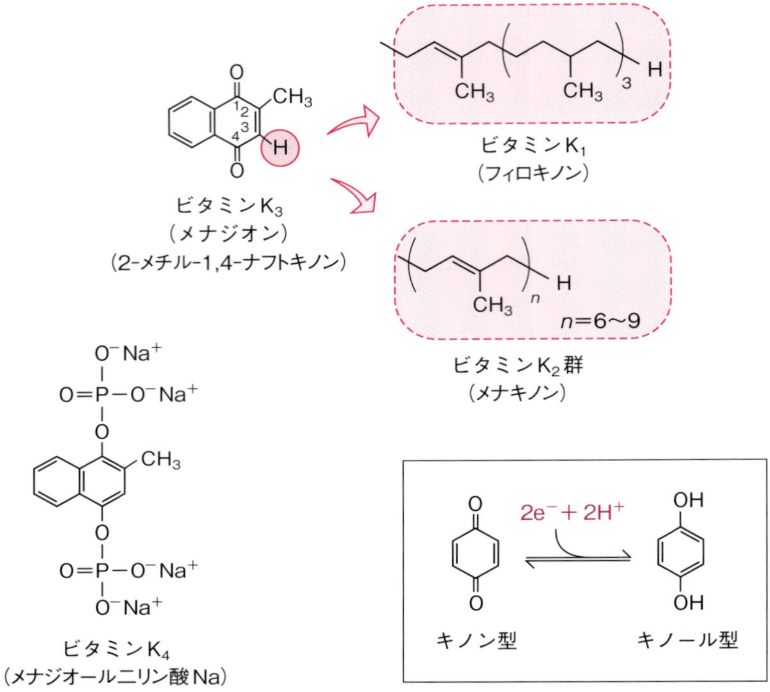

図 8.17　ビタミン K

キノール型からキノン型に変換され、電子を供給する。なお、ミトコンドリアの呼吸鎖のユビキノン（10.3 節）や、植物の光合成ではたらくプラストキノンなどもやはり、キノン型とキノール型の変換で電子伝達をおこなう。

8.4　ミネラル

　五大栄養素（8.1 節）のうち 4 群が有機物であるのに対し、**ミネラル**（mineral）だけは無機物である。ヒトあるいは実験動物の哺乳類が生きていくのに必須だと認められている元素は約 30 ある（表 8.2）。このうち、欠乏症が心配されるために食品の栄養素としてミネラルに指定されているのは

表 8.2　機能に基づく元素の分類

機能		元素	元素記号	ヒトの体重1kgあたりの存在量
有機物		酸素	O	650 g
		炭素	C	180
		水素	H	100
		窒素	N	30
		硫黄	S	2.5
ミネラル	構造的機能	カルシウム	Ca	15 g
		リン	P	10
		マグネシウム	Mg	1.5
	電解質	カリウム	K	2.0 g
		ナトリウム	Na	1.5
		塩素	Cl	1.5
	酵素の補因子・補欠分子族の成分	鉄	Fe	85.7 mg
		亜鉛	Zn	28.5
		銅	Cu	1140 μg
		セレン	Se	171
		モリブデン	Mo	143
		コバルト	Co	21.4
	調節やホルモンの機能	マンガン	Mn	1430 μg
		ヨウ素	I	157
		クロム	Cr	28.5
	その他、ヒトか実験哺乳動物で必須と認められている微量元素	フッ素	F	42.8 mg
		ケイ素	Si	28.5
		ストロンチウム	Sr	4.57
		鉛	Pb	1.71
	同上の超微量元素	スズ	Sn	286 μg
		ニッケル	Ni	143
		ホウ素	B	143
		ヒ素	As	28.5
		バナジウム	V	21.4

*元素記号の赤字；厚生労働省指定のミネラル13成分。
*数値は桜井弘編『元素111の新知識 第2版』（講談社ブルーバックス 2009）より

13成分である。ただしその必要量は、ミネラルの種類によっても、またヒトの発達段階などによっても異なる。欠乏症だけでなく過剰症のおこる場合もあるので、栄養補助剤（サプリメント）による摂取では用法に注意する必要がある。

　ミネラル自体は無機物だが、生体内では酵素をはじめとする生体高分子の補助的な成分として、それら有機分子に結合している場合が多い。「補酵素」や「補欠分子族」という語は、有機化合物を指す（8.1.2 項）。それに対し、酵素やタンパク質の機能を補完するものとして、金属イオンのような無機物単独の成分も含める場合は、補因子（cofactor）と総称する。

　生体にとって必要な金属元素は、大きく2群に分けられる。1つはアルカリ金属（Na^+・K^+）とアルカリ土類金属（Ca^{2+}）やMg^{2+}であり、もう1つは遷移金属（Fe^{2+}・Cu^+・Zn^{2+}）などである。前者は溶液中に多く、タンパク質にはゆるく結合して、構造の維持などに間接的に寄与している。後者は酵素のイミダゾール基・カルボキシ基・ヒドロキシ基など官能基に結合したり、ヘム鉄のように補欠分子族の一部となったりして、触媒作用に直接的な役割を果たしている。全酵素の3分の1以上が、金属を結合しているか、あるいは活性を発揮するのに金属イオンを必要とする。

　金属元素が触媒作用ではたらく機構には次の3つがある。(a) 金属原子の電子数が可逆的に変化して酸化還元反応を仲介すること（10.3 節）、(b) 金属イオンの正電荷が基質の負電荷を静電的に安定化あるいは遮蔽すること、(c) 基質に結合して反応がおきやすい方向に向けること、である。

　ミネラルのうち亜鉛は、数百の酵素に含まれる重要な金属元素である。亜鉛の欠乏が味覚障害を引きおこすことも、特筆すべき点である。

第3部

代 謝 編

9. 糖質の代謝 …………………… 185

10. 好気的代謝の中心 ………… 210

11. 脂質の代謝 …………………… 228

12. アミノ酸の代謝 ……………… 248

13. ヌクレオチドの代謝 ………… 263

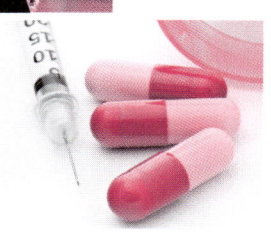

第1部では生体の物質そのものについて学んだが、この**第3部**では生体物質の変化すなわち代謝について学ぶ。代謝の一般的しくみは**第2部**で扱ったが、ここでは糖質・脂質・アミノ酸・ヌクレオチドという4群の物質の具体的な代謝経路について、4つの章でそれぞれ学ぶ（**9章、11〜13章**）。2つの生体高分子、タンパク質と核酸の合成は、鋳型に基づく特殊な代謝であるため、「生化学」とは別の「分子遺伝学」という領域でおもに扱われる（**拙著『理工系のための生物学』**などを参照）が、その酵素反応としての核心部分は、すでに **7.4 節**で学んだ（**図 4.7** も参照）。

　気体の酸素（O_2）を利用する好気性の代謝は、エネルギーを大量に獲得できる点で重要であるとともに、分子メカニズムも独特であることから、章を別にもうける（**10 章**）。これらの代謝経路のうち、糖代謝の一部である解糖系（**9.1 節**）と、好気性代謝の前半を構成するクエン酸回路（**10.2 節**）が、全代謝系の中軸にあたり、「中枢代謝」とよばれることもある（**図 7.2**）。

9 糖質の代謝

　地球に暮らす70億のヒトの命を支える主要な食料には、コメ・コムギ・トウモロコシなどの穀物とイモ類がある。これらの食品の主成分はデンプン、すなわちグルコースの重合体である（**1.3節①**）。ヒトだけでなく多くの生物が、グルコースの分解によってエネルギーの大半を獲得している。グルコースをはじめとする単糖のおもな分解経路が解糖系である（**図9.1**）。糖分解の別経路として五炭糖リン酸経路（**9.3節**）もあるが、

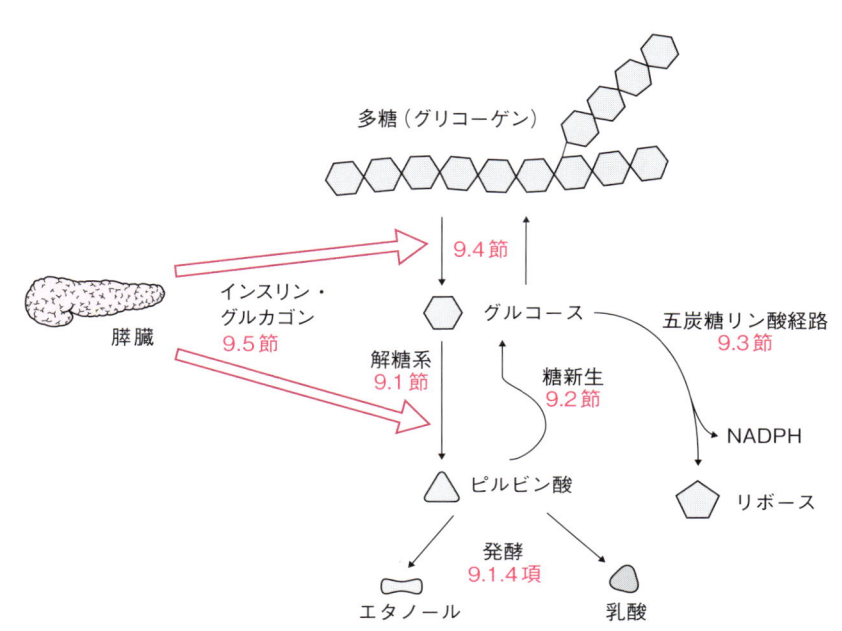

図 **9.1**　糖代謝の概要

第3部　代謝編

こちらには解糖系とは異なる任務もある。

エネルギーに余裕のあるとき、生物はそれを体に貯蔵し必要時に備える。ヒトのおもなエネルギー貯蔵物質は脂質（2.4節）と多糖類（1.3節）である。そこでヒトの体には、低分子物質からグルコースを生合成する糖新生（9.2節）の経路と、さらにグルコースを多糖に重合する反応経路（9.4.3項）もある。

9.1 解糖系

9.1.1 10段階の酵素反応

糖質の分解系の中心は解糖系（glycolysis）である。glyco- は糖質を指し、lysis は分解を意味する（豆知識 5-3）。解糖系は細胞質ゾルに存在する。グルコースが 10 段階の酵素反応で順次修飾を受けて、ピルビン酸にまで分解される（図 9.2）。各反応を 1 つずつ簡単に解説する：

① ヘキソキナーゼ；ヘキソ（hexo-）は「6」の意味で、六炭糖（1.1節）を指す。キナーゼとは、転移酵素（EC 第 2 群、5.2節②）の一種で、ATP の γ 位のリン酸基（4.1節）を基質に移すリン酸化酵素である。エネルギー通貨である ATP を、ここで 1 分子消費しているわけである。解糖系は全体としてエネルギー獲得系（ATP 合成系）でありながら、その第 1 段階ではむしろ逆に ATP を消費しているわけである（豆知識 9-1）。

② グルコース 6-リン酸 異性化酵素；グルコース 6-リン酸を、同じ六炭糖であるフルクトース 6-リン酸に異性化する酵素（EC 第 5 群）。

③ 6-ホスホフルクトキナーゼ；①ですでにリン酸化された六炭糖に、2 つめのリン酸基を転移するキナーゼ。ATP を消費する 2 つめのキナーゼである。解糖系の反応速度を調節する上で最も重要な段階である（図 9.7）。

④ アルドラーゼ；C_6 化合物（六炭糖）を C_3 化合物 2 分子に分割する段階。

9.1 解糖系

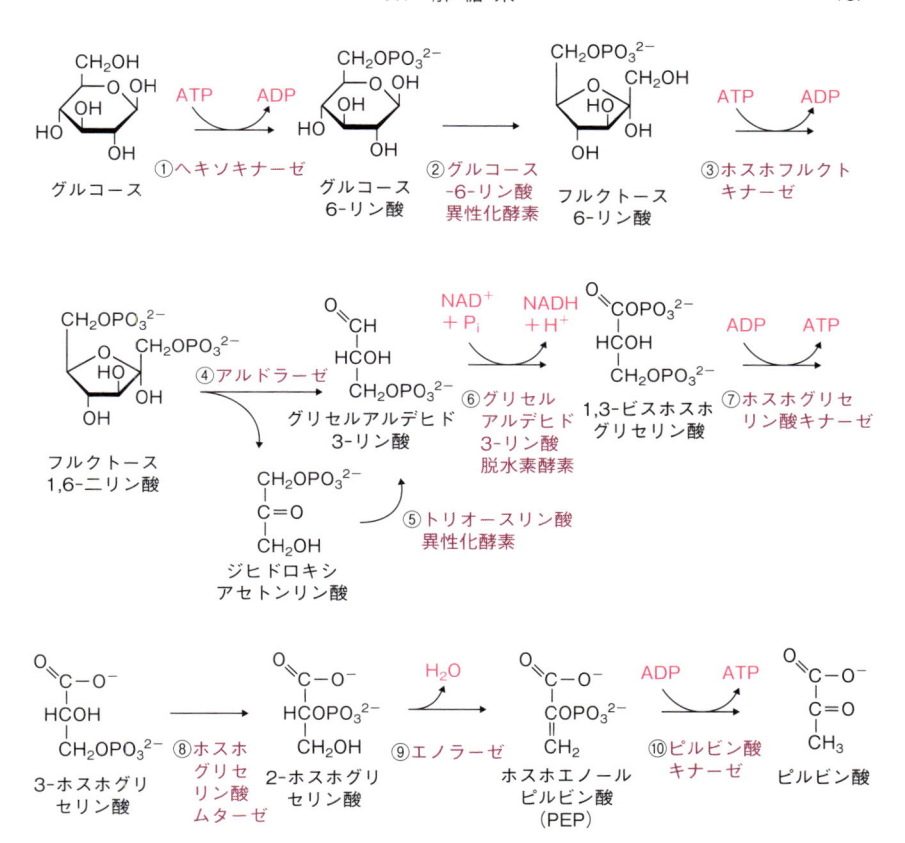

図 9.2 解糖系

生成物は2つともリン酸化された三炭糖で、ジヒドロキシアセトンはケトース（1.1.1 項）、グリセルアルデヒドはアルドースである。グリセルアルデヒドのように、アルデヒド基（-CHO）とヒドロキシ基（-OH）をもつ化合物をアルドール（aldol）といい、④のような分割反応をアルドール開裂という。アルドール開裂や、その逆反応のアルドール縮合を触媒する酵素が、アルドラーゼである。酵素名を「基質名＋反応の種類」と書く一般則からすれば（5.1.2 項）、「フルクトース-1,6-ビスホスフェート アルドラーゼ」（fructose-1,6-bisphosphate aldolase）という長い名前になるが、発見の古い代表的な酵

素なので、短く1語でよばれることが多い。EC分類では、アルデヒド基（グリセルアルデヒド）を除去して、ジヒドロキシアセトン分子に二重結合が残る反応とみて、リアーゼ（EC第4群、5.2節④）に分類される。

⑤ トリオース-リン酸 異性化酵素；④でできた2つのトリオース（三炭糖）の間の異性化反応を触媒する。これで結局2分子ともアルドース（グリセルアルデヒド3-リン酸）になる。これ以後の反応では、グルコース1分子あたりの中間代謝物の量は2分子ずつになる。のちほど解糖系の収支を考える際（**9.1.2節**）に、この2倍化を考慮する必要がある。

⑥ グリセルアルデヒド-3-リン酸 脱水素酵素；脱水素酵素（de-hydrogenase）とは、基質から文字通り水素（hydrogen）を除く酸化酵素（EC第1群）の1つ。接頭辞 de- は「はずす、脱する」を意味する。グリセルアルデヒドから除かれた2つの水素原子は、酸化還元の補酵素NADが受け取る（**図8.5**）。酸化型のNAD^+が還元型の$NADH + H^+$に変わる。この段階ではまた、無機リン酸（P_i）が基質に結合する。脱水素とリン酸化の2反応が同時におこるわけである。ただし酵素の名称は、簡潔に前者だけをあらわしている。

⑦ ホスホグリセリン酸キナーゼ；①と③に続き、解糖系で3つめのキナーゼ。しかし①と③のキナーゼがATPを消費して糖をリン酸化したのに対し、ここでは糖を脱リン酸化してATPを生産する。つまり⑦の酵素名は、解糖系で実際にはたらくのとは逆方向の反応をおこなう酵素としてつけられている（**表5.1 変形1b**）。

⑧ ホスホグリセリン酸ムターゼ；ムターゼ（mutase）とは一般に、異性化酵素（EC第5群）の1種である。基（ここではリン酸基）を分子内の別の位置へ（ここでは3位から2位へ）移すタイプの異性化（分子内転位）を触媒する。

⑨ エノラーゼ；基質から水分子H_2Oを脱離して二重結合を残し、エノー

ルを生成するリアーゼ（EC 第 4 群）。エノール（enol）とは、アルケン（語尾が -ene）の二重結合の炭素（-C=C-）の一方にヒドロキシ基が結合したアルコール（語尾が -ol）のこと。

⑩ **ピルビン酸キナーゼ**；4 つめのキナーゼ。これも⑦のキナーゼと同じく、酵素名は逆反応に対してつけられている。実際には基質（ホスホエノールピルビン酸、PEP）を脱リン酸化して ATP を生産する方向にはたらく。⑦や⑩の基質は、ATP を上回る高エネルギーリン酸化合物（**6.3.3 項**）であるため、ATP を合成する方向が発エルゴン的となり、自発的に進行しうるわけである。

9.1.2 反応全体の意味

解糖系の 10 段階の反応は、いずれも化学反応式の形で書くことができる：

① グルコース ＋ ATP → ~~グルコース -Ⓟ~~ ＋ ADP
② ~~グルコース -Ⓟ~~ → フルクトース -Ⓟ
　　　　-----
⑩ ホスホエノールピルビン酸 ＋ ADP → ピルビン酸 ＋ ATP ×2

ここでⒺはリン酸基（$-PO_3H_2$）をあらわし、×2 は同じ反応が 2 倍おこる（**前項⑤**）ことをあらわす。これら 10 段階の反応の総和を求めるには、左辺と右辺をそれぞれ加えた上で、両辺に共通な項を消去すればよい。消去される化合物の多くは、ある段階で生じる生成物が次の段階で基質となる中間代謝物である。たとえば①の右辺のグルコース -Ⓟ（グルコース 6-リン酸）は、②の左辺のそれと相殺（そうさい）される。その結果残る反応の総和は次のようになる。

$$\text{グルコース} + 2\text{ADP} + 2\text{P}_i + 2\text{NAD}^+ \rightarrow$$
$$2\ \text{ピルビン酸} + 2\text{ATP} + 2\text{H}_2\text{O} + 2\text{NADH} + 2\text{H}^+ \qquad 9.1$$

この全体反応は、次のような意味で 3 つに分解して考えることができる。

(a) **糖の酸化的分解**；グルコース（$C_6H_{12}O_6$）→
　　　2 ピルビン酸（$CH_3COCOOH$）＋ 4[H] 　　　　　9.2
(b) **エネルギー通貨の再生**；$2\text{ADP} + 2\text{P}_i \rightarrow 2\text{ATP} + 2\text{H}_2\text{O}$ 　　9.3

(c) **酸化還元補酵素の還元**；2NAD$^+$ + 4[H] → 2NADH + 2H$^+$　　9.4

ここで [H] は水素原子をあらわす（実際の反応では、遊離状態の水素原子も気体の水素分子（H$_2$）も生じないが、(a) と (c) の反応を分割表示する便宜のために、[H] という表現を用いた）。グルコースの分解 (a) に伴い、2分子の ATP が合成 (b) されたわけである（豆知識 9-1）。解糖系にはもう1点、補酵素 NAD が還元される (c) という意味がある。NAD は電子の授受をおこなう補酵素である（8.2.1 項）。NAD の酸化型 NAD$^+$ は、解糖系ではグルコースを酸化的に分解する際の酸化剤としてはたらいている。

豆知識 9-1　解糖系の ATP 収支

ATP は、解糖系前半の①と③の2段階で消費され、後半⑦と⑩の2段階で生産された。これを見て、「2 引く 2 の差し引き 0 なので、ATP は増えも減りもしない」と解釈したなら、それは間違いである。④のアルドラーゼで六炭糖が三炭糖2分子に分割されて以降、反応する分子の数は2倍になった。したがって後半の ATP 生産は、グルコース1分子あたり2分子×2段階で合計4個である。前半で2個消費されたのを差し引くと、−2 + 2 × 2 = 2 となり、正味2個の ATP が増えることになる。

新約聖書には、1粒のムギが地に落ちて犠牲になると、次の季節にたくさんの粒が収穫できる、というたとえ話がある。解糖系ではまず2粒の ATP が犠牲になることによって、後半で4粒の ATP が収穫できるわけである。酸素（O$_2$）を使う代謝では、収穫を10倍以上の約30粒に増やすことができる（10.3 節）。

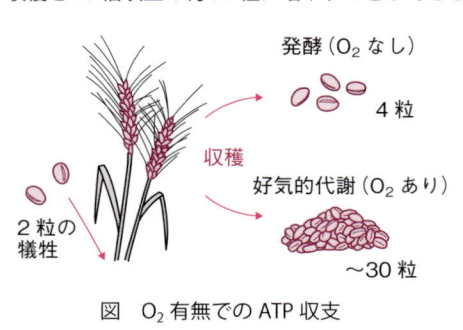

図　O$_2$ 有無での ATP 収支

9.1.3　他の糖の分解；入り口の追加

グルコース以外の糖質も、前処理を受けた上で、結局は解糖系で分解される（図 9.3）。多糖や少糖には、それぞれを加水分解する消化酵素が存在し

9.1 解糖系

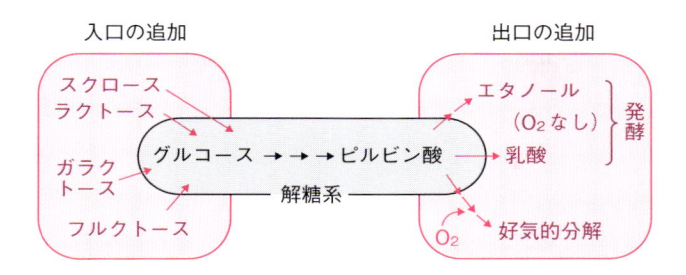

図9.3 解糖系の拡張

ており、最終的に単糖に変えられる。加水分解酵素の名前は、糖の名前の語尾 -ose を酵素の名前の語尾 -ase に置き換えてつけられている（表5.2）。たとえば二糖スクロース（1.2節①）は、スクラーゼ sucrase によってグルコースとフルクトース（果糖）に分解される。ラクトース（同節②）は、ラクターゼ lactase によってグルコースとガラクトースに分解される。デンプン（アミロースが主成分、1.3節①）は、アミラーゼ amylase などのはたらきでグルコースに分解される（9.4.1項）。

フルクトースやガラクトースなど、グルコース以外の単糖も、前もって修飾を受けてから解糖系に入る。すなわち解糖系の前段階として、1段階あるいは数段階の酵素反応がつけ加わる。フルクトースには、組織によっていく通りかの前処理法がある。そのうち最も単純なのは、ヘキソキナーゼでリン酸化されてフルクトース 6-リン酸に変わる反応である（図9.4(a)）。この生成物は、解糖系の2段階め（図9.2 ②）の中間代謝物である。

ガラクトースの前処理はもっと複雑である（図9.4(b)）。ガラクトースは、キナーゼ反応により ATP でリン酸化されて活性化された後、UDP-グルコースから UDP を受け取るトランスフェラーゼ反応と、ガラクトースがグルコースに変わるエピメラーゼ反応がおこる。結果的にはグルコース 1-リン酸が生成し、これがさらにグルコース 6-リン酸に変換されて解糖系に投入される。これら3つの酵素のいずれかが遺伝的に欠損していると、**ガラクトース血症**という**先天性代謝異常症**になる。この欠損でガラクトースをうまく分解できなくなり、ガラクトースやその代謝産物であるガラクチトールの血中濃度が高まり、肝障害や白内障・知能障害などが生ずる。

9．糖質の代謝

(a) フルクトース

フルクトース → (ヘキソキナーゼ, ATP→ADP) → フルクトース6-リン酸 → 解糖系

(b) ガラクトース

ラクトース → (ラクターゼ) → ガラクトース + グルコース（→解糖系）

ガラクトース → (ガラクトキナーゼ, ATP→ADP) → ガラクトース1-リン酸

ガラクトース1-リン酸 → (ガラクトース-1-リン酸ウリジルトランスフェラーゼ) → UDP-ガラクトース ＋ グルコース1-リン酸

UDP-ガラクトース ⇌ (UDP-グルコース4-エピメラーゼ) ⇌ UDP-グルコース

グルコース1-リン酸 ⇌ グルコース6-リン酸 → 解糖系

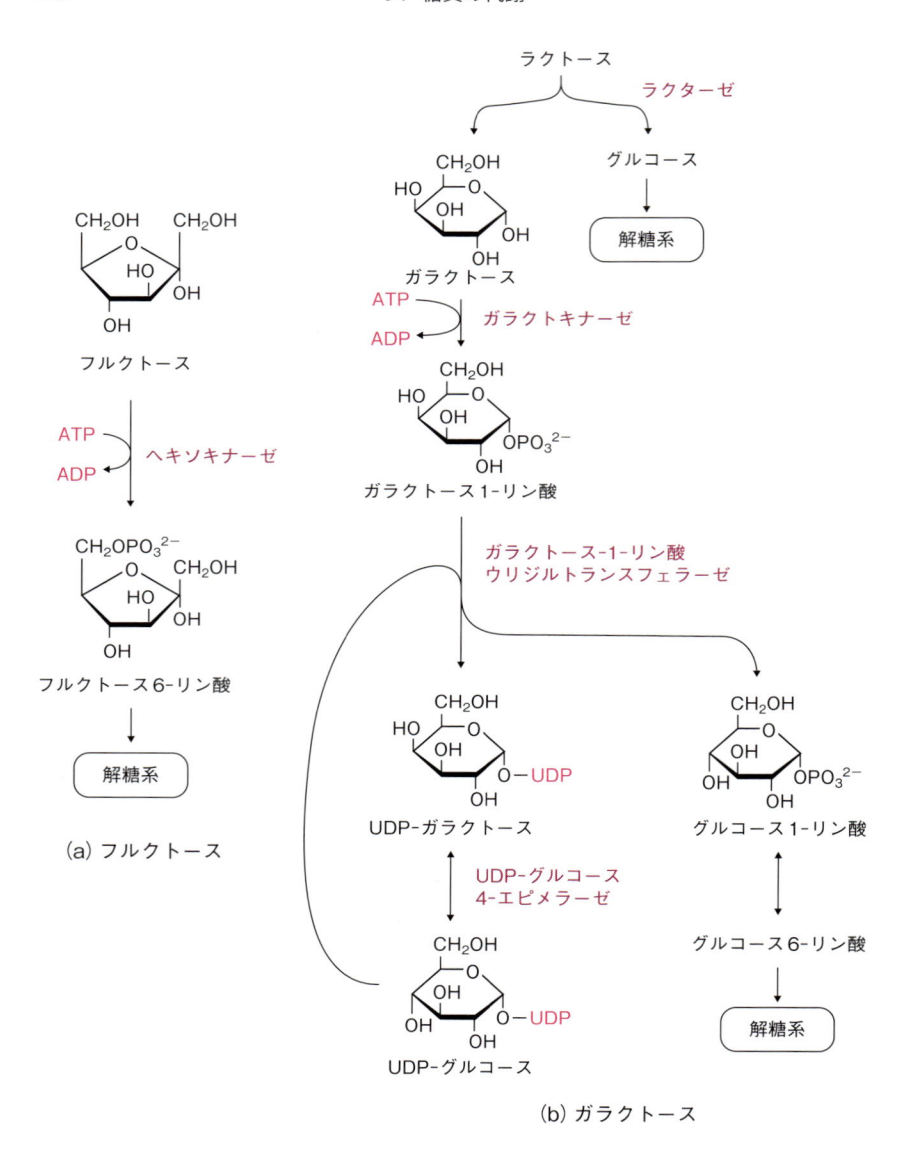

図 9.4　フルクトースとガラクトースの分解

9.1.4 発酵；出口の追加

9.1.2項で述べたように、解糖系ではエネルギー通貨ATPと還元型補酵素NADHが生成される。これら補酵素は少量しか存在しないので、解糖系が次々にはたらき続けるには、もとのADPや酸化型NAD^+に再生されなければならない。このうちATPは、細胞の運動やイオンの輸送、物質の生合成などさまざまな活動に利用されてADPにもどるので問題ない。問題なのはNADHであり、何らかの酸化剤によって酸化型NAD^+にもどす必要がある。

この再生の方法には、酸素（O_2）がある場合とない場合の2通りがある。

① **好気的**（aerobic）あるいは有酸素（oxic）条件；O_2自身が強力な酸化剤なので、O_2供給が十分な場合はNAD^+の再生は簡単である。この好気的な代謝系は、細胞小器官の1つミトコンドリアでおこなわれる（10.1節）。呼吸（豆知識9-2）によって生きているヒトの場合、全身のほとんどの組織で、こちらの好気的代謝がおこなわれる。

② **嫌気的**（anaerobic）あるいは無酸素（anoxic）条件；解糖系の最終産物であるピルビン酸が酸化剤としてはたらく。ヒトは全体としては好気性生物だが、ミトコンドリアのない赤血球など、細胞や器官によっては、部分的にこのような嫌気的な代謝がおこる。全力疾走する際の筋肉のように、O_2

豆知識 9-2　呼　吸（respiration）

日常的には、空気の吸排（息、breath）を呼吸というが、生化学では、細胞でおこなわれる好気的代謝を呼吸という。この意味での呼吸とは、糖や脂肪などの有機物をO_2で酸化してエネルギーを獲得する過程であり、結果的にCO_2が発生する。この2つの呼吸を区別するため、肺呼吸やえら呼吸など個体や器官レベルのガス交換を**外呼吸**、細胞呼吸を**内呼吸**とよんで整理する。細胞レベルの内呼吸は、呼吸器官をもたない植物や多くの微生物も共通におこなっており、呼吸の本質は内呼吸の方だといえる。

生物のエネルギー獲得系には3つある。有機物を嫌気的に分解する**発酵**（本節）、有機物を好気的に分解する**呼吸**（10章）、そして太陽の光エネルギーを受けて有機物を合成する**光合成**である。ただし微生物の代謝はきわめて多様で、「嫌気呼吸」などもあるため、厳密にはより高度な定義が必要である。（本書では扱わない光合成も含め、この項詳しくは拙著『微生物学 - 地球と健康を守る』（裳華房）を参照。）

供給が間に合わないケースでも、嫌気的代謝が進む。これらの代謝では、ピルビン酸は還元されて乳酸が生じる。**エアロビクス**（有酸素運動）とは、運動の強度をうまく制御して、全身の筋肉への O_2 供給を十分に確保し、長時間継続できるよう工夫した運動である。

微生物では、からだ全体が嫌気的な条件下にあっても生きているものが多い。微生物の嫌気的代謝では、ピルビン酸が還元されてできる産物には、乳酸のほかエタノールの場合もある。これらが嫌気性微生物による**発酵**（fermentation）という代謝である。

乳酸発酵をおこなう乳酸菌は、牛乳からヨーグルトを作るほか、野菜の漬け物など各種発酵飲食品の製造過程ではたらいている。アルコール発酵をおこなう酵母は、日本の清酒や焼酎を含め、ビールやワインなど世界中の酒類を製造する立役者である。これらの発酵では、解糖系の後に1～2段階の酵素反応がつけ加わる（図9.5）。

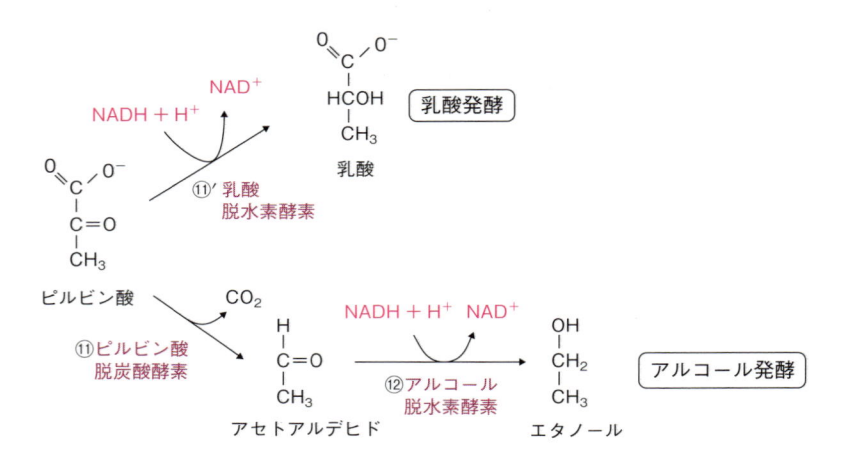

図9.5 2つの発酵

これらの段階も加えた反応の総和は次のようになる。両辺からNADの項（9.1.2項の(c)にあたる）は消え、糖の酸化的分解(a)とATPの生成(b)だけが残る：

乳酸発酵；グルコース ($C_6H_{12}O_6$) + 2ADP + 2P$_i$ →
$\qquad$ 2CH$_3$CH(OH)COOH + 2ATP + 2H$_2$O $\qquad$ 9.5

アルコール発酵；グルコース + 2ADP + 2P$_i$ →
$\qquad$ 2CH$_3$CH$_2$OH + 2CO$_2$ + 2ATP + 2H$_2$O $\qquad$ 9.6

9.1.5 エネルギー準位と調節ポイント

解糖系の各段階の標準自由エネルギー変化 $\Delta G^{\circ\prime}$ をグラフに描くと、不規則に上下している（**図9.6、上の折れ線**）。しかし細胞内の基質や生成物、中間代謝物の濃度を考慮に入れて、生理的条件下の自由エネルギー変化 ΔG で描き直すと、①③⑩の3段階だけ大きく下がり、他の段階は傾きがずっと緩やかである（**同図、下の折れ線**）。ΔG が大幅に減少する3段階は、実質的に不可逆な反応である。これら3段階が、解糖系全体の律速段階（**7.1.1項**）になっている。それらの酵素活性の変化に対し鋭敏に対応して、経路全体の流速が変化する。残り7段階はほぼ平衡状態であり、酵素の活性が変化しても正味の流速はあまり変わらない。むしろ基質や生成物のわずかな濃度変化に応じて、反応の正味の方向が容易に逆転しうる（**9.2.1項**）。

このような ΔG 値の大きさは、調節のポイントとも一致する（**7.3節冒頭**）。解糖系全体の反応速度は、①③⑩の3段階の酵素のアロステリック調節で制

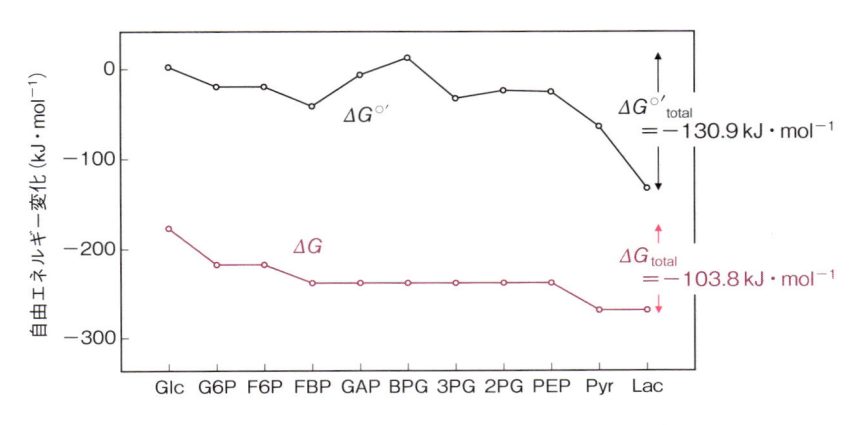

図 **9.6** 解糖系の自由エネルギー変化（赤血球の例）

9. 糖質の代謝

```
                        グルコース
              ①ヘキソキナーゼ ↓↑ ①b グルコース-6-リン酸ホスファターゼ
                   (−) グルコース6-リン酸
                          ↕
                     フルクトース6-リン酸
                 (−)  ATP   (+)
                      クエン酸
  ③ホスホフルクト     AMP         ③b フルクトース-1,6-
    キナーゼ    (+) フルクトース (−)    ビスホスファターゼ
                    2,6-ビス
                    リン酸
                          ↓
                   フルクトース1,6-ビスリン酸
                          ↕
                          ↕
                   ホスホエノールピルビン酸    ホスホエノールピルビン酸
                                      ↑⑩c カルボキシキナーゼ
      ⑩ピルビン酸キナーゼ  (−)     オキサロ酢酸
          ATP          アセチルCoA
     フルクトース1,6-ビスリン酸  (+)
     cAMP依存性リン酸化              ⑩b ピルビン酸カルボキシラーゼ
                      ピルビン酸
```

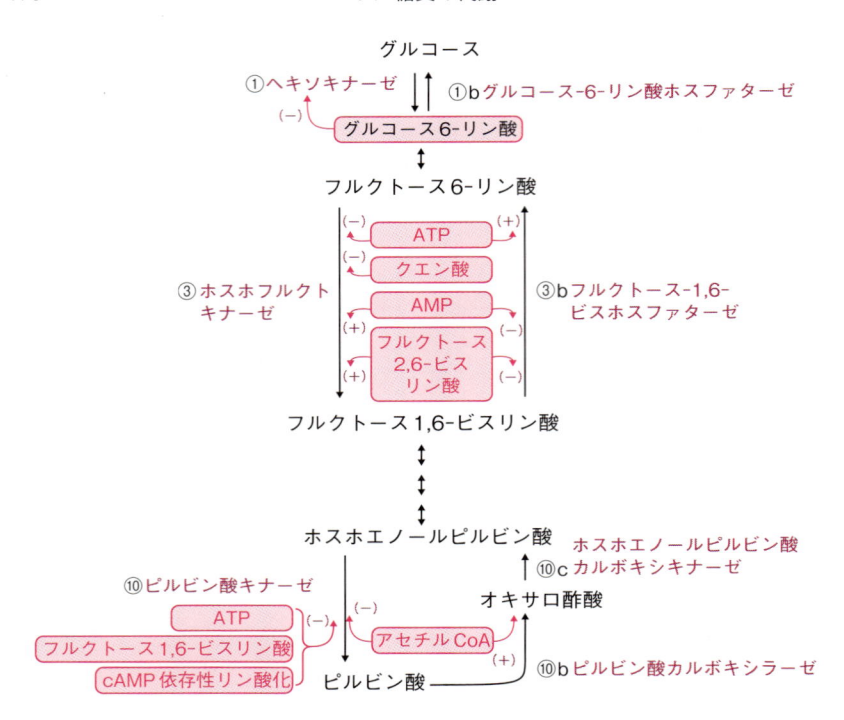

図 9.7　解糖系と糖新生の調節

御されている（**図 9.7**）。

　解糖系の調節は、細胞のエネルギー状態を敏感に察知し、恒常性を保つことをおもな目的の1つにしている。つまり、細胞が十分なエネルギー（ATP）を用意しているときは、無駄に過剰なエネルギーを産生しないよう、解糖系は抑制される。逆にエネルギーが不足しているときは、もっと補充するよう、解糖系は促進される。より具体的にいうと、ATP がたくさんあれば、これらがエフェクター（7.3.2 項①）として③⑩の酵素を阻害する。逆に AMP がたくさんある場合は、エネルギーが不足しているので、AMP はエフェクターとして③⑩の酵素を活性化する。

　ところで、解糖系と並んで重要な代謝経路にクエン酸回路がある（**10.2 節**）。細胞内にクエン酸やアセチル CoA が十分あると、そのクエン酸回路の方でたっぷりエネルギーを獲得できるので、解糖系はあまりはたらく必要が

ない。そのためクエン酸とアセチル CoA は、それぞれ③と⑩の酵素のエフェクターとして、これらの酵素を阻害する。

　グルコース 6-リン酸は酵素①の生成物である。この生成物が過剰にたまると酵素①自体をアロステリックに阻害する。つまり生成物が十分あるときは、それの過剰生産を防ぐわけである。これはフィードバック阻害（**7.3.2 項**①）の例である。一方、酵素③の生成物であるフルクトース 1,6-ビスリン酸は、ずっと先（下流）の酵素⑩を促進する。すなわち中間代謝物がたっぷりたまったときは、経路の先でそれを処理する過程を加速するわけである。これはフィードフォワード活性化の例である。

9.2　糖新生

　グルコースは全身に必要なエネルギー源なので、血糖値はある程度高く維持する必要がある（**1.1.3 項**①）。ヒトは毎日食事をして糖質を摂取するほか、肝臓や骨格筋にグリコーゲン（**1.3 節**②）として蓄えてもいる。もう 1 つのエネルギー貯蔵物質として、脂肪組織に脂肪（**2.4 節**）も蓄えているが、脳と赤血球は脂肪が使えずグルコースを要求する。脂肪の貯蔵量がエネルギー所要量の約 1 か月分であるのに対し、グリコーゲンは約 1 日分しかない（**図 9.8**）ので、絶食や激しい運動によってグリコーゲンが枯渇することがある。

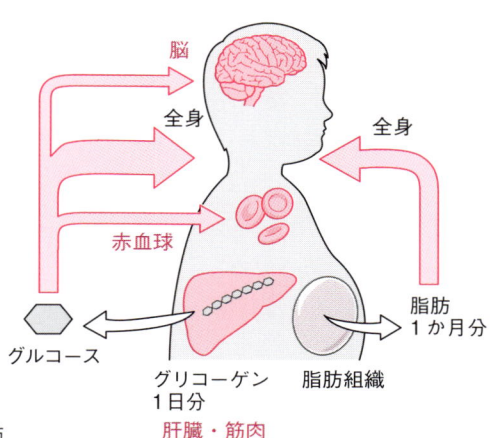

図 **9.8**　糖と脂肪

このためヒトのからだには、糖質以外の材料からグルコースを生成する**糖新生**（glyconeogenesis）の代謝経路を備えている（図 9.7）。この経路はおもに肝臓に存在し、全身へのグルコースの供給源となっている。

9.2.1 解糖系との関係

　糖新生は基本的に解糖系の逆反応である（9.1.1 項）。しかし解糖系の 10 段階の酵素反応のうち、実質的に不可逆な 3 つの段階（①、③、⑩）を迂回する酵素が、糖新生でははたらいている。残り 7 段階（②、④～⑨）は、解糖系の単純な逆反応で進む（図 9.7）。

　解糖系⑩の ATP を合成するキナーゼ反応は、糖新生では 2 つの酵素カルボキシラーゼ⑩ b とカルボキシキナーゼ⑩ c で代替される。C_3 化合物（ピルビン酸）がカルボキシ化されて、いったん C_4 化合物（オキサロ酢酸）に変換された上で、脱カルボキシ化と同時にリン酸化されて、C_3 リン酸化合物（ホスホエノールピルビン酸、PEP）が生成される。⑩ b で ATP、⑩ c で GTP という 2 つの高エネルギーリン酸化合物が消費される。正方向（解糖の向き）の ATP 生成量は、ピルビン酸 1 分子あたり 1 分子（グルコース 1 分子あたりだと 2 分子）だけだったが、逆方向（糖新生の向き）の NTP 消費量は、その倍（グルコース 1 分子あたり 4 分子）になっている。

　解糖系③と①で ATP を消費するキナーゼ反応は、それぞれ 1 つの酵素ホスファターゼで代替される（③ b と① b）。ここで ATP 消費の単純な逆反応がおこるのなら、ATP 合成によってエネルギーを回収できるはずだが、実際にはリン酸基が無機リン酸として遊離される。もともと実質的に不可逆な反応だから、単純な逆反応はおこりえない。

　結局、⑥のキナーゼ反応も算入すると、グルコース 1 分子あたり、解糖系では 2 分子の ATP が合成されるのに対し、糖新生では 6 分子の NTP（4 ATP ＋ 2 GTP）が消費される。

　反応の調節でも、糖新生は解糖系と裏腹な関係がある。解糖系では、実質的に不可逆な 3 つの段階（①、③、⑩）が調節の鍵酵素（7.1.1 項）になっていたが、糖新生でもこれらを迂回する 4 つの酵素（① b、③ b、⑩ b、⑩ c）が調節の標的となっている。これらの酵素も、細胞内のエネルギー状態を反

映して、ATPやAMPなどでアロステリック調節を受ける。しかし解糖系とは逆に、ATPで活性化されAMPで阻害される。

9.2.2 全身的な代謝回路

骨格筋へのO_2供給が十分なときは、グルコースの分解は解糖系によるピルビン酸（C_3化合物）の段階までにとどまらず、O_2を利用するミトコンドリアでさらにCO_2にまで完全酸化される（10.2節）。ところが激しい運動をする際は、ピルビン酸の生成が分解よりずっと速いため、エネルギー獲得はもっぱら解糖系の段階に頼ることになる。その結果、解糖系の産物、具体的には乳酸が蓄積し、血流に放出される（図9.9）。この乳酸を肝臓が拾い上げ、糖新生によりグルコースを合成して、骨格筋に供給する。このように、骨格筋と肝臓の間で乳酸とグルコースをやり取りする代謝過程を、発見者の名にちなんでコリ回路とよぶ。コリ回路は、運動する筋肉の代謝負担を一部肝臓に代行させるしくみである。

糖新生のおもな出発材料は3つある。1つめは、今のコリ回路に出てきた乳酸である。乳酸は骨格筋のほかにも、ミトコンドリアを欠く赤血球や低酸素状態の組織からも血流に出てくる。

2つめは、主要アミノ酸の1つアラニンである。骨格筋と肝臓の間には、コリ回路と同様な**グルコース-アラニン回路**という別経路もある。この回路では、筋肉の解糖系で生じたピルビン酸がアラニンに変換されて血流で運ば

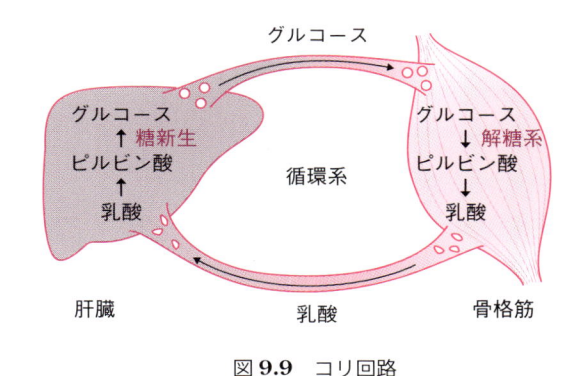

図9.9 コリ回路

れる。アラニンは肝臓でピルビン酸にもどされ、糖新生の素材となり、生成したグルコースは循環系を経て筋肉に供給される。この回路には2つの意義がある。1つはコリ回路と同じく、C_3化合物を筋肉から肝臓に返送して糖を再生することである。もう1つは、筋肉で消耗されたタンパク質に由来する窒素の処理を肝臓にゆだねることである（**窒素代謝は12章**）。

　糖新生の3つめの出発材料は、脂肪組織で分解されてできたグリセロールである。やはり循環系で肝臓に送られ、キナーゼによるリン酸化とデヒドロゲナーゼによる酸化を受ける。その結果、解糖系中間体のジヒドロキシアセトンリン酸に変換され、糖新生の材料となる。

9.3　五炭糖リン酸経路

　五炭糖リン酸経路は、グルコースを分解するという意味では解糖系の別経路である。ただしその役割は異なり、ATPを産生せず、代わりに還元型補酵素のNADPHと、五炭糖のリボースを産生する。この2つはともに生合成の材料である。NADPHは脂質などの生合成で還元剤として使われ（**11.2.2項**）、リボースはヌクレオチドや核酸の素材として使われる（**13.2節**）。

　NADPHによく似た構造のNADHは解糖系（**9.1節**）で産生されるが、この2つの分子は多くの酵素で区別され、あまり相互に融通はできない（**8.2.1項**）。したがって、NADPHを必要とする物質をさかんに生合成する臓器では、五炭糖リン酸経路の活性が高い必要がある。具体的には、脂肪酸合成のさかんな脂肪組織や乳腺と、ステロイドホルモンの合成が活発な副腎皮質・卵巣・精巣、および肝臓などの臓器である。肝臓では約3割のグルコースがこちらの経路で代謝される。

　五炭糖リン酸経路は、前半の酸化段階と後半の単糖間転移反応の段階とに分けられる（**図9.10**）。前半では、3つの酵素によって、グルコース6-リン酸がリブロース5-リン酸（五炭糖）に酸化され、2分子のNADPHが生成される。一方後半では、4つの酵素がはたらく。まずそのリブロース5-リン酸が別の2つの五炭糖に異性化される。酵素④でリボース5-リン酸に、酵素⑤でキシロース5-リン酸にそれぞれ変えられる。その後、トランスケトラーゼ

9.3 五炭糖リン酸経路

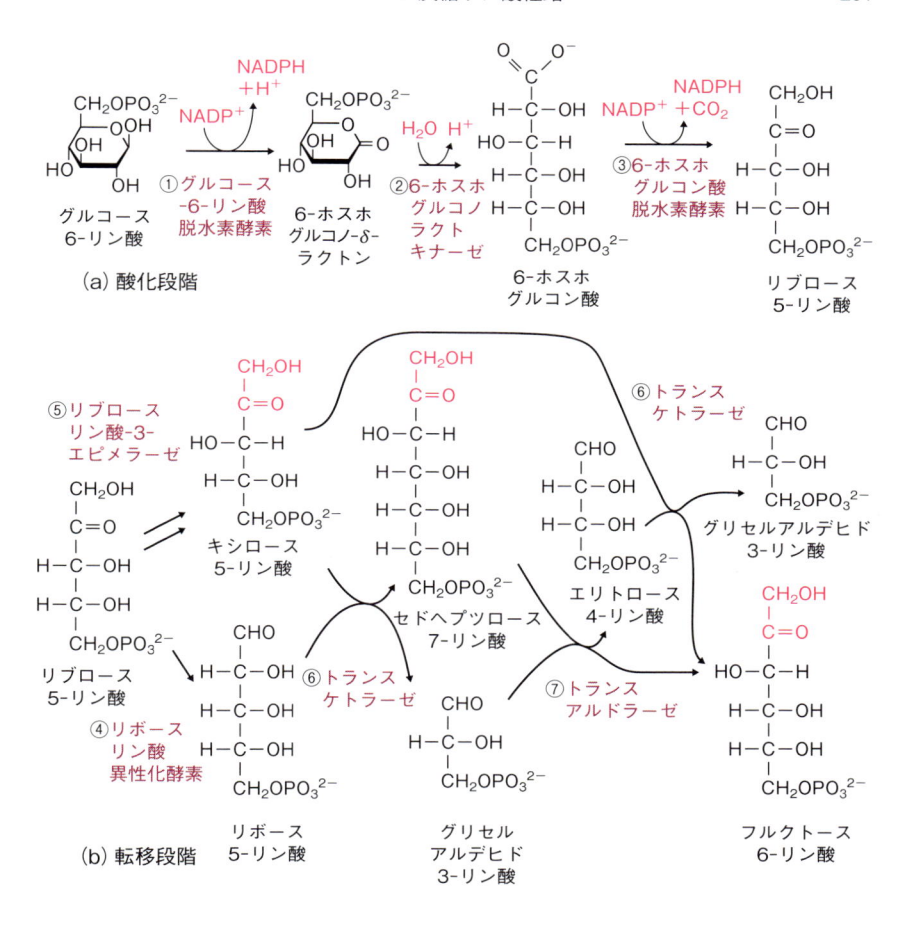

図 9.10　五炭糖リン酸経路

(酵素⑥) とトランスアルドラーゼ (酵素⑦) により、単糖どうしで転移反応がおこり、中間代謝物として四炭糖や七炭糖を経た上、結局フルクトース6-リン酸 (六炭糖) とグリセルアルデヒド3-リン酸 (三炭糖) が生成される。

核酸合成が活発な組織では、酵素④の活性が高く、おもにリボース5-リン酸が供給される。一方、NADPHは必要だが五炭糖があまり必要でない組織では、経路後半の産物は解糖系の中間代謝物に変換され、ATPの生産に使

われたり、あるいは生合成の素材として提供されたりする。いいかえると、この後者のような組織では酵素⑤の活性も高く、さらに⑥と⑦の作用も受けて、結局フルクトース6-リン酸とグルタルアルデヒド3-リン酸が生成される。この2つはともに解糖系の中間代謝物である。

9.4 多糖の分解と合成

多糖の分解には、加水分解と加リン酸分解の2つがある（**図 9.11**）。

9.4.1 加水分解

ヒトが食物として摂取する糖質の大部分は、グルコース重合体のデンプンである。このデンプンは、消化腺から分泌される4つの消化酵素（図

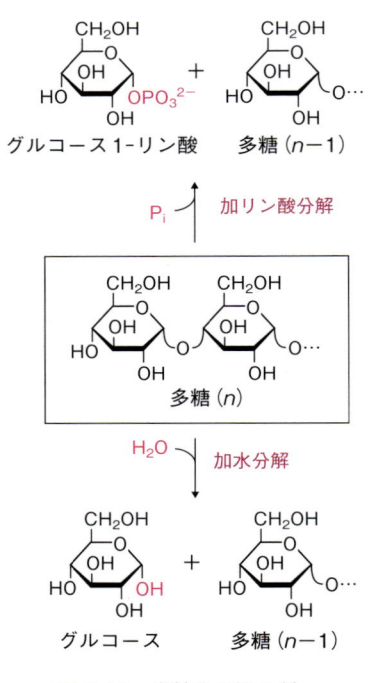

図 9.11 多糖の分解2種

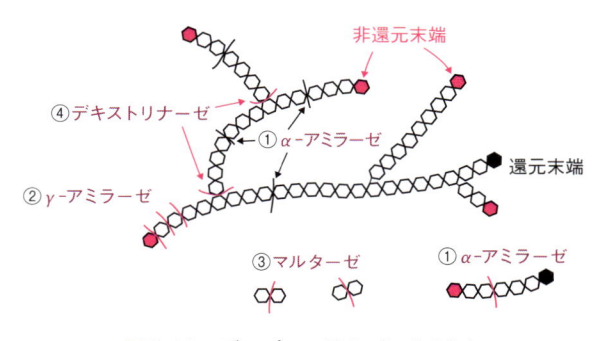

図 9.12 デンプンの消化（加水分解）

9.12）で加水分解された上で吸収され、全身の細胞の解糖系で分解される。デンプンはグルコースが $\alpha(1\rightarrow 4)$ 結合で直鎖状に連なったアミロースと、$\alpha(1\rightarrow 6)$ 結合で枝分かれもあるアミロペクチンの混合物である（図 1.12(a)）。この 2 種類のグリコシド結合が、これら 4 つの酵素で分解される。

　一般に、多糖を加水分解する酵素には、その非還元末端から順に切断するエキソ型（**エキソグリコシダーゼ**）と、内側を切断するエンド型（**エンドグリコシダーゼ**）とがある（豆知識 9-3）。**アミラーゼ**（amylase）は、1883 年世界で初めてフランスで単離された酵素であり、旧名をジアスターゼという。明治時代の日本の化学者、高峰譲吉はこれをコウジカビから抽出することに成功し、「タカジアスターゼ」と名づけ、消化を助ける胃腸薬として商品化した。「タカ」は本人の名字とギリシャ語（強い、優秀なの意）による。

> **豆知識 9-3　エンドグリコシダーゼ（endoglycosidase）と
> エキソグリコシダーゼ（exoglycosidase）**
>
> 　グリコシド結合を加水分解する酵素をグリコシダーゼとよぶ。また一般に、長鎖の多量体を切断する酵素のうち、端から順に細かく切断する酵素にはエキソ（exo-、外の）という接頭辞をつけ、内側を切断する酵素にはエンド（endo-、内の）という接頭辞をつける。アミラーゼ以外にも、核酸分解酵素（exonuclease 対 endonuclease）やペプチド分解酵素（exopeptidase 対 endopeptidase）などがある。さらには、ホルモンの内分泌（endocrine）と、汗や消化酵素の外分泌（exocrine）など、endo- と exo- は内外を対比する学術用語に広く使われる。

① **α-アミラーゼ**；アミロースやアミロペクチンの直鎖部分のα(1→4)結合を、不規則（ランダム）に加水分解するエンドグリコシダーゼ。唾液腺や膵臓から分泌される消化酵素。α(1→6)結合の分枝点の周辺は、立体障害を受けて切断できないので、枝は短縮されながらも、分枝点は温存された産物が残る。この最終分解物を**限界デキストリン**（分枝を含む8残基程度の少糖）という。マルトース（グルコース二糖）は短すぎて分解できないが、マルトトリオース（グルコース三糖）以上の鎖なら分解できる。なお**β-アミラーゼ**は、腸内細菌を含む微生物や植物には存在するが、ヒトゲノムに遺伝子はない。この酵素は、デンプンやグリコーゲンの直鎖を非還元末端から二糖単位で分解するエキソ型酵素であり、マルトースを生成する。

② **γ-アミラーゼ**（グルコアミラーゼ）；直鎖部分のα(1→4)結合を、非還元末端から順にグルコース単量体単位で切り出すエキソグリコシダーゼ。小腸の粘膜表面に結合しており、栄養物が小腸上皮細胞で吸収される直前の消化（終末消化）を担当している。α(1→6)結合自体は切断できないが、分枝点の立体障害は受けないため、限界デキストリンの分枝点付近のα(1→4)結合も切れる。

③ **マルターゼ**；マルトースをグルコース2分子に分解する。以上の3酵素で、直鎖のα(1→4)結合はすべて切断可能。

④ **デキストリナーゼ**；α(1→6)結合を切断できる。以上4酵素で、デンプンはすべてグルコース（単糖）に分解される。ここまでをまとめると、小腸内腔では、α-アミラーゼの作用でマルトース・マルトトリオース（三糖）・限界デキストリンなどが生成し、さらに小腸の絨毛のすき間の終末消化でグルコースにまで分解され、小腸細胞に吸収されるわけである。

9.4.2　加リン酸分解

一方、肝臓や筋肉の細胞の中には、エネルギー源としてグリコーゲンが蓄えられている。これはホスホリラーゼによる**加リン酸分解**を受け、グルコー

ス 1-リン酸が生成される（**図 9.11**）。グルコース 1-リン酸は次に、ムターゼによる異性化反応でグルコース 6-リン酸に変換される。これは筋細胞では解糖系で分解されるが、肝細胞ではホスファターゼで脱リン酸化され、グルコースとして血中に放出される。加リン酸分解は加水分解に比べて、エネルギー的に有利である。なぜなら、加水分解で生じるグルコースの場合、解糖系では第一段階めに ATP を消費してリン酸化する必要があるが、加リン酸分解の生成物はすでにリン酸化されているので、ATP を消費しないまま解糖系に投入できるからである。

さてホスホリラーゼ（**図 9.13** ⑤）は、非還元末端から順に、分枝点の 4 残基手前までしか加リン酸分解できない。そこまでの最終産物を限界デキストリンという。α-アミラーゼによってできる限界デキストリン（**9.4.1 項**①）ととくに区別するときは、前者をホスホリラーゼ限界デキストリン、後者を α 限界デキストリンとよぶ。ホスホリラーゼ限界デキストリンをさらに分解するには、次の脱分枝酵素（**同図**⑥）がはたらく。この酵素は、残る 4 残基のうち 3 残基をそのまま切断し、近くの別の非還元末端に接続し直す活性がある上、最後の 1 残基の α(1 → 6) 結合を切断する活性ももつ。3 残基が付加された方の鎖は、さっきのホスホリラーゼ（⑤）による切断が続く。以上ですべてが単糖単位に分解される。

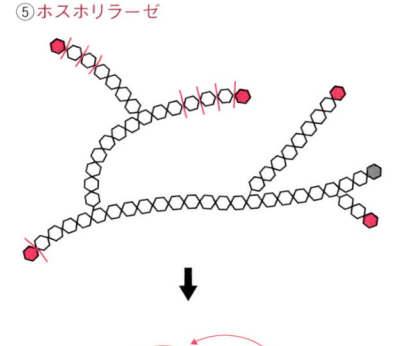

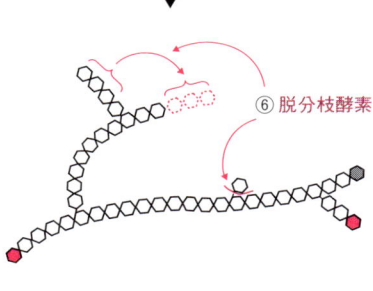

図 **9.13** グリコーゲンの加リン酸分解

9.4.3 生合成

一般に多量体の分解が発エルゴン反応（**6.3.2 項**）なのに対し、その合成は吸エルゴン反応なので、駆動させるしくみが必要である。このような駆動

は通常、ヌクレオチドをはじめとする高エネルギーリン酸化合物の加水分解と共役させることによる。しかし多糖の生合成では、単量体（単糖）を前もってUTPで活性化することによって重合を駆動する（7.2.2項の式7.4）。

植物ではデンプンやセルロースが合成されるが、ヒトではグリコーゲンがエネルギー貯蔵物質として生合成される。グリコーゲンは次の3つの酵素によって合成される（図9.14）。まず、解糖系の中間代謝物であるグルコース6-リン酸は、ムターゼによってグルコース1-リン酸に変えられる。次に

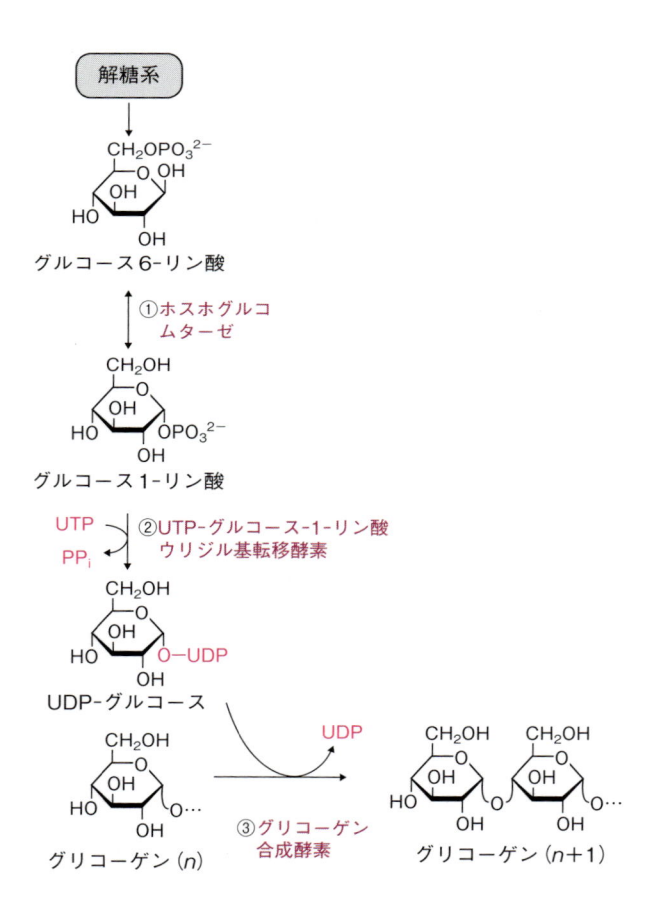

図9.14　グリコーゲンの合成

これを転移酵素（UTP-glucose-1-phosphate uridylyltransferase、別名 UDP-glucose pyrophosphorylase）が UDP-グルコースに活性化する（7.2.2 項）。このとき UTP からピロリン酸（PP_i）が遊離される。この活性化グルコースが最後に、グリコーゲン合成酵素によってグリコーゲンの非還元末端に付加される。これで1残基分伸長するのに伴って、UDP が遊離される。

9.5 膵臓ホルモンによる糖代謝の調節

血液中のグルコースは人体の全組織にとって重要なエネルギー源なので、血糖値は厳密に維持される必要がある（1.1.3 項①）。膵臓（すいぞう）から放出される2つのホルモンは、肝臓や筋肉などをおもな標的として、その解糖系（9.1 節）・糖新生（9.2 節）・グリコーゲン代謝（9.4 節）を調節している（図 9.15）。

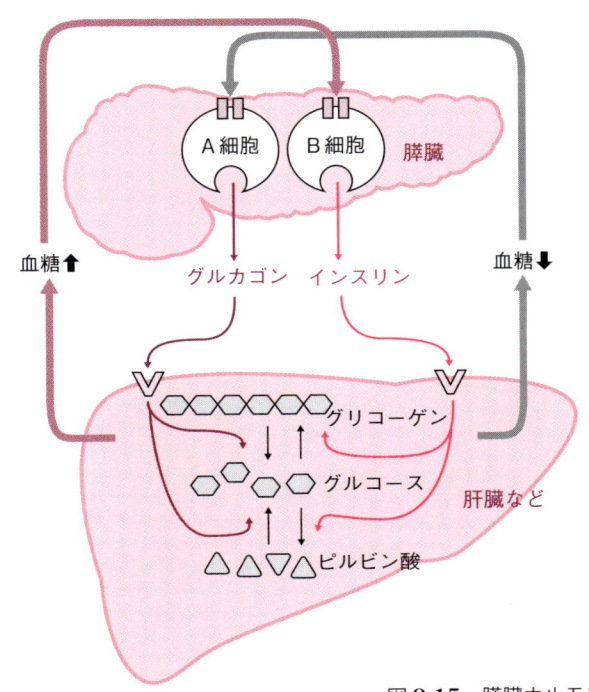

図 9.15　膵臓ホルモンのはたらき

膵臓の**ランゲルハンス島**という組織は、2つのペプチドホルモンを放出し**血糖値**を拮抗的に制御する。血糖値が低くなり過ぎると、ランゲルハンス島の **A 細胞**から**グルカゴン**が分泌され、肝臓や筋肉の解糖系を抑制し血糖値を上げる。反対に血糖値が高くなり過ぎると、それを感知した **B 細胞**から**インスリン**が分泌され、解糖系を促進し血糖値を下げる。これら2つの膵臓ホルモンによる解糖系の調節には、6-ホスホフルクトキナーゼ（9.1.1 項③）の正のエフェクターであるフルクトース 2,6-ビスリン酸（F2,6-BP）が重要な役割を果たす（図 9.7）。

　ホスホフルクトキナーゼには 1 型（PFK-1）と 2 型（PFK-2）がある。ともに基質フルクトース 6-リン酸をリン酸化するが、PFK-1 の生成物はフルクトース 1,6-ビスリン酸（F1,6-BP）なのに対し、PFK-2 の生成物は F2,6-BP である。PFK-1 は解糖系の酵素③そのものであり、この代謝経路の主流をなすが、PFK-2 は調節物質を生産して PFK-1 を活性化する脇役である。PFK-2 自身も別のキナーゼからリン酸化される。リン酸化された PFK-2 は、フルクトース-ビスホスファターゼ活性を示し、F2,6-BP を分解（脱リン酸化）する。つまりこの酵素は、相反する 2 つの役割をもつ。自分がリン酸化されるとホスファターゼ活性を示して F2,6-BP を減らすのに対し、脱リン酸化されると PFK-2 活性を発揮して F2,6-BP を増やす。このような酵素を**二機能酵素**（bifunctional enzyme）という。

　さて、膵臓ホルモンのうちグルカゴンが標的細胞の受容体に結合すると、細胞膜の**アデニル酸環化酵素**（adenylate cyclase）が活性化され、細胞質ゾルの **cAMP** が増える。「cAMP」は環状 AMP（cyclic adenosine 3′, 5′-monophosphate）の略称である。この cAMP は細胞内の代表的信号物質であり、タンパク質リン酸化酵素 A（protein kinase A、PKA）を活性化する。このリン酸化酵素は PFK-2 をリン酸化してホスファターゼ活性を高める結果、F2,6-BP の減少 → 解糖系の酵素③（PFK-1）の活性低下 → グルコース分解の抑制 → 血糖値の上昇へと導く。もう 1 つの膵臓ホルモンであるインスリンが受容体に結合すると、グルカゴンとは逆に PFK-2 の脱リン酸化を導く。その結果、F2,6-BP の増加 → 解糖系の PFK-1 の活性上昇 → グルコース分解の促進 → 血糖値の低下をもたらす。膵臓ホルモンによる糖新生の調

節は解糖系と裏腹である（図 9.7 の F2,6-BP の作用を参照）。グルカゴンは糖新生を促進し、インスリンは抑制する。

　グリコーゲンの合成と分解も、これら膵臓ホルモンによって調節される。調節の標的となる酵素は、合成ではグリコーゲン合成酵素（9.4.3 項）であり、分解ではグリコーゲンホスホリラーゼ（9.4.2 項）である。グルカゴンによって活性化された PKA は、直接あるいは間接的にこれら 2 酵素をともにリン酸化する。しかしそのリン酸化の効果は逆である。合成酵素は不活性化され、ホスホリラーゼは活性化される。その結果グルコースは増加し血糖値を上げる。一方のインスリンは逆に、両酵素を脱リン酸化し、血糖値を下げる。

　以上は酵素活性の調節（7.3.2 項）だが、膵臓ホルモンは遺伝子発現も変化させて酵素量も調節（7.3.1 項）する。ただし転写調節には数時間から数日かかり、秒や分の単位でおこるアロステリック調節よりはずっと遅い。インスリンにはまた、筋肉や脂肪組織においてグルコース輸送体を細胞膜に動員する作用もあり、これも血糖値を下げるしくみの一部になっている。

　血糖値を上昇させるホルモンには、グルカゴンの他にもアドレナリン・コルチゾル・成長ホルモンなどがある。そのうちアドレナリンは、精神的あるいは肉体的なストレスのあるときに副腎髄質から分泌され、グルカゴンと同様なしくみで血糖値を上げる。人体にとっての緊急事態にはアドレナリンが大量に分泌され、グルコースの大量放出を促して、事態の収拾に必要なエネルギーを供給する。

　血糖値を上げるホルモンが 4 つもあることは、下げるホルモンがインスリン 1 つだけなのとは対照的である。この非対称性は、血糖が生命に必須な活力源であることの反映である。

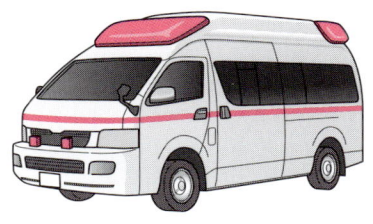

10
好気的代謝の中心

　糖質など有機物を分解してエネルギーを獲得する過程は、大きく2つに分けられる。酸素 O_2 を利用する好気的代謝（**図10.1**）と O_2 を利用しない嫌気的代謝である（**9.1.4項**）。嫌気的な糖の異化反応は細胞質ゾルの解糖系でおこなわれ（**9.1.1項**）、好気的代謝はおもにミトコンドリアでおこなわれる（**10.1節**）。好気的代謝の方がより大量のエネルギーを獲得でき、効率的である（**10.3節**）。

　好気的代謝の中心にクエン酸回路（**10.2節**）と酸化的リン酸化という2つの代謝経路がある。解糖系で生じたピルビン酸はミトコンドリアに投入され、内部の代謝経路によって CO_2 にまで完全酸化されるとともに、それによって遊離されるエネルギーは ATP の産生をもたらす。

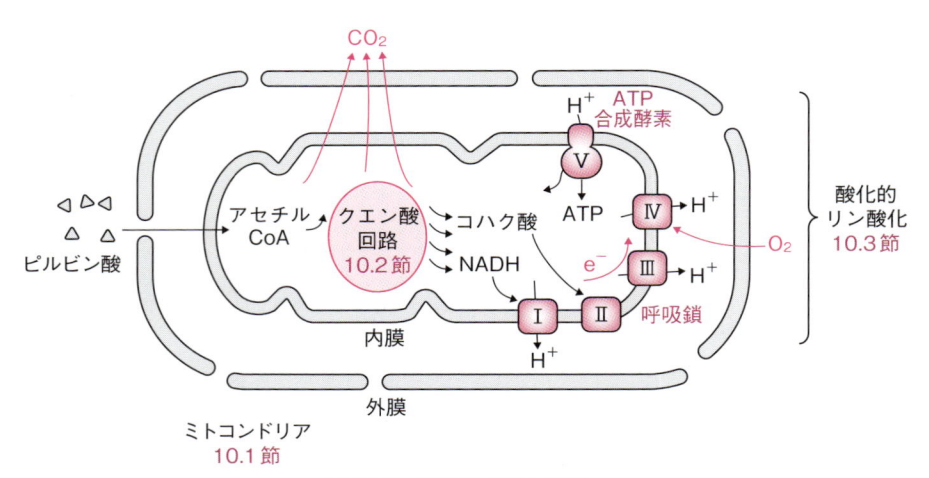

図10.1 好気的代謝の概要

糖質以外の脂質やアミノ酸（の炭素骨格）などの分解も、結局はこの2つの代謝経路でおこなわれる。また、アミノ酸をはじめとする生体物質の生合成も、クエン酸回路の中間代謝物を出発材料とする場合が多い。

この章ではまず、好気的代謝の場であるミトコンドリアにふれた後、この2つの代謝経路について学ぶ。

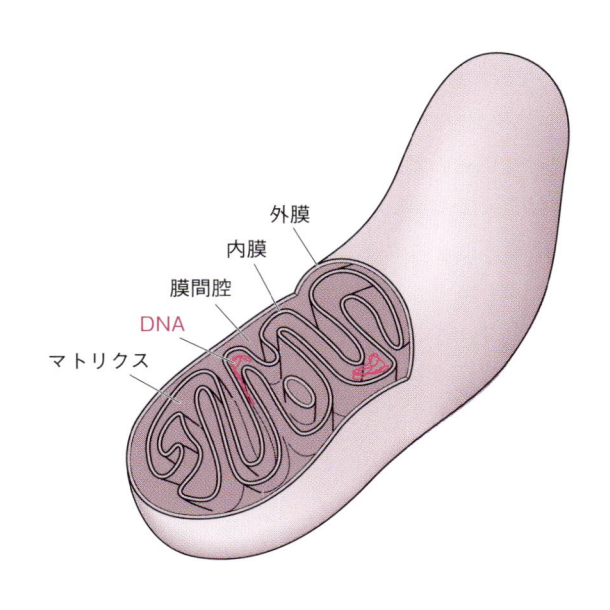

10.1 ミトコンドリア

ミトコンドリア（mitochondria は複数形。単数形は mitochondrion）は、**内膜**と**外膜**の二重の生体膜（図2.11）に包まれた細胞小器官である（図10.2）。上記2つの代謝経路をはじめ、エネルギー獲得系の酵素が多数集積し、多くのATPを供給するので、細胞の発電所（energy plant）ともよばれる。また、小さいながら環状のゲノムDNAをもち、そこに独自の遺伝子をもっている。ミトコンドリアは、生物進化の過程で何十億年も前に、好気的

図 **10.2** ミトコンドリア

代謝をおこなう細菌が別の大きな細胞の中に共生してできたと考えられている。その細菌は、外界から隔てられた細胞内の穏やかな環境に守られる代わり、大細胞にエネルギー（ATP）を供給することで共存したらしい。その後大部分の遺伝子を大細胞の核に譲り渡し、少数のみを残した。

　ミトコンドリア内膜の内側の空間を**マトリクス**とよび、内膜と外膜の間を**膜間腔**という。膜自体にも酵素や輸送体があり、ミトコンドリアは都合4つの場所に分けられる。クエン酸回路はこのうちおもにマトリクスに局在し、酸化的リン酸化の諸酵素は内膜に埋め込まれている。2枚の膜は透過性が対照的で、外膜はスカスカ、内膜はタイトですき間がない（図 10.1 に模式的に表現した）。外膜にはポーリンというタンパク質があり、分子量 5000 程度以下の分子は自由に（非特異的に）通過できる。これに対し内膜は、小さな有機分子やイオンさえこばむ強固な障壁であり、膜タンパク質（輸送体など）で特異的に運ばれる物質だけが通過しうる。

10.2　クエン酸回路

　クエン酸回路（citric acid cycle）は、8つの酵素反応からなる回路状の代謝経路である（図 10.3）。中間体の名称から TCA 回路（tricarboxylic acid c.、豆知識 2-4）とも、発見者の名前からクレブス回路（Krebs c.）ともいう。「回路状」とは、経路で最後の反応の生成物が、最初の反応の基質になり、反応のサイクルがくり返されることを意味する。

　クエン酸回路では、糖質・脂質・アミノ酸など多くの有機化合物が処理されるが、中でもグルコースを代表とする糖質が基本的であり、解糖系との関連が深い。解糖系の最終産物であるピルビン酸は、アセチル CoA に変換されてからクエン酸回路に入る。この前処理反応を触媒するのが、ピルビン酸脱水素酵素である（**次項の①**）。ここでは便宜上、これも含めて9つの酵素反応を扱う。

10.2.1　諸反応

　これら9個の酵素はいずれもミトコンドリアにある。コハク酸脱水素酵素

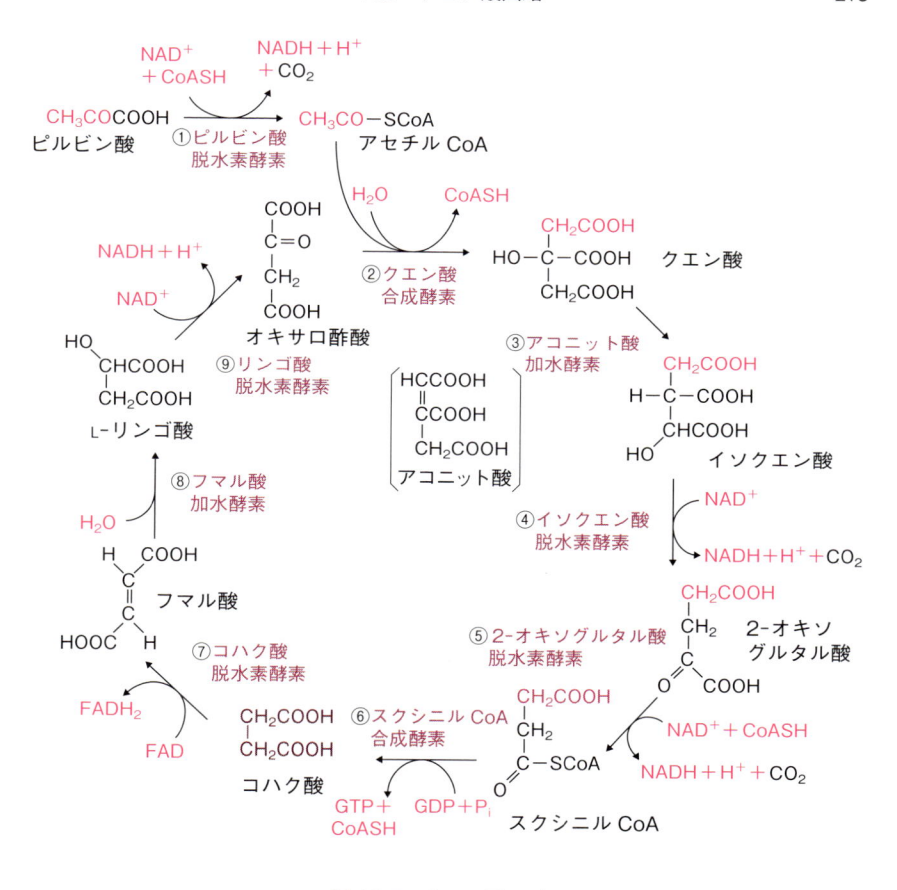

図 10.3 クエン酸回路

（下の⑦）がミトコンドリア内膜に埋め込まれた膜酵素であるのに対し、残り8つはマトリクスに存在する水溶性酵素である。ピルビン酸は小さな分子なので外膜は自由に透過するが、内膜は能動輸送によって透過する。

① **ピルビン酸脱水素酵素**（パイルベート デヒドロゲナーゼ）；酵素名は「脱水素」だが、同時に「脱炭酸」と「CoAによる活性化」も含めた3つの反応をおこす複雑な酵素で、多数のサブユニットからなる巨大酵素複合体である。除かれた水素はNAD$^+$（図8.5）が受け取り、NADHが生成される。C$_3$

化合物（ピルビン酸）から炭素原子が1つ減って、C_2 のアセチル基（CH_3CO-）になる。このアセチル基は補酵素A（CoA、**8.2.2項**）とチオエステル結合しており、活性化されている。単なる酢酸（acetic acid、CH_3COOH）のアセチル基では次の②の合成反応がおこらないので、アセチルCoAは「活性化された酢酸」ともいえる（**7.2.2項末尾**）。

② **クエン酸合成酵素**；アセチル基（C_2）をオキサロ酢酸（C_4）に結合させ、C_6-トリカルボン酸であるクエン酸を合成する。解糖系のアルドール開裂（**9.1.1項④**）とは逆のアルドール縮合である。クエンとは中国産の柑橘類の1種で、欧語名をcitron（シトロン）という。クエン酸（citric acid）は柑橘類に多く含まれることからこの名がついた。

③ **アコニット酸加水酵素**（アコニテート ヒドラターゼ）；基質（反応物）のクエン酸と生成物のイソクエン酸は、ともにヒドロキシ基を1つ含む C_6-トリカルボン酸である。したがってこの酵素が触媒する反応は異性化である（**5.2節⑤**）。ところが酵素名はそれと食い違っている。

加水酵素（hydratase）とは、二重結合に水分子 H_2O を付加する（水和する）酵素である（**5.2節④**）。アコニット酸とは、**図10.3**のかっこ[ ]の中に示したような、二重結合を1つ含む C_6-トリカルボン酸である。したがってアコニット酸加水酵素は、この酸の C=C 二重結合に H_2O を付加してクエン酸かイソクエン酸を生成する酵素として名づけられた。-H と -OH がどちらの C に分配されるかで、クエン酸になるかイソクエン酸になるかが決まる。同じ酵素が逆方向の脱水反応（すなわちデヒドラターゼ反応）も触媒する。結局この酵素が、クエン酸からの脱水反応とアコニット酸への加水反応の連続2反応を触媒する結果、合計で異性化反応となるわけである。

④ **イソクエン酸脱水素酵素**；①と同様に、酵素名は「脱水素」だが同時に「脱炭酸」反応もおこっている。ただし①とは違い、「CoAによる活性化」は伴わない。酸化剤としてはたらく補酵素はここでも NAD^+ であり、①に次

ぐ2つめのNADHが生成される。

⑤ **2-オキソグルタル酸脱水素酵素**；①と同様に、酵素名にある「脱水素」と同時に「脱炭酸」と「CoAの結合」の計3反応がおこる。①と④に続き3分子めのCO_2が遊離し、また3分子めのNADHが生成される。アセチルCoAとして②で付加された炭素原子2個分（C_2）が結局CO_2に酸化分解され、炭素数はオキサロ酢酸と同じC_4にもどる。ただし直前に付加された炭素原子がそのまま出ていくのではなく、もっと前のサイクルで付加された原子が入れ替わって遊離する（図10.3の化学構造式の色を参照）。

⑥ **スクシニルCoA合成酵素**；解糖系の2反応⑦、⑩（9.1.1項）と同じく、酵素名は実際の反応とは逆反応（図10.3で反時計回り）としてつけられている（表5.1変形1b）。日本語名「合成酵素」は②と同じだが、欧語名は②がsynthaseなのに対し、この⑥はsynthetaseである（表5.2）。②のsynthaseは、転移反応によってクエン酸を合成する酵素（5.2節②）である。これに対し⑥のsynthetaseは、高エネルギーリン酸化合物（ここではGTP）の加水分解を伴って、チオエステル結合を形成するリガーゼ反応（5.2節⑥）としての名称である。クエン酸回路で実際におこるのはその逆反応であり、スクシニルCoAの加水分解反応はGTPの再生を駆動できるほどのエネルギーを遊離するということである。

⑦ **コハク酸脱水素酵素**；クエン酸回路で4つめの脱水素酵素である。ただし酸化剤としてはたらく補酵素が、これまでのようなNAD$^+$ではなく、FADである。また、クエン酸回路の他の酵素がみな水溶性タンパク質であるのに対し、この酵素だけは内膜に埋め込まれた膜タンパク質である。この酵素は、呼吸鎖の複合体Ⅱでもある（10.3節②）。

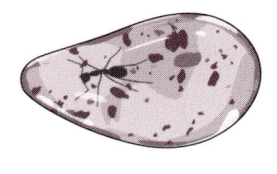

⑧ **フマル酸加水酵素**；フマル酸の二重結合部分にH_2Oを付加する。③に続き2つめの加水酵素。ただし③では酵素名（加水）と実際の反応（異性化）

の関係が込み入っていたが、⑧は単純でわかりやすい。

⑨ **リンゴ酸脱水素酵素**；クエン酸回路で5つめの脱水素酵素で、4分子めのNADHが生成される。ここで生成されるオキサロ酢酸は、この代謝経路の最後の生成物でありながら、「最終産物」とはいいにくい。なぜなら、反応②における基質として引き続き修飾されるという意味での中間代謝物（7.1.1項）だからである。

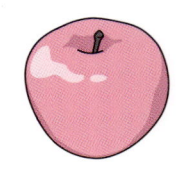

10.2.2　反応の総和

解糖系のときと同じように（9.1.2項）、以上9つの反応式を辺々足し合わせ、左右両辺に共通な項を消すと、次のようになる。

$$\text{ピルビン酸} + GDP + P_i + 4NAD^+ + FAD + 2H_2O \rightarrow 3CO_2 + GTP + 4NADH + 4H^+ + FADH_2 \quad\quad 10.1$$

この全体反応は、次のような意味で4つに分解して考えることができる。

(a) **C_3化合物の酸化的分解**；
$$\text{ピルビン酸 }(CH_3COCOOH) + 3H_2O \rightarrow 3CO_2 + 10[H] \quad\quad 10.2$$

(b) **高エネルギーリン酸化合物の再生**；
$$GDP + P_i \rightarrow GTP + H_2O \quad\quad 10.3$$

(c) **酸化還元補酵素NADの還元**；
$$4NAD^+ + 8[H] \rightarrow 4NADH + 4H^+ \quad\quad 10.4$$

(d) **同じくFADの還元**；
$$FAD + 2[H] \rightarrow FADH_2 \quad\quad 10.5$$

クエン酸回路も、おおざっぱには解糖系と同様な性格がある。すなわち有機化合物の酸化的分解(a)に伴って、ヌクレオシド三リン酸が生成される(b)とともに、酸化型補酵素が還元型に変換される(c)(d)。しかし(b)と(c)(d)とのバランスが解糖系の場合と違う。クエン酸回路では、高エネルギーリン酸化合物の生成量は少なく、むしろ還元型補酵素の生成量が多い。後者のNADHやFADH$_2$は、**次節**の酸化的リン酸化でATPをたくさん合成する

のに使われる。したがってクエン酸回路のエネルギー収支は、この回路単独では完結しない。呼吸鎖（**10.3 節**）によって NADH や FADH$_2$ が NAD$^+$ や FAD にもどされるところまで計算に入れる必要がある（**詳しくは表 10.1**）。

10.2.3 調節と補充反応

細胞のエネルギー備蓄が十分なときはクエン酸回路は抑制され、不足なときは促進される。図 10.4 に示すように、①②④⑤の 4 つの酵素がアロステリック調節を受けている。まとめて言うと、ATP や NADH などが高濃度あれば、エネルギーが十分なので、これらの酵素は阻害される。逆に ADP や AMP が高濃度であれば、エネルギーが枯渇しているので、これらの酵素は活性化される。

個々の酵素はまた、それぞれの生成物によってフィードバック阻害を受ける。①のピルビン酸脱水素酵素がアセチル CoA で、②のクエン酸合成酵素がクエン酸で、⑤の 2-オキソグルタル酸脱水素酵素がスクシニル CoA で、

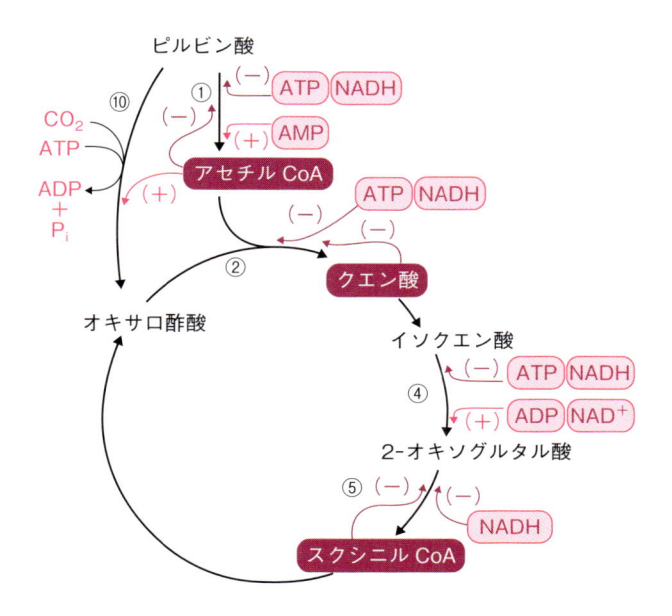

図 10.4　クエン酸回路の調節と補充反応

それぞれ阻害される。生成物が十分に存在しているときは、それらをわざわざ過剰に供給する必要はないため、反応が抑えられるのである。

　代謝経路の流速は一般に、酵素の活性のほか、中間代謝物の量によっても上下する。たとえばクエン酸回路の入り口の反応②は、オキサロ酢酸の濃度によっても加速や減速をする。このオキサロ酢酸を、解糖系の最終産物で補充する反応がある。植物や微生物ではおもに、ホスホエノールピルビン酸（PEP、C_3 化合物）のカルボキシ化でオキサロ酢酸（C_4 化合物）を合成する。これに対し、ヒトをはじめとする動物ではおもに、ピルビン酸（同じく C_3 化合物）のカルボキシラーゼ反応で補充する（図 10.4 ⑩）。

$$\text{ピルビン酸} + CO_2 + ATP + H_2O \rightarrow \text{オキサロ酢酸} + ADP + P_i \qquad 10.6$$

この反応を触媒するピルビン酸カルボキシラーゼは、実はすでに糖新生の最初の反応として登場した（**9.2.1 項**）。この節の冒頭で述べたように、クエン酸回路の中間代謝物は、アミノ酸をはじめとするさまざまな生体物質を生合成するための出発材料にもなる（**12.2 節**）。そちらに素材を提供するためにも、この補充反応は重要である。

10.3　酸化的リン酸化

　好気的代謝では、解糖系やクエン酸回路で生じた NADH などが酸素（O_2）で酸化され、その過程で大量のエネルギーを獲得できる（**豆知識 9-1**）。具体的には、ADP をリン酸化して ATP が再生されることから、この過程を**酸化的リン酸化**（oxidative phosphorylation）とよぶ。NADH などの酸化は、4 つの酵素複合体による連鎖反応で触媒される（図 10.5）。ATP の再生は、**F_oF_1-ATP 合成酵素**（F_oF_1-ATP synthase）がおこなう。4 つの酸化還元酵素は、まとめて**呼吸鎖**（respiratory chain）あるいは**電子伝達系**（electron transfer system）とも称され、それぞれは複合体 I～IV という通し番号でもよばれる。その続きで、ATP 合成酵素は複合体 V ともよばれる。これらはいずれも、ミトコンドリア内膜を貫通する膜タンパク質（**3.3.3 項**）である。

10.3 酸化的リン酸化

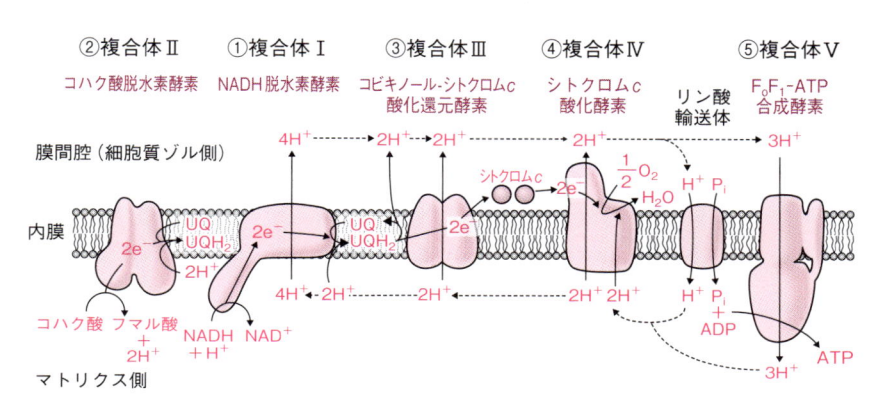

図 10.5 酸化的リン酸化

これらの酵素を複合体（complex）とよぶのは、それぞれ多数のサブユニット（ポリペプチド）からなる複雑な構成だからである。複合体 I〜IV は、さらに補欠分子族（8.1.2 項）や金属原子（8.4 節）も含む。ATP 合成酵素は、膜を貫通する疎水性の内在性部分 F_o と、マトリクス側の表面に結合する親水性の表在性部分 F_1 とからなるために、"F_oF_1" と表示される。

電子をやり取りする物質を**電子メディエーター**という。各酵素の補欠分子族と、酵素と酵素の間を橋渡しする中間基質とが電子メディエーターであり、具体的には次のようなものがある（図 10.6）。

(a) **ヘム**（heme）；ポルフィリン環（テトラピロール環）の中心に鉄原子 Fe が配位結合した化合物。複合体 II・III・IV の補欠分子族（図 3.11 は複合体 IV の例）。ピロールとは、窒素原子を 1 つ含む複素五員環である。これが 4 つ環状につながったテトラピロールという平面状の有機化合物を**ポルフィリン**という。そのほかのポルフィリン類として、植物の光合成で光を吸収するクロロフィル（葉緑素）は、中心部にマグネシウム（Mg）をもつ。また、ビタミン B_{12}（シアノコバラミン、図 8.12）はコバルト（Co）をもつ。

ヘムをもつタンパク質のうち、中心の Fe が 1 電子酸化還元をくり返し、2 価（Fe^{2+}）と 3 価（Fe^{3+}）の間で変換するものを、**シトクロム**（cytochrome、豆知識 7-2）という。ヘムには側鎖の違いによりヘム A・ヘム B・ヘム C な

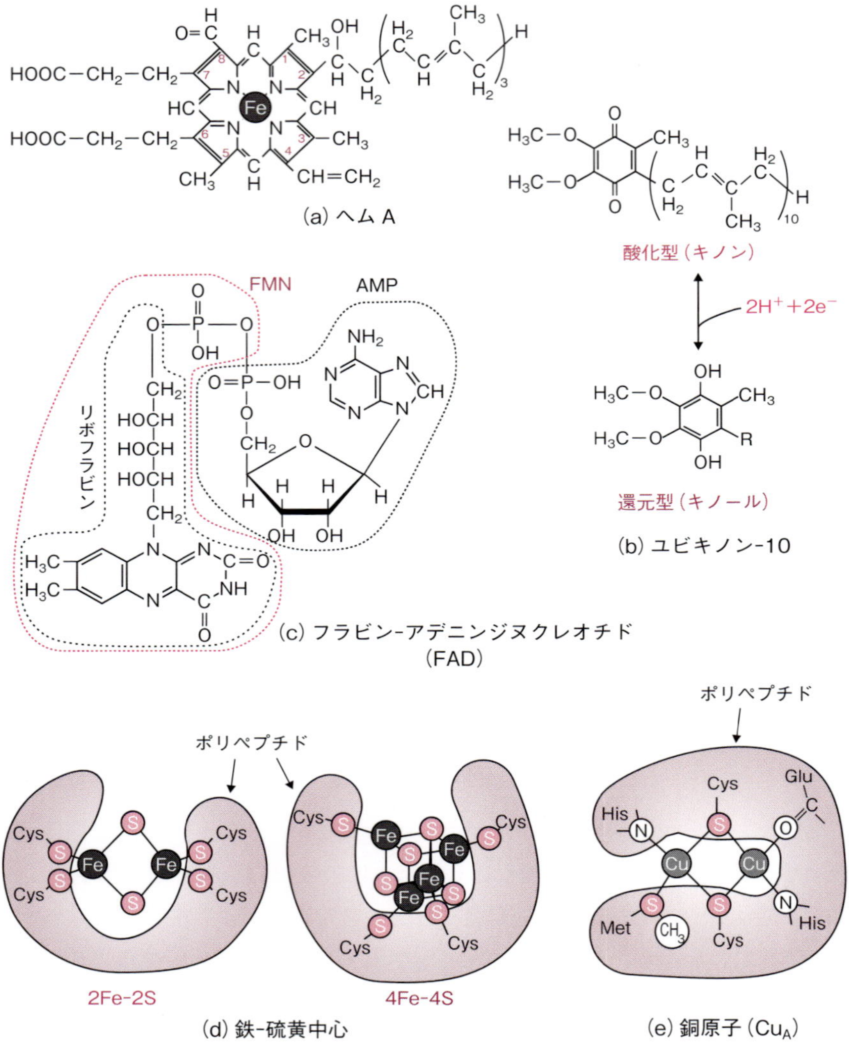

図 10.6　電子伝達系の補欠分子族と中間基質

どがあり、シトクロム a・シトクロム b・シトクロム c はそれぞれをこれらのヘムをもつ。ただし、ヘム C をもつシトクロムにはシトクロム c 以外にシトクロム c_1 などもあり、それらをまとめてよぶには「c 型シトクロム」という。シトクロム c とは、c 型シトクロムのうち、複合体IIIとIVの間の電子伝達を仲介する表在性膜タンパク質である。もう1つのシトクロム c_1 とは、c 型シトクロムのうち、複合体III（シトクロム bc_1 複合体）のサブユニットの1つである。

ヘムタンパク質にはほかに、ヘム B をもつヘモグロビン（血色素）やミオグロビン（筋肉にある）もある。しかしこれらは、O_2 を分子状のまま結合・解離するだけで、Fe は酸化還元を受けないため、シトクロムには入らない。

(b) **キノン**（quinone）；2つのケトン構造をもつベンゼン誘導体。ヒトの呼吸鎖のキノンは**ユビキノン**-10（ubiquinone-10：UQ_{10}）、別名コエンザイム Q_{10}（CoQ_{10}）。「10」は側鎖のイソプレン（C_5）単位（**豆知識 8-2**）が10個重合していることをあらわす。UQ_{10} は、2電子酸化還元によって、複合体IやIIと複合体IIIとを仲介する中間基質である。UQ の還元型はユビキノール（UQH_2）とよばれる。

ユビキノンはかつてビタミンの1つにも数え上げられたほど重要な栄養素であり（ビタミン Q）、改めて最近 健康食品の成分として着目されている。しかし ubi- は「どこにでもある（ubiquitous）」という意味の接頭辞であり、ユビキノンは食物にも広く分布するだけに、明確な欠乏症があるわけではない。

(c) **フラビン**（flavin）；FMN は複合体Iの、FAD は複合体IIの、それぞれ補欠分子族。2電子酸化還元をする。これらを生合成するための素材であるリボフラビンは、摂取の必要なビタミン B_2（**8.2節**）である。

(d) **鉄-硫黄中心**（iron-sulfur center）；鉄原子 Fe と硫黄原子 S が交互に結合した補欠分子族。四角形に配列する2鉄2硫黄中心と、立方体状に配列する4鉄4硫黄中心とがある。複合体I・II・IIIの補欠分子族であり、1電子

酸化還元を仲介する。

(e) **銅原子**（copper atom：Cu）；複合体Ⅳの中の2か所にあり、1電子酸化還元をおこなう補因子（図 3.11）。一方は2個の銅原子からなり Cu_A とよばれ、他方は1原子のみで Cu_B とよばれる。

これらの補因子をもつ呼吸鎖の複合体Ⅰ・Ⅲ・Ⅳは、酸化還元反応に伴って水素イオン（H^+、プロトン）を内側（マトリクス側）から外側に輸送する。その結果、ミトコンドリア内膜の内外に H^+ の電気化学ポテンシャル差 $\Delta\mu_{H^+}$（プロトン駆動力、**6.3.4 項**）が形成される。これが複合体Ⅴによる ATP 合成反応を駆動する。ここで「外側」とは、直接には膜間腔のことだが（図 10.2）、外膜は H^+ を自由に透過させるので（図 10.1）、膜間腔と細胞質ゾルとで $\Delta\mu_{H^+}$ に差はない。

① 複合体Ⅰ（**NADH 脱水素酵素**）EC 1.6.5.3；NADH を NAD^+ に酸化し、UQ_{10} を $UQ_{10}H_2$ に還元する。この2電子伝達あたり4個の H^+ が輸送される。

② 複合体Ⅱ（**コハク酸脱水素酵素**）EC 1.3.5.1；コハク酸をフマル酸に酸化し、UQ_{10} を $UQ_{10}H_2$ に還元する。この酵素も膜貫通領域をもつ膜タンパク質だが、H^+ の輸送はしないため、エネルギー変換には寄与しない。このため、呼吸鎖酵素を列挙する際、複合体Ⅰ・Ⅲ・Ⅳの3者のみ取り上げⅡを除外することもある。クエン酸回路の一画でもある（**10.2 節⑦**）。

③ 複合体Ⅲ（**ユビキノール-シトクロム c 酸化還元酵素**）EC 1.10.2.2；複合体ⅠやⅡで還元されたキノールをキノンにもどし、2分子のシトクロム c を還元する。この2電子酸化還元反応に伴って2個の H^+ が輸送される。また、このキノールの酸化で生じる2個の H^+ は膜の外側に遊離されるのに対し、複合体ⅠやⅡによるキノンの還元の際に結合する2個の H^+ は膜の内側から取り込まれるので（**図 10.5 中央付近**）、結果的に2個の H^+ が膜の内側から外側に輸送されたのと同じことになる。

④ 複合体Ⅳ（シトクロム c 酸化酵素）EC 1.9.3.1；還元型シトクロム c を酸化するとともに、酸素 O_2 を水 H_2O に還元する。呼吸（豆知識 9-2）における気体の消長のうち、O_2 の吸収はもっぱらこのシトクロム c 酸化酵素でおこり、CO_2 の発生はクエン酸回路の①④⑤でおこる（図 10.3）。

図 3.11 に、この酵素の中心部分の原子レベルの立体構造を示している。この酵素は 13 ものサブユニットからなるが、酵素活性の機能的な中核となるのはサブユニットⅠとⅡである。補因子 Cu_A はサブユニットⅡにあり、膜間腔側にあるシトクロム c から電子を受け取る。サブユニットⅠには 2 つのヘム A があり、ヘム a、ヘム a_3 とよび分けられる。このうちヘム a_3 の Fe 原子は Cu_A と近接して**二核中心**（binuclear center）をなし、O_2 を還元する活性中心を形成する。ヘム a は Cu_A から二核中心へ電子が伝わる経路にある。1 分子の O_2 を完全還元するときには、電子 e^- と H^+ を 4 つずつ受け取り、H_2O が 2 分子できる。この H^+ はマトリクス側から吸収される。これとは別に、4 つの H^+ がマトリクス側から外側に輸送される。2 電子伝達あたり（O_2 1/2 分子あたり）でいえば、内側から 4 個の H^+ が除かれ、そのうち 2 個が外側に遊離されて、残りの 2 個は H_2O に取り込まれる。

⑤ 複合体Ⅴ（$F_o F_1$-ATP 合成酵素）；ADP を P_i でリン酸化して ATP を生成する。これによりリン酸無水物結合が生成され、H_2O が遊離する。この反応単独では吸エルゴン反応で、自発的には進行しないが、H^+ がミトコンドリアの外側からマトリクス側へ下り坂（$\Delta\mu_{H^+}$ を下る方向）の透過をするのに共役することで駆動される（7.2.1 項）。膜内在性の F_o 部分は、H^+ を通すチャネル（通路）をもち、表在性の F_1 部分は、ADP をリン酸化する触媒部位をもつ（図 10.7）。F_o と F_1 はそれぞれ多くのサブユニットからなる。

$F_o F_1$ は特別な**回転触媒機構**によって ATP を合成することが明らかにされた。F_o と F_1 にはそれぞれ、ミトコンドリア内膜に固定されている部分と、回転する部分とがある。F_o の太い円筒形部分と、F_1 のまん中を通る中心軸とが一体となって回転子を構成している。H^+ が膜間腔側から F_o 部分を通ってマトリクス側に流入すると、固定台に対して回転子が回る。F_1 には 2 種

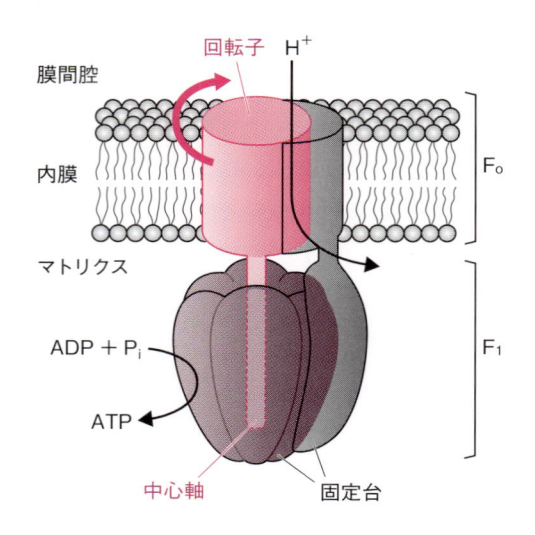

図 10.7　回転する ATP 合成酵素

のサブユニットが3個ずつあり、交互に取り巻いて3つの触媒部位を形成している。しかし中心軸が非対称なため、その影響で3対のサブユニットと3つの触媒部位は、互いに立体構造が少しずつ違う。中心軸が回転すると3つの触媒部位が順ぐりに立体構造を変えながら ATP を合成する。

$F_o F_1$-ATP 合成酵素による H^+ 輸送と ATP 生成の化学量論比（7.2.1 項）は、3:1 と実測されている。しかしミトコンドリア内部で生成された ATP も、利用はおもに細胞質ゾルでなされるので、基質の膜輸送に伴う H^+ の透過量も考慮する必要がある。ATP と ADP の交換輸送には H^+ 輸送は不要だが、P_i の移入には H^+ 1個の流入が共役している（図 10.5 右から 2 番め）。したがって全体では、輸送 H^+ 量:合成 ATP 量 = 4:1 となる。

合成される ATP 分子と呼吸基質の酸化に使われる酸素原子の比は、P/O 比（豆知識 10-1）とよばれる。実験により P/O 比はおおむね NADH で 2.5、コハク酸（FAD）で 1.5 と測定されている。これらの実測値は、上記の H^+:e^- 比と H^+:ATP 比からの計算値と合致する。グルコースの完全酸化で生じ

> **豆知識 10-1　P/O 比（P/O ratio）**
>
> 　教科書によっては NADH で 3、コハク酸（FAD）で 2 という数字をあげているが、これは間違いである。これらの数字は、酸化的リン酸化が直接的な化学共役でおこると考えられていた 1950 年代頃までの理論に基づく数値である。60 年代に証拠が蓄積され 70 年代に実証に至った化学浸透共役（6.3.4 項）の理論によれば、この数値に根拠はない。実験的な証拠は、本文に書いた数値を支持している。

る ATP の総量は、解糖系・クエン酸回路・酸化的リン酸化の 3 つの代謝経路の反応を総合すると、32 個と計算される（表 10.1）。しかし GTP の移出や NADH の移入にも少量の H^+ 輸送が必要なので、「約 30 個」とされる。

表 10.1　糖や脂質の酸化による ATP 生産

	代謝系	基質	生成物	補酵素	P/O比	ATP量	(計)
A	解糖系	グルコース	2 ピルビン酸	2 NADH	2.5	5	7
				2 ATP	—	2	
B	発酵	グルコース	2 乳酸	2 ATP	—	2	
			2 エタノール + 2 CO_2	2 ATP	—	2	
C	ピルビン酸脱水素酵素（①）	ピルビン酸	アセチル CoA + CO_2	1 NADH	2.5	2.5	
D	クエン酸回路（②〜⑨）	アセチル CoA	2 CO_2	3 NADH	2.5	7.5	10
				1 $FADH_2$	1.5	1.5	
				1 GTP	1	1	
	合計	グルコース	6 CO_2	A + 2C + 2D、7 + 2.5×2 + 10×2			32
E	β 酸化系	パルミチン酸（C_{16}）	8 アセチル CoA	7 NADH	2.5	17.5	26
				7 $FADH_2$	1.5	10.5	
				ATP→AMP+PP_i		−2	
	合計	パルミチン酸	16 CO_2	E + 8D、26 + 8×10			106

10.4　酸素の毒性と活性酸素

　呼吸（豆知識 9-2）によって生きるヒトにとって、O_2 は好ましい物質であり、O_2 がないとヒトは窒息死する。しかし O_2 は一方で、反応性が高く、多くの

物質を酸化し錆つかせ、有機物を分解するため、生物にとって本質的には毒でもある。O_2 からできる**活性酸素**（reactive oxygen species、**図 10.8 左**）はさらに反応性が高く、各種の生活習慣病やがん・老化などの原因だといわれている。

原始の地球には O_2 が存在せず、初期の生物はみんな、もし O_2 があると死ぬ**偏性嫌気性生物**（obligatory anaerobe）だったと考えられる。ところが**光合成生物**が進化し O_2 が増えてくると、カタラーゼなど活性酸素を除去するしくみ（**図 10.8 右**）を備えた**酸素耐性生物**（aerotolerant anaerobe）が誕生した。さらには O_2 の反応性を逆手にとって利用することもできる**通性嫌気性生物**（facultative anaerobe）も現れた。O_2 を利用する呼吸は効率がいいので、もっぱら呼吸に頼り、O_2 がなければかえって死滅する**好気性生物**（aerobe）さえ現れた。大気に O_2 が満ちた現在の地球には、ヒトを含む好気性生物が繁栄しているが、O_2 に本質的な毒性が潜んでいることには変わりない。（この項、詳しくは**拙著『微生物学 - 地球と健康を守る』（裳華房）**参照）

O_2 は、呼吸鎖の複合体Ⅳで 4 電子還元を受けると 2 分子の H_2O になるが（**前節④**）、O_2 のごく一部は複合体ⅠやⅢから漏れ出る電子によって中途半端に還元され、種々の活性酸素が生じる（**図 10.8 左**）。不対電子をもつ分子

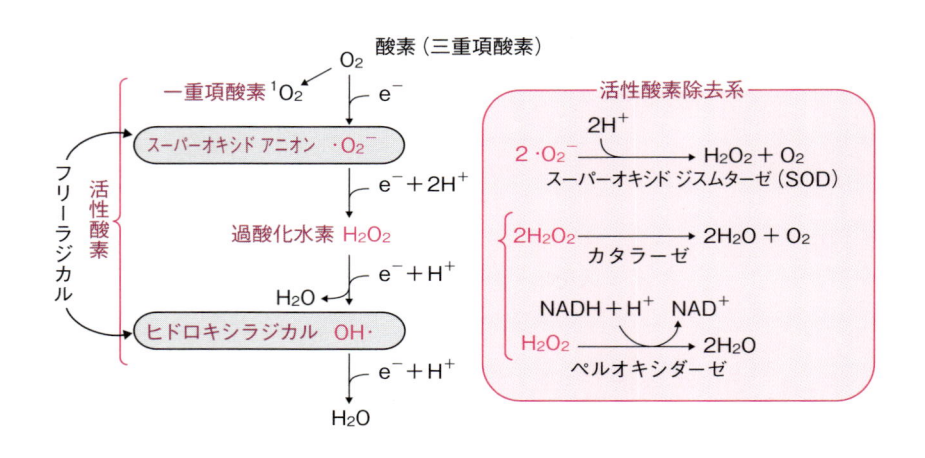

図 10.8 活性酸素とその除去系

種や原子を**フリーラジカル**（free radical：遊離基）あるいは単にラジカルという。これらは一般に不安定で反応性が高い。活性酸素のうちスーパーオキシド アニオンとヒドロキシラジカルがフリーラジカルである。一重項酸素と過酸化水素はラジカルではないが、やはり反応性が高い。通常の酸素（O_2、三重項酸素）は、活性酸素よりは反応性が弱いながらも、不対電子を2個もつビラジカル（biradical）であり、本質的には毒性物質である。活性酸素は非酵素的にも発生する。

高濃度のO_2に長時間さらすことは、未熟児網膜症の原因となったり、肺の充血や失明を起こしたり、さらには死をもたらすこともある。生体の酸化還元のバランスが酸化側に崩れ、障害をもたらす要因となることを、**酸化ストレス**（oxidative stress）という。不飽和脂肪酸（2.3節）の酸化で生じる過酸化脂質なども、酸化ストレスの要因となる。酸化ストレスは動脈硬化・狭心症・心筋梗塞・パーキンソン病・がんなど多くの疾患に関与している。

人体は活性酸素を解毒するしくみを備えている（図10.8右）。カタラーゼやペルオキシダーゼ・スーパーオキシド ジスムターゼ（**SOD**）などの酵素が活性酸素除去系としての役割を果たす。人体にはまた、グルタチオンなど**抗酸化物質**（antioxidant）が用意されている。ビタミンCやカロテノイド・ビタミンEなど、食物から摂取されるビタミンにも抗酸化作用がある（8章）。激しい運動をすると、O_2をたくさん摂取するので酸化ストレスを高めると憶測されることがあるが、適度なエクササイズは活性酸素除去系のはたらきを強める。そもそも「動」物の一員であるヒトは、活発に動くことで健康が正常に保たれている。

なお、活性酸素は逆に、外敵に対する生体防御系にも利用されている。マクロファージや好中球などの免疫細胞は、積極的に活性酸素を発生し、侵入してきた病原菌やウイルスを攻撃する。

11 脂質の代謝

脂質のうち中性脂肪は、糖質のグリコーゲン（1.3節②）と並んで重要なエネルギー貯蔵物質である（図11.1）。人体における貯蔵エネルギー量としては、むしろグリコーゲンより桁違いに多い。この章ではまず、その脂肪の分解（11.1節）すなわちエネルギーの遊離と、合成（11.2節）すなわちエネルギーの保存の代謝経路について学ぶ。脂質はまた、生体膜の主要構成成分であり、さらにホルモンのような微量の脂溶性信号物質なども含む。これらの重要な脂質の代謝経路についてもふれる（11.3、11.4節）。

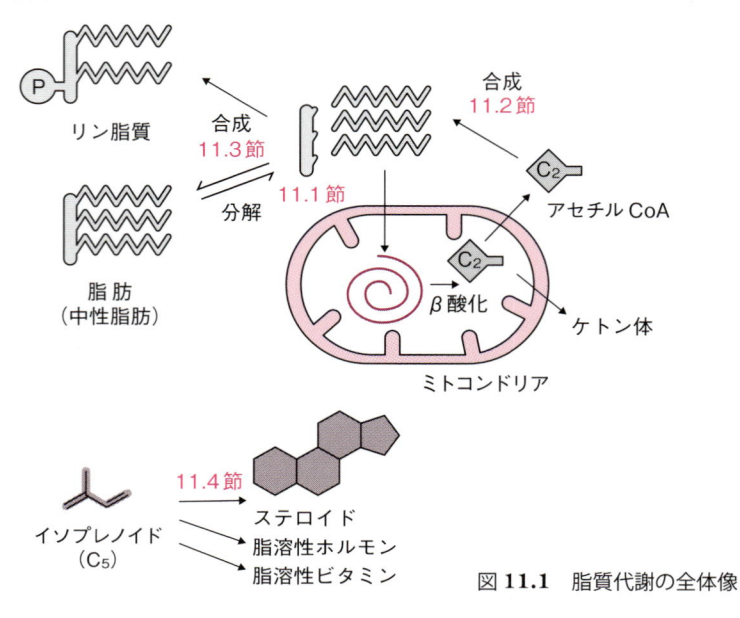

図 11.1 脂質代謝の全体像

11.1 脂肪の分解

脂肪はリパーゼ（脂質分解酵素）によって、脂肪酸とグリセロールに分解される。

$$\text{トリアシルグリセロール} + 3H_2O \rightarrow \text{グリセロール} + 3\text{脂肪酸} \quad 11.1$$

生成物のうちグリセロールは、ジヒドロキシアセトンリン酸に変換されて、解糖系（9.1 節）で分解される。一方 脂肪酸は、ミトコンドリアのマトリクス（10.1 節）にある **β酸化**（β oxidation）系という代謝経路で分解され、糖質より大量の ATP を生成するのに利用される。

11.1.1 脂肪酸のβ酸化

脂肪酸は、ミトコンドリアに運ばれる前に、まず細胞質ゾルにおいて CoA（8.2.2 項）で活性化される（図 11.2）。つまり脱水縮合反応でチオエーテル結合が形成され、アシル CoA となる。このアシル（acyl）とは、脂肪

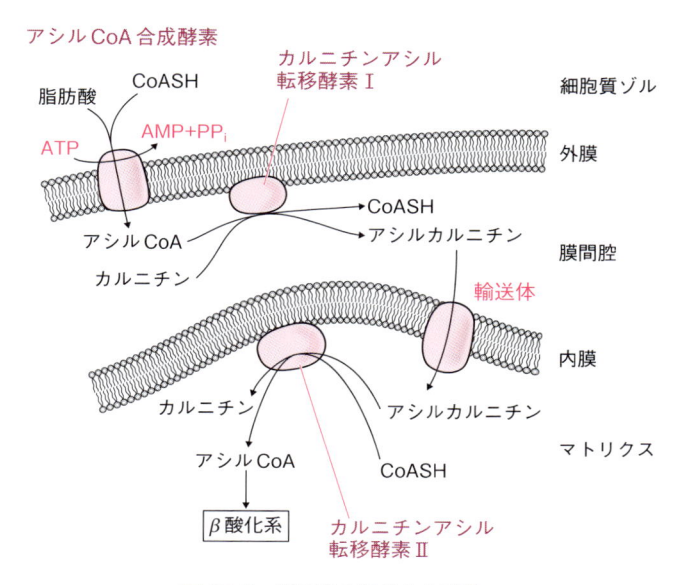

図 11.2 脂肪酸の活性化と移動

酸 (fatty acid) の acid の形容詞形であり、脂肪酸残基 (R-CO-) を指す。この活性化は、やはり高エネルギーリン酸化合物の加水分解で駆動される必要があり (**7.2.2 項末尾**)、ATP が AMP とピロリン酸 PP_i に分解される。糖質の代謝でも、解糖系の最初の段階において、グルコースが活性化（ヘキソキナーゼにより ATP でリン酸化）される必要があったが、脂質の代謝でも同様である。

次にミトコンドリア内膜を通過する際には、アシル基はさらにカルニチンに移され、アシルカルニチンという形に変換されて、特異的な輸送体でマトリクスに運ばれる。そこでまたアシル CoA にもどされて、β 酸化系に投入される。

β 酸化系とは、次の 4 つの酵素で脂肪酸が酸化分解される、らせん状の代謝経路である（**図 11.3**）:

① **アシル CoA 脱水素酵素**；アシル CoA が FAD で酸化され、2 位と 3 位の C-C 間結合が二重結合である *trans*-Δ^2-エノイル CoA に変わる。

② **エノイル CoA 加水酵素**；上記の二重結合に H_2O が付加し、3 位すなわち β 位 (**2.3 節**) にヒドロキシ基が結合した L-3-ヒドロキシアシル CoA になる。

③ **L-3-ヒドロキシアシル CoA 脱水素酵素**；②でできた 3 位 (β 位) のヒドロキシ基が、NAD^+ で酸化されてカルボニル基になり、分子は 3-オキソアシル CoA に変換される。①と同じく脱水素反応だが、今度の酸化剤は FAD ではなく NAD^+ である。このように、酸化される場所が β 位であることが「β 酸化」の意味である。

④ **3-オキソアシル CoA チオラーゼ**；3-オキソアシル CoA に 2 つめの CoA が反応し、C_2 のアセチル CoA が遊離する。それによって、長さ n だった炭化水素鎖が C_2 だけ短くなり、C_{n-2} のアシル CoA が残る。

この短縮アシル CoA ($n-2$) がふたたび①の酵素の基質になる。その後、

11.1 脂肪の分解

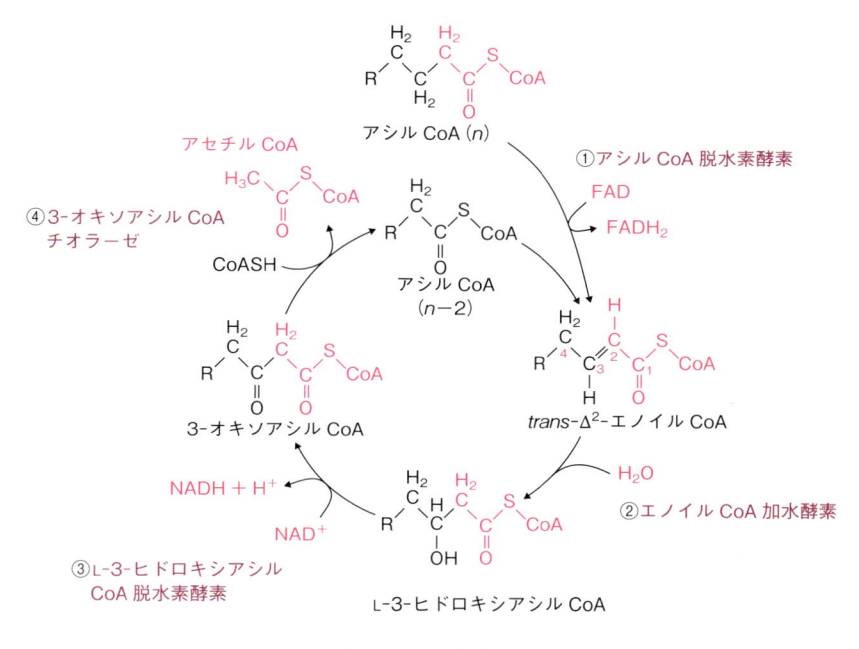

図11.3 β酸化系

(図中ラベル)
- アシル CoA (n)
- ①アシル CoA 脱水素酵素 FAD → FADH₂
- trans-Δ^2-エノイル CoA
- ②エノイル CoA 加水酵素 H₂O
- L-3-ヒドロキシアシル CoA
- ③L-3-ヒドロキシアシル CoA 脱水素酵素 NAD⁺ → NADH + H⁺
- 3-オキソアシル CoA
- ④3-オキソアシル CoA チオラーゼ CoASH
- アセチル CoA
- アシル CoA (n−2)

②③④と2巡めの反応が進むと、さらに n–4 に短縮されたアシル CoA ができる。3巡めで n–6、4巡めで n–8 にと短縮が進む。このような代謝経路のタイプを**らせん状**とよぶ。回路状の代謝経路では、たとえばクエン酸回路がそうだったように（10.2 節）、反応が1巡した最後の生成物がそのまま最初の反応の基質の1つになる。ところが、らせん状の経路では、β酸化系のように、最後の反応の生成物が最初の反応の基質より少し変形（ここでは短縮）されている。それが次の基質となって、さらなる変形を受けていく。

11.1.2　β酸化のエネルギー収支

パルミチン酸を例にとると、β酸化の反応の総和は次のようにあらわせる:

$$C_{15}H_{31}COOH + 8CoA + ATP + 7FAD + 7NAD^+ + 7H_2O \rightarrow$$
$$8CH_3CO\text{-}SCoA + AMP + PP_i + 7FADH_2 + 7NADH + 7H^+ \quad 11.2$$

この式の中で ATP の分解は、脂肪酸がアシル CoA に活性化される際に必要だったものである（11.1.1 項）。C_{16} 化合物のパルミチン酸が β 酸化系を 7 回めぐることによって、7 つの $FADH_2$ と 7 つの NADH が生成され、C_2 のアセチル基 8 つに分解される。

　これら生成物は多くの場合、好気性代謝のクエン酸回路と酸化的リン酸化でさらに処理され、ATP が合成される（10.3 節）。脂肪酸でもグルコースの場合と同様、$FADH_2$ と NADH の再酸化でそれぞれ 1.5 と 2.5 個の ATP が合成される（表 10.1）。アセチル CoA はクエン酸回路に入り、NADH 3 個、$FADH_2$ 1 個、GTP 1 個が生成されるため、ATP に換算すると $2.5 \times 3 + 1.5 \times 1 + 1 = 10$ 個となる。AMP をリン酸化してもとの ATP にもどすには、ATP 2 分子を消費することになる。これらをすべて合計すると、パルミチン酸 1 分子の完全酸化で生じる ATP の数は、次のように計算される：

$$(2.5 \times 3 + 1.5 \times 1 + 1) \times 8 - 2 + 1.5 \times 7 + 2.5 \times 7 = 106 \qquad 11.3$$

11.1.3　不飽和脂肪酸の酸化

　β 酸化系の 4 つの酵素だけで酸化できるのは、パルミチン酸のような飽和脂肪酸（豆知識 2-4）である。しかしヒトが食べる食品には不飽和脂肪酸も多い。食物として摂取する動植物の不飽和脂肪酸の二重結合はほとんどシス（*cis*）形だが、β 酸化の中間段階でできる二重結合はトランス（*trans*）形であるため（図 11.3 ①）、5 つめの酵素として異性化酵素が必要である（図 11.4）。

　⑤ エノイル CoA 異性化酵素；たとえば *cis*-Δ^9 のオレイン酸の場合、まず β 酸化が 3 巡して *cis*-Δ^3-ドデシノイル CoA になった段階でこの酵素がはたらき、*trans*-Δ^2-ドデシノイル CoA に変換される。

この生成物は、②のエノイル CoA 加水酵素の基質として適合するので（図 11.3 ②）、通常の β 酸化の反応系で処理される。

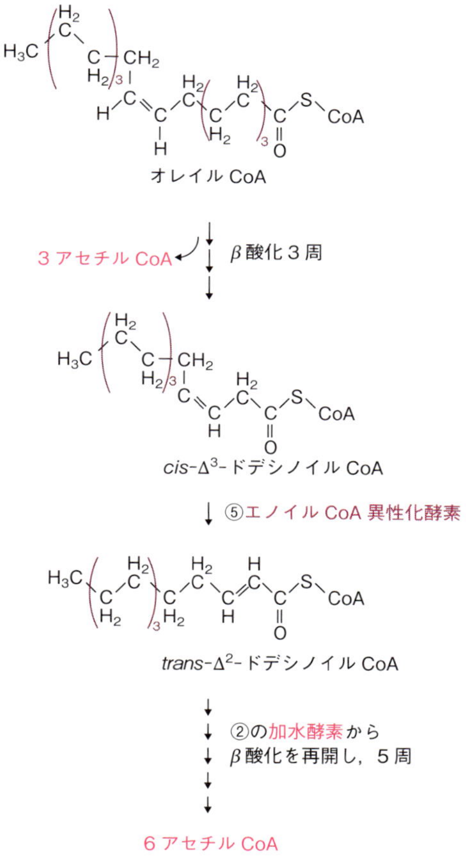

11.1 脂肪の分解

オレイル CoA

↓ β酸化3周
3 アセチル CoA

cis-Δ³-ドデシノイル CoA

↓ ⑤エノイル CoA 異性化酵素

trans-Δ²-ドデシノイル CoA

↓ ②の加水酵素から
↓ β酸化を再開し，5周
↓
↓
6 アセチル CoA

図 11.4　不飽和脂肪酸の β 酸化

11.1.4　ケトン体

　脂肪酸の分解で生じたアセチル CoA は多くの場合、上述のようにクエン酸回路に入っていく（11.1.2 項）。しかし、肝臓で脂肪酸の酸化がさかんなときなどは、アセチル CoA が**ケトン体**（ketone body）に変えられて、他の組織に供給される。ケトン体とは、糖の代替燃料として生成される水溶性のアセチル基運搬体であり、アセト酢酸・D-3-ヒドロキシ酪酸・アセトンという3物質の総称である（**図 11.5 枠内**）。ただしこのうち有毒なアセトンは

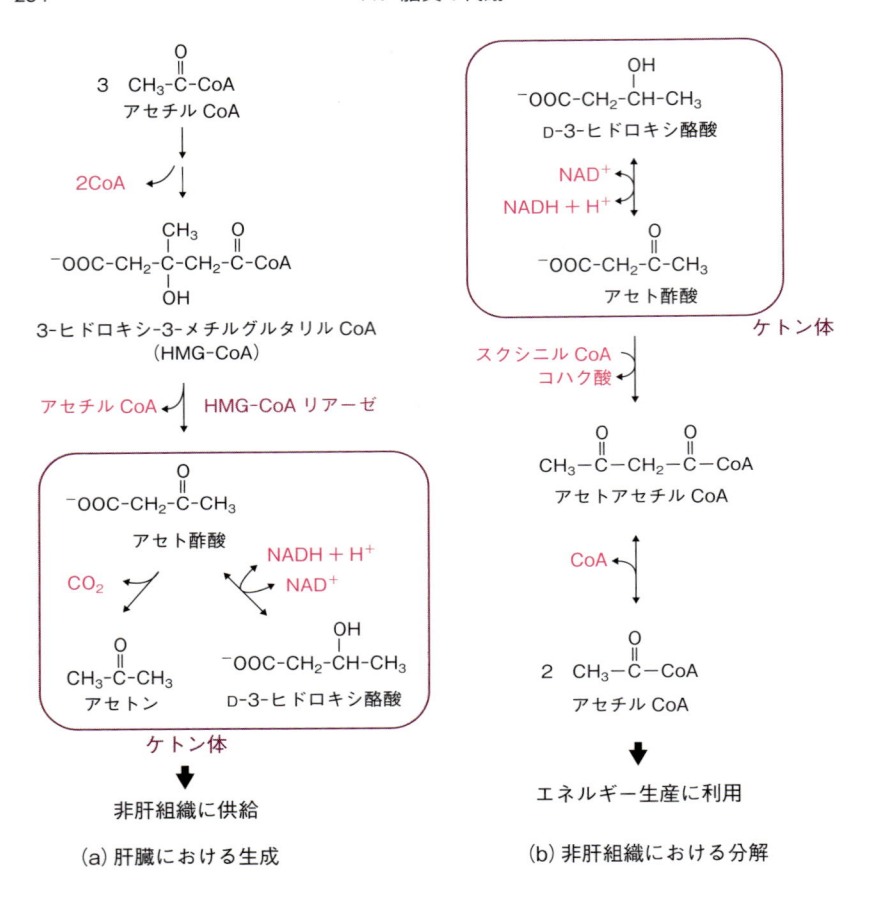

図 11.5 ケトン体の生成と利用

非酵素的に生成される副産物であり、肺から呼気中に揮散する。ケトン体はケトン（ketone、RR′C=O）と同じ意味ではない。D-3-ヒドロキシ酪酸は、ケトン体だがケトンではなく、ピルビン酸（図 9.2）などは、ケトンだがケトン体ではない。肝臓ミトコンドリアのマトリクスでアセチル CoA から合成されるケトン体は、血液で他の組織に供給される（図 11.5(a)）。供給を受けた組織ではアセチル CoA に分解され、クエン酸回路で利用される（図 11.5(b)）。

11.1 脂肪の分解

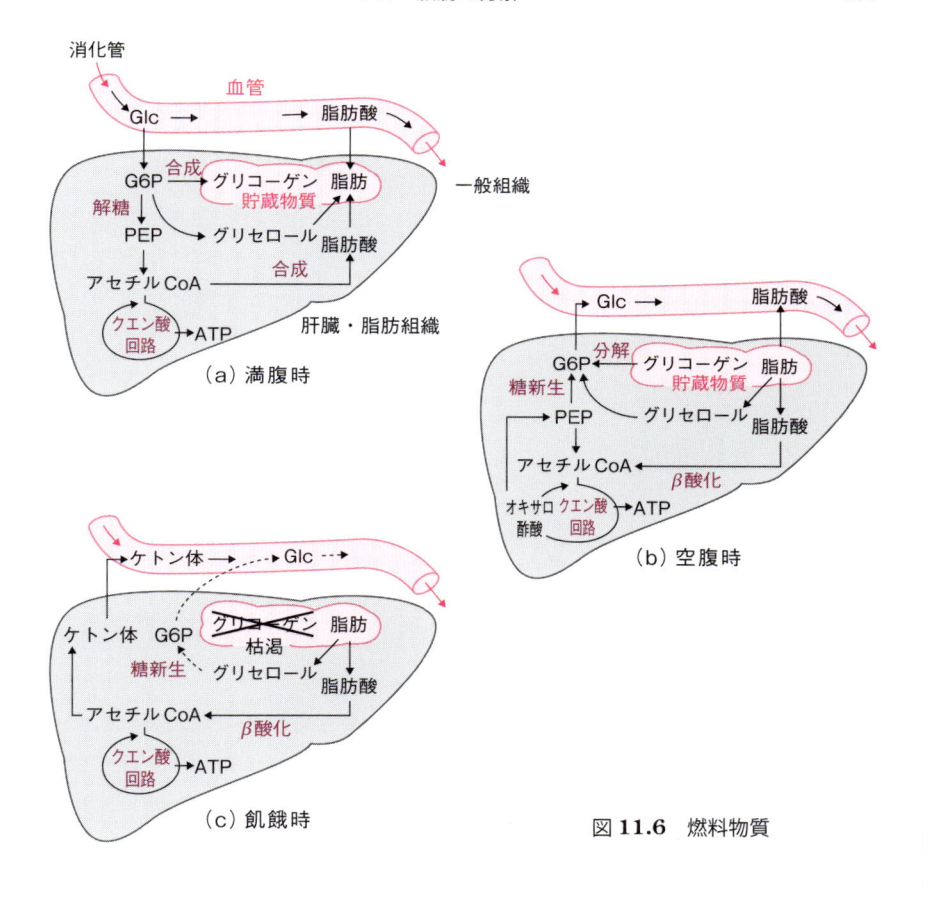

図11.6 燃料物質

（a）満腹時
（b）空腹時
（c）飢餓時

　空腹時（図11.6(b)）には、グルコースを補充するために肝臓の糖新生がさかんになる。飢餓状態（同図(c)）にまでなると、クエン酸回路の中間体（オキサロ酢酸）が枯渇する。そこでアセチルCoAはケトン体生成にふり向けられる。また糖尿病では、血糖値は高いのに組織はそのグルコースをうまく利用できない。食料を載せたトラックは走り回っているのに、それが必要な街には配達されないようなものである。つまり体の組織にとっては飢餓状態と同じであり、やはりアセチルCoAはケトン体生成に向かう。

以上のようにケトン体は本来、飢餓時や高脂肪食に役立つ合目的的な代替燃料である。脳は栄養要求性が厳しい器官であり、ふだんエネルギー源としてグルコースのみを利用し脂肪は利用できない。しかし飢餓状態では、代替燃料のケトン体も利用できるように代謝が変化する。

しかしケトン体は、組織の利用能力を上回って供給されることがある。血中のケトン体濃度が異常に高まることを**ケトーシス**（ketosis）という。長期のケトーシスは血液の pH を高め、アシドーシス（2.1.4 項）も伴う。極端なケトアシドーシスは昏睡を招き、時には死に至る。

11.2 脂肪酸の生合成

脂肪酸の生合成は、おおざっぱにいえば分解（β 酸化）の逆反応でおこなわれる。すなわち、らせん状の反応経路で、C_2 単位が順次付加されることで合成される。C_2 添加の化学反応は、縮合→還元→脱水→還元の 4 段階のくり返しでおこる。これは、β 酸化（11.1.1 項）が酸化→加水→酸化→開裂のくり返しでおこるのとちょうど裏返しである。

ただし具体的には、単純な逆反応とはかなり違い、まったく別の酵素によって触媒される（**表 11.1**）。β 酸化の酵素群はミトコンドリアのマトリクスにあり、酵素は会合してはいないようだが、脂肪酸合成酵素は細胞質ゾルにあり、巨大な複合体を形成している。

脂肪酸合成の化学反応としての核心は、上で述べた 4 段階からなるらせん状の C_2 添加反応にあるが、その準備として素材の活性化も重要な段階である。

表 11.1　脂肪酸の分解と合成

	分解（β 酸化）	生合成
細胞内局在	ミトコンドリアのマトリクス	細胞質ゾル
酵素	個別の酵素群	多機能の巨大複合体
脂肪酸キャリアー	補酵素 A（CoA）	ACP のパンテテイン
酸化・還元剤	酸化剤：NAD^+ と FAD	還元剤：NADPH
C_2 産物・供与体	産物：アセチル CoA	供与体：マロニル CoA

11.2.1　合成素材の活性化

脂肪酸合成の準備段階には、アセチル CoA の運搬とカルボキシ化がある（図 11.7）。

(a) アセチル CoA の輸送；脂肪酸合成の素材であるアセチル CoA を、ミトコンドリア内から細胞質ゾルに運び出す段階（図 11.7(a)）。脂肪酸の生合成は細胞質ゾルでおこるにもかかわらず、その原料のアセチル CoA はミトコンドリアのマトリクスで生成される（10.2.1 項①）。しかしアセチル CoA 自体は膜輸送されない。少し複雑だが、クエン酸合成酵素によってオキサロ酢酸と縮合され、クエン酸の形にされてから輸送される。細胞質ゾルではリアーゼによって解体され、元にもどされる。こうして生じたオキサロ酢酸はミトコンドリア内にもどされなければならないが、オキサロ酢酸も膜輸送はされないため、別の経路が必要である。結局ピルビン酸に変換されて運ばれるが、この変換の際に NADH が消費され、代わりに NADPH が生成される。この NADPH は脂肪酸の生合成に必要な還元剤である。すなわち主原材料（アセチル CoA）を運搬するのに伴って、必要な補助材（NADPH）も供給されるわけであり、合理的なしくみになっている。ただし NADPH は、アセチル CoA 1 つあたり 1 つだけでは少な過ぎるので、その不足分は五炭糖リン酸経路（9.3 節）によってまかなわれる。

(b) アセチル CoA カルボキシラーゼ（ACC）；脂肪酸合成の素材である C_2 単位のアセチル CoA を活性化する段階（図 11.7(b)）。アセチル CoA の 2 位の炭素は反応性の低いメチル基である。炭素 - 炭素間の縮合反応は発エルゴン反応であり、アセチル基のままでは進行しない。そこでまず、アセチル CoA をカルボキシ化して C_3 化合物のマロニル CoA に変えることによって、反応性を高める。アセチル CoA 自体が C_1 位の反応性を高めた「活性化された酢酸」であるが（7.2.2 項末尾、10.2.1 項①）、C_2 位まで反応性を高めたのが、マロニル CoA である。

アセチル CoA カルボキシラーゼ（ACC）が触媒するこの不可逆な反応が、脂肪酸合成全体の中の律速反応である。ACC は調節の面でも鍵酵素（7.1.1

```
          ミトコンドリア
        マトリクス  内膜 外膜   細胞質ゾル
  アセチルCoA
     ↑
    クエン酸 ─────────→ クエン酸          アセチルCoA
     ↑                    ↓
  オキサロ酢酸         オキサロ酢酸
                          ↓ NADH
                       リンゴ酸
     ↑                    ↓
    ピルビン酸 ←───── ピルビン酸      NADPH
     ↑                    ↓
    CO₂                  CO₂
```

(a) アセチルCoAの輸送

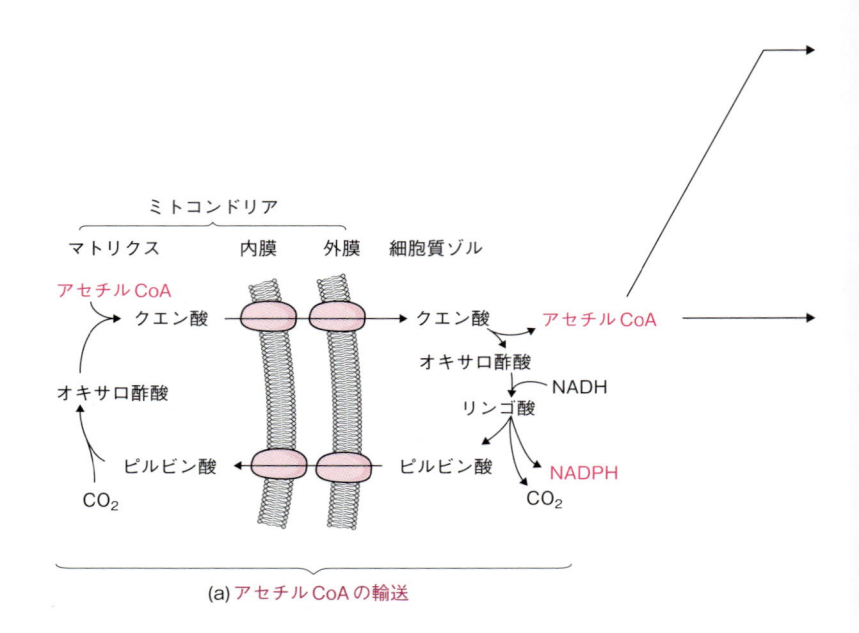

図 11.7　脂肪酸合成素材の活性化

項）であり、リン酸化／脱リン酸化とアロステリック効果（7.3.2 項③と①）により調節される。ACC はキナーゼでリン酸化されると不活性型になり、ホスファターゼで脱リン酸化されると活性型にもどる。このキナーゼはグルカゴンや AMP によって活性化される。一方、ホスファターゼはインスリンで活性化され、グルカゴンやアドレナリンで不活性化される。クエン酸やパルミトイル CoA はリン酸化ではなくアロステリック効果で作用する。クエン酸は活性型の重合体に導き、パルミトイル CoA は不活性な単量体に誘導する。これらの作用をまとめると、組織のエネルギー供給が十分だったり血糖値が高かったりするときは脂肪酸合成が促進され、エネルギーや血糖が不足だったりパルミチン酸供給が十分だったりするときはそれが抑制される、といえる。

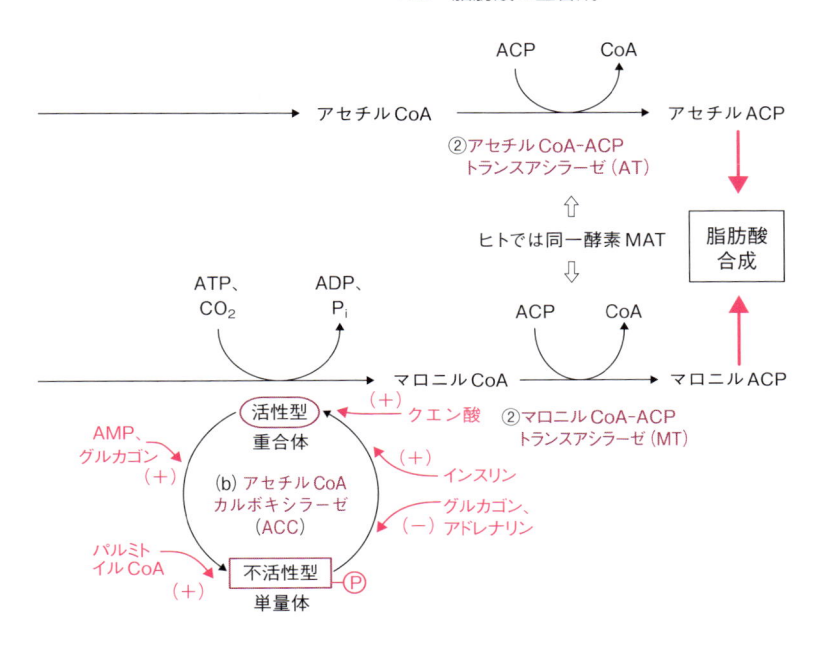

11.2 脂肪酸の生合成

```
                              ACP    CoA
                                ↘    ↗
──────────────→ アセチルCoA ─────────────→ アセチルACP
                         ②アセチルCoA-ACP
                         トランスアシラーゼ（AT）
                                   ⇧
                         ヒトでは同一酵素 MAT          脂肪酸
                                   ⇩                 合成
                              ACP    CoA
       ATP、    ADP、            ↘    ↗
       CO₂      Pᵢ
         ↘      ↗
──────────→ マロニルCoA ─────────────→ マロニルACP
                         ②マロニルCoA-ACP
                         トランスアシラーゼ（MT）
```

活性型 ←（＋）クエン酸
重合体
（＋）インスリン
(b) アセチルCoA
カルボキシラーゼ
（ACC）
グルカゴン、
（－）アドレナリン
AMP、
グルカゴン（＋）
パルミト
イルCoA（＋）
不活性型 ⓟ
単量体

11.2.2 脂肪酸合成酵素複合体

哺乳類の**脂肪酸合成酵素**（fatty acid synthase）は、次の7つのドメインからなる（図 11.8）。このうち①は反応全体で土台となるタンパク質であり、②〜⑦はそれぞれ合成反応の素段階の酵素活性をもつ（図 11.9）。細菌や植物では、各反応段階が独立の酵素で触媒される。しかし、ヒトを含む動物では、ひとつながりの長いポリペプチド鎖の上にあり、さらにそれが2つ会合してホモ二量体（3.3.4 項）の巨大な複合体となっている。②は準備段階、⑦は終結段階であり、③〜⑥が中心となる伸長反応の4段階、すなわち縮合→還元→脱水→還元である。パルミチン酸（C_{16}）の場合、③〜⑥が7回くり返され、C_2 単位ずつ伸びていく。

① **アシルキャリアータンパク質**（**ACP**）；脂肪酸合成の中間体の土台。

(a) 立体構造の模式図

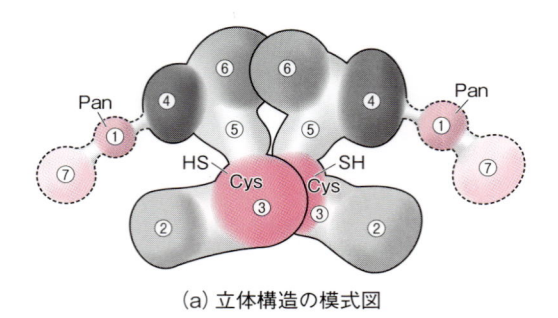

(b) 一次構造上のドメイン配置

図 11.8　ヒトの脂肪酸合成酵素
点線の①と⑦は、結晶構造上で見えておらず、動きやすいらしい。

β 酸化で分解される脂肪酸は、補酵素 CoA に結合した形で処理されるのに対し、生合成の中間体は、このタンパク質 ACP に共有結合した状態で伸長されていく。細菌や植物の ACP は分子量 1 万程度の独立のタンパク質だが、ヒトの ACP は脂肪酸合成酵素の一部分になっている。

② **マロニル／アセチル CoA-ACP トランスアシラーゼ**（MAT）；生合成反応を進める土台の置き換え（**図 11.7**）。アセチル基やマロニル基を CoA やシステイン（Cys）残基から ACP へ移す。「トランスアシラーゼ」の「アシル（acyl）」は「酸（acid）」の形容詞であり、ここではアセチル基・マロニル基・脂肪酸残基などカルボキシ基（RCO-）をもつものの総称である。アシル基の ACP への結合は、補欠分子族であるホスホパンテテイン（図 8.8）が仲介しており、そのスルフヒドリル基（-SH）に脂肪酸のカルボキシ基がチオエステル結合している。CoA も部分構造としてホスホパンテテインを含み、アシル基が同様に結合する。つまりアシル CoA とアシル ACP の化学

11.2 脂肪酸の生合成

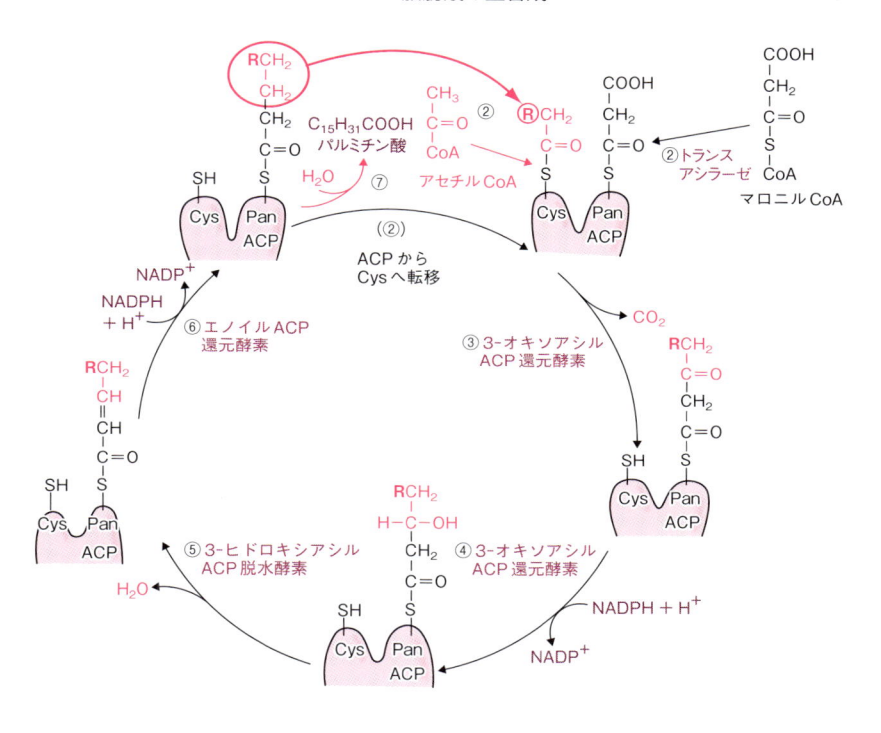

図11.9 脂肪酸の生合成
Rは、1巡目はH、2巡目はC_2H_5、3巡目はC_4H_9、…と、1巡ごとにC_2H_4単位ずつ長くなる。Panはホスホパンテテイン（パンテテイン＋リン酸基、図8.8）をあらわす。

結合の様式は共通である。

　マロニル基がCoAからACPへ転移される反応は、7巡とも共通である。一方、アセチル基がCoAからCys残基（③3-オキソアシルACP合成酵素の上の）へ転移される反応は1巡めだけおこる。2巡め以降は、伸長された脂肪酸残基がACPからCys残基へ転移される（**図11.9**の(②)）。

　③ **3-オキソアシルACP合成酵素**（シンターゼ）；ACPに結合したマロニル基（C_3）の2位の炭素に、Cys残基に結合したアシル基が転移し、縮合する。同時にCO_2がはずれて、鎖長はC_2単位で長くなる。

④ **3-オキソアシルACP還元酵素**（レダクターゼ）；3位（β位）がNADPHで還元され、ヒドロキシ基ができる。

⑤ **3-ヒドロキシアシルACP脱水酵素**（デヒドラターゼ）；水分子が脱離され、2位-3位間が二重結合になる。

⑥ **エノイルACP還元酵素**（レダクターゼ）；二重結合が水素で飽和される。水素原子を供給する還元剤は、④の反応と同じくNADPHである。

⑦ **パルミトイルチオエステラーゼ**；②〜⑥の反応が7回くり返されて、パルミトイル基（$C_{15}H_{31}CO-$）が合成されると、チオエステル結合が加水分解され、パルミチン酸が酵素タンパク質から遊離する。

11.2.3 脂肪酸合成の総和

以上のパルミチン酸の生合成反応をまとめると、次のようになる。

$$8\ CH_3CO\text{-}CoA + 7\ ATP + 14\ NADPH + 14\ H^+ \rightarrow$$
$$C_{15}H_{31}COOH + 8\ CoA + 7\ ADP + 7\ P_i + 14\ NADP^+ + 6\ H_2O \qquad 11.4$$

脂肪酸のβ酸化の総和（式11.2）と比べると、8分子のアセチルCoAから1分子のパルミチン酸が生成されるという意味で、大雑把には逆反応になっているが、違いも数点ある（表11.1）。まず、この生合成では14分子のNADPHが消費されるのに対し、β酸化では7分子のNADHと7分子のFADH$_2$が生成されていた。第2に、生合成ではアセチルCoAの活性化（カルボキシ化）に7分子のATPが必要だが、β酸化ではATPが直接生成されるのではなく、むしろ2分子当量が消費されていた。水分子は⑤の脱水酵素の7回の反応で7つ生成されるが、⑦のチオラーゼ反応で1つ使われ、差し引き6分子の生成となる。

脂肪酸合成酵素はこのように、C_{16}-飽和脂肪酸であるパルミチン酸を生成物としている。生体には、鎖長がより長いC_{18}とかC_{20}の脂肪酸や不飽和脂肪酸、あるいは脂肪酸誘導体もある。たとえば、プロスタグランジン

やトロンボキサンなど脂溶性の局所ホルモンとしてはたらくエイコサノイド（eicosanoid）は、C_{20}-4価不飽和脂肪酸であるアラキドン酸（表2.1）を、さらに多段階の酵素反応で修飾して生成される誘導体である。

11.3　脂肪とリン脂質の合成

　エネルギー貯蔵物質である中性脂肪や、生体膜の構成成分であるリン脂質（2.5節）などは、上で述べた脂肪酸をおもな素材として合成される。脂肪とリン脂質の生合成経路は、**ホスファチジン酸**（PA）が生成される段階までは共通である（図11.10と11.11）。もう1つの素材であるグリセロールは、解糖系の中間代謝物である三炭糖のジヒドロキシアセトンリン酸（9.1.1項④）から作られる。脂肪酸は補酵素A（CoA）によって活性化されてアシルCoAとなり、グリセロールのヒドロキシ基に縮合される。アシル基が2つ結合したジアシルグリセロールの3位リン酸化物がPAである。PAが脱リン酸化され3つめのアシル基が縮合すると、中性脂肪の代表であるトリアシルグリセロールが生成される。

　一方リン脂質も、同じPAをもとに合成される（図11.11）。リン脂質の生合成では、高エネルギーリン酸化合物のCTPが、基質の活性化に利用される。糖質代謝でUTPが活性化に使われたのと同様である（9.1.3、9.4.3項）。リン脂質の合成では、疎水性のPAと親水性の頭部基が縮合される。CTPによる活性化は、このうちPAに対してなされる機構（①）と、頭部基に対してなされる機構（②）とがある。頭部基がコリンやエタノールアミンのように正電荷を帯びた脂質は後者（②）の機構で合成され、頭部基が中性のイノシトール（ホスファチジルイノシトール、PIの場合）や負電荷を帯びたホチファジン酸（カルジオリピンの場合）の脂質は、全体としてリン酸基の負電荷をもち、前者（①）の機構で合成される。正負両電荷を帯びたセリンを頭部にもつホスファチジルセリン（PS ③）は、ホスファチジルコリン（PC）やホスファチジルエタノールアミン（PE）の頭部基を置換

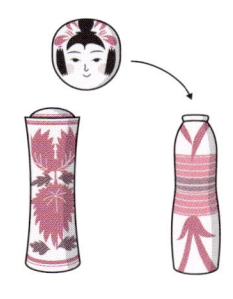

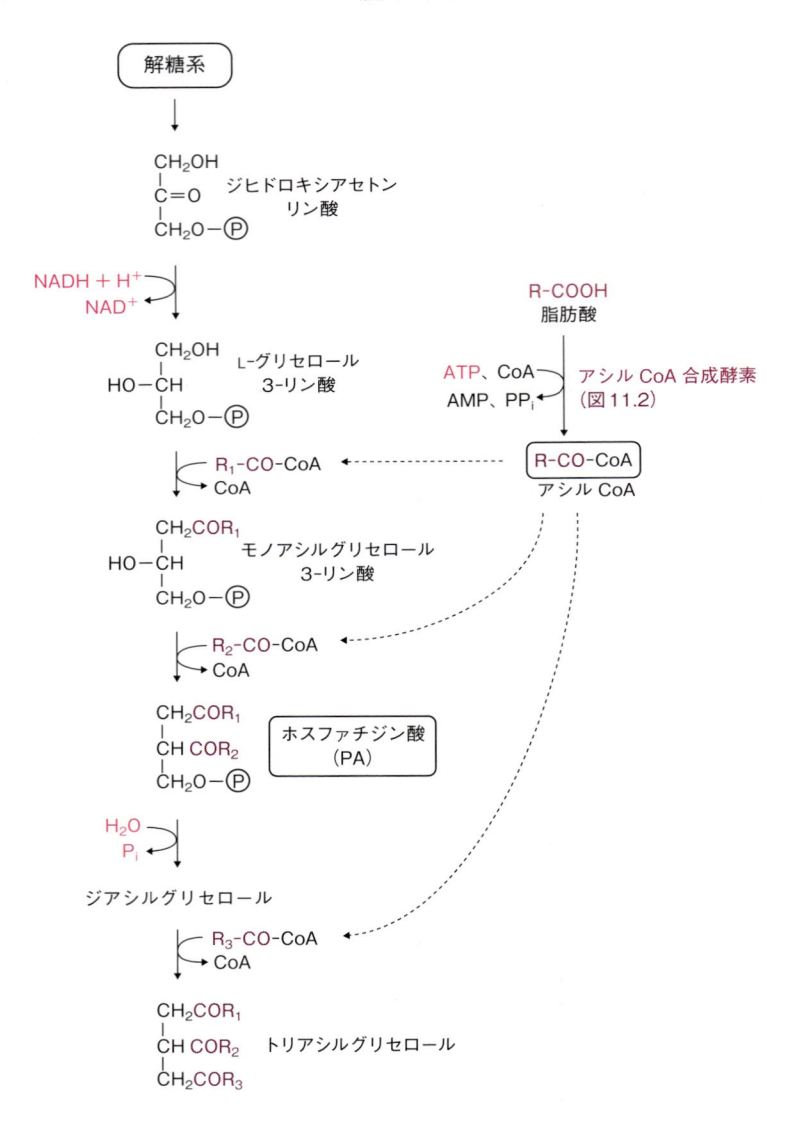

図 11.10　トリアシルグリセロールの生合成

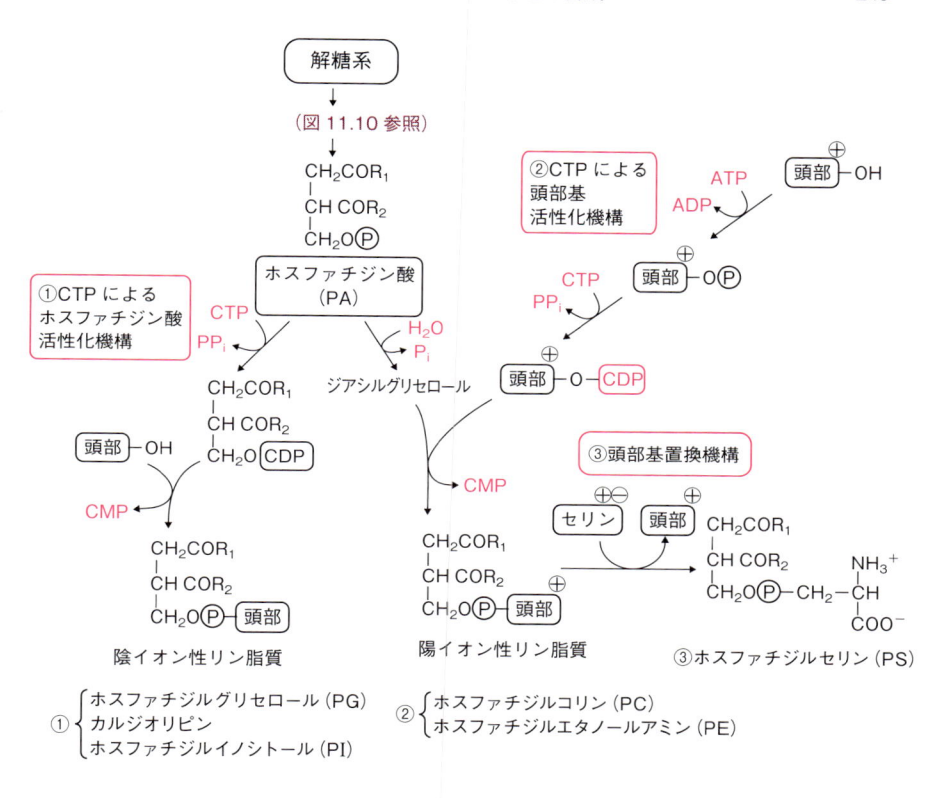

図 11.11 リン脂質の生合成

することで合成される。

ここで述べた合成経路は、ヒトのおもな経路である。組織によっては、そのほかの経路もはたらく場合がある。また、大腸菌などの細菌や酵母などの菌類、農作物などの植物では、さらに多様な代謝経路がある。

11.4　ステロイドなどの合成

ステロイドホルモンや脂溶性ビタミンも重要な疎水性物質だが、分子構造や生合成経路が脂肪酸とはかなり異なる。元をたどればこれらの合成も C_2 単位のアセチル CoA が素材になってはいる。しかし、組み立ての過程で C_5

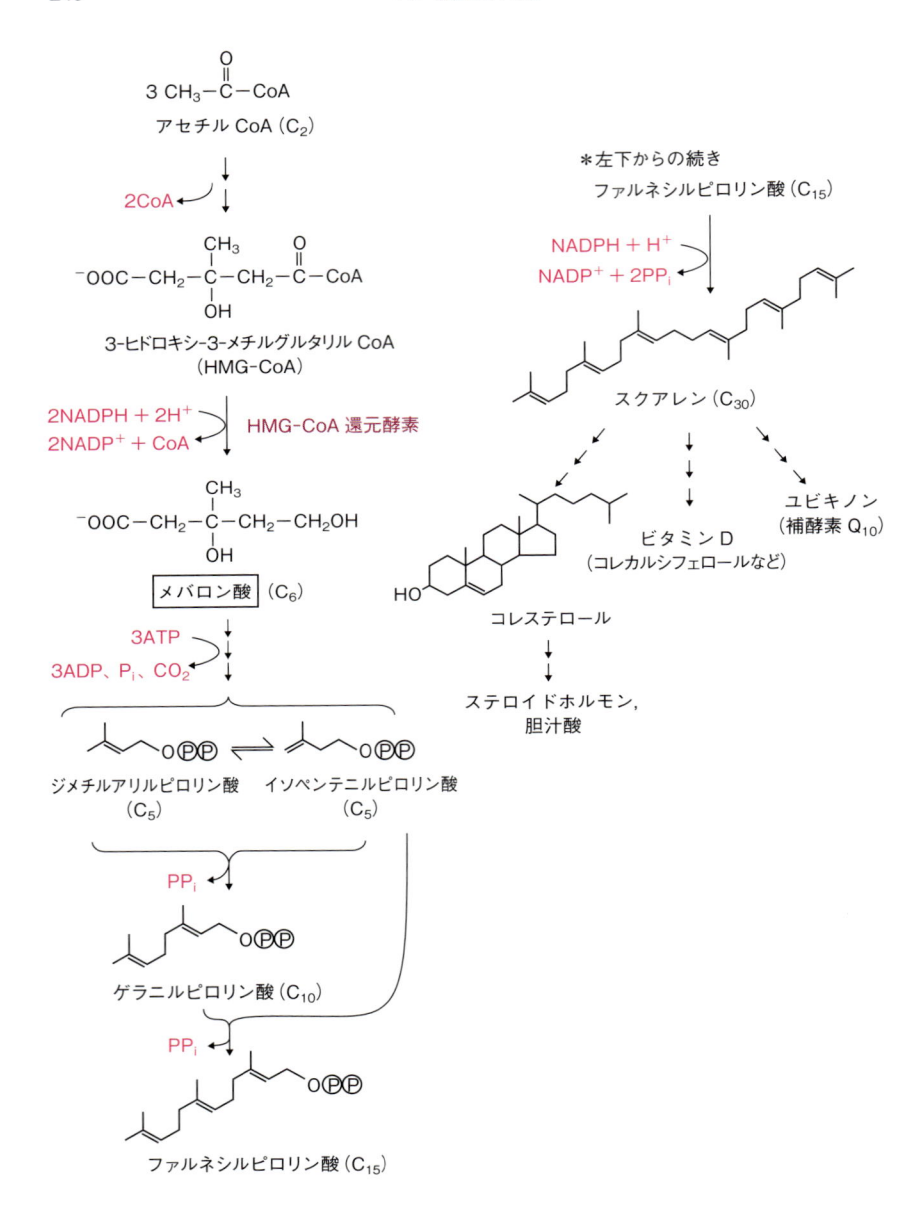

図 11.12　ステロイドや脂溶性ビタミンの生合成

単位（**イソプレノイド**、豆知識 8-2）が生じ、これを積み上げて最終産物ができる点に特徴がある（図 11.12）。

3 分子のアセチル CoA（C_2）から 1 分子の**メバロン酸**（C_6）が生成される。この経路の最後の段階を触媒する酵素は、**3-ヒドロキシ-3-メチルグルタリル CoA 還元酵素**（HMG-CoA 還元酵素）という。これがステロイド合成の律速となる鍵酵素（7.1.1 項）であり、おもな調節点でもある。メバロン酸の脱炭酸でできる 2 つの C_5 化合物が縮合して、ゲラニル基（C_{10}）・ファルネシル基（C_{15}）・スクアレン（C_{30}）などができ、さらに環化してコレステロールなどが形成される。

コレステロールは、生体膜の流動性に影響したり、性ホルモンや副腎皮質ホルモンの骨格となったりする重要な生体物質である。胆汁に含まれる胆汁酸は、脂溶性の栄養素を乳化して吸収するのに必要な界面活性剤であり、やはりコレステロールからつくられる。しかしコレステロールは、過剰に存在すると動脈硬化などの悪化要因になるという負の側面ももつ。体内のコレステロールには、食物から摂取する外因性のものと、肝臓などで生合成される内因性のものとがあるが、ヒトでは後者の割合が高い。そこでコレステロール合成の鍵酵素である HMG-CoA 還元酵素を阻害する薬物**スタチン**（statin）が、動脈硬化の画期的な治療薬として開発された。

ビタミンとは一般に、食物として摂取する必要のある微量栄養素である。しかしものによっては、不足しがちながらも一部だけ生合成できるものもある。たとえばカルシウム代謝の疎水性ホルモンとしてはたらくビタミン D（8.3 節）は、C_5 単位の積み上げで合成される（図 11.12）。

12 アミノ酸の代謝

　これまで**第3部 代謝編**で扱ってきたおもな糖質や脂肪は、元素として炭素C・水素H・酸素Oの3つを含んでいる。本章と次章で扱うアミノ酸とヌクレオチドは、そのほかに窒素Nを共通に含んでいることに特徴がある（図12.1）。窒素は大気中に気体N_2として大量に含まれているが、N_2は反応性の低い安定な物質なので、これを直接 固定・利用できる生物は少ない。したがって窒素は生態系で不足しがちであり、農作物の収穫を上げるためには、これを肥料として与える必要がある。窒素は、リン酸・カリウムとともに肥料の三大要素の1つである。

　ヒトが必要とする窒素の大部分は、食物中のタンパク質を構成するアミノ酸のアミノ基（$-NH_2$）として摂取される。アミノ基がそのまま遊離したアンモニア（NH_3）は毒性が高いので、生物はこれを慎重に扱っている。つまり人体にとって窒素とは、不足しがちな貴重品であるとともに、注意して取り扱うべき危険物でもある。

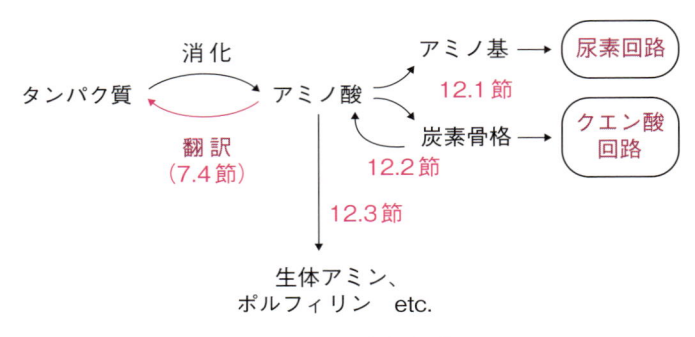

図12.1　アミノ酸代謝の概要

12.1 アミノ酸の分解

12.1.1 脱アミノとアミノ基転移

ヒトが摂取したタンパク質は、消化管の内腔と上皮組織において、消化酵素によりアミノ酸にまで分解される。吸収されたアミノ酸のほとんどは肝臓で分解される。アミノ酸の分解は、まずアミノ基と炭素骨格とに分割されることから始まる（図 12.2）。このうち炭素骨格はC・H・Oからなるため、すでに学んだ糖質や脂肪と同様に、クエン酸回路で分解される。一方のアミノ基の処理には、独特の機構として尿素回路（12.1.2 項）が利用される。

アミノ基と炭素骨格の分離は、アミノトランスフェラーゼとグルタミン酸脱水素酵素によっておこなわれる（図 12.3）。各種アミノ酸の α-アミノ基は、トランスフェラーゼによって 2-オキソグルタル酸に転移され、グルタミン酸が生成される。残された炭素骨格は、それぞれのアミノ酸に対応する 2-オキソ酸に変換される。この 2-オキソ酸のうち一部は、そのままクエン酸回路の中間体である。残りはさらに修飾を受けて、結局やはりクエン酸回路の中間体となる。どの中間体になるかは、R基によって異なる（12.1.3 項）。

グルタミン酸の形で集められたアミノ基は、2つの道をたどる。1つは、

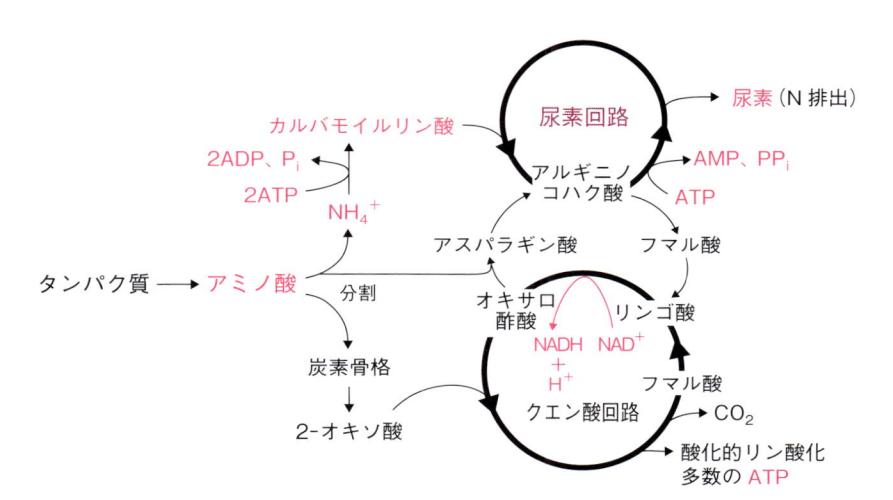

図 12.2　アミノ酸分解の概要

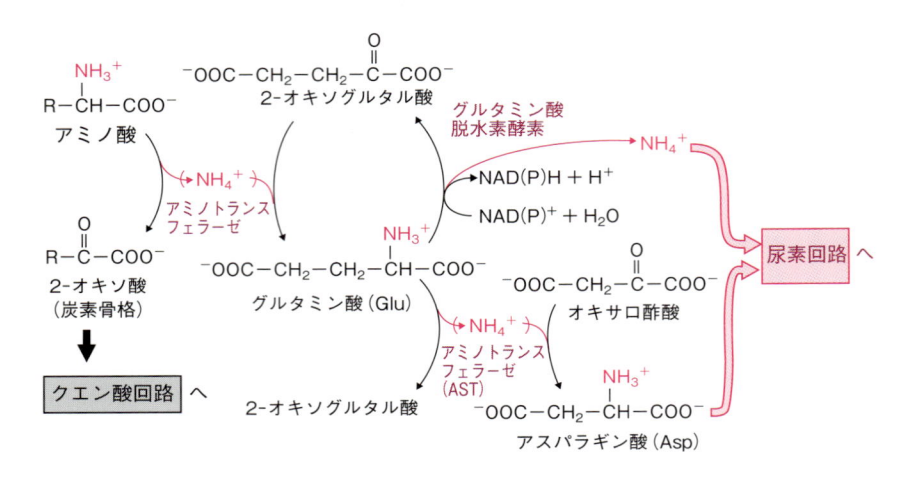

図 12.3　アミノ酸のアミノ基と炭素骨格の分離

グルタミン酸脱水素酵素によって酸化的に脱アミノ化される道である。生じたアンモニウムイオン（NH_4^+）は尿素回路で尿素に取り込まれる。この反応で酸化剤となる補酵素は、NAD^+ でも $NADP^+$ でもかまわない。この脱水素酵素は、珍しく補酵素の選択性が甘いわけである。もう1つの道では、別のアミノトランスフェラーゼがはたらき、アミノ基をオキサロ酢酸に転移してアスパラギン酸を生成する。このアスパラギン酸も尿素回路の基質となる。いずれの道でも、グルタミン酸はもとの 2-オキソグルタル酸にもどる。

　肝臓以外の組織で生じるアミノ基も、肝臓に集められて処理される。骨格筋からは、糖新生のところで述べたように、アラニンの形で肝臓へ移送される（9.2.2項）。ここでまずコリ回路を思い出してほしい。骨格筋がエネルギー源としてグルコースを利用する場合は、解糖系で生じたピルビン酸を還元し、乳酸の形で肝臓に移送する。肝臓では、その乳酸を酸化したピルビン酸からグルコースを再生して、骨格筋にもどす。

　これに対し、骨格筋がタンパク質をエネルギー源として消費する場合は、アミノ酸のアミノ基はまずグルタミン酸に集められる（図 12.3）。そのアミノ基はトランスアミナーゼのはたらきでピルビン酸に渡され、アラニンに変

換される。このアラニンが血流で肝臓に移送され、アミノ基が尿素回路に投入されるとともに、炭素骨格のピルビン酸からはグルコースが新生され、骨格筋にもどされる。これを**グルコース-アラニン回路**という。この回路は、エネルギー源として C_3 化合物を運ぶコリ回路を応用して、アミノ基輸送も兼ねさせたしくみだといえる。

12.1.2 尿素回路

ヒトは窒素原子をおもに尿素として排泄する（**豆知識 12-1**）。前述の脱アミノ反応で生じた NH_4^+ と、アミノ基転移反応で生じたアスパラギン酸は、5つの酵素のはたらきで尿素に取り込まれる（**図 12.4**）。これらの酵素の

豆知識 12-1　窒素排出の物質

ヒトは窒素を尿素の形で排出するが、動物によってはアンモニアとして排出するものや尿酸として排出するものもある（下図）。アンモニアは毒性が強いとはいえ水に溶けやすいので、魚類などの水生動物は環境の水中にアンモニアのまま排出して希釈する。陸生脊椎動物の多くは、ヒトと同じく尿素の形で排出する。ただし固い殻に包まれた卵として生まれる鳥類や爬虫類は、プリン誘導体の**尿酸**として排出する。尿酸は水に溶けにくく固体として分泌されるため、排出に水が不要で、卵殻の中でもコンパクトに収まる。このように、窒素排出の様式は、動物の生育環境に応じて発達してきた。

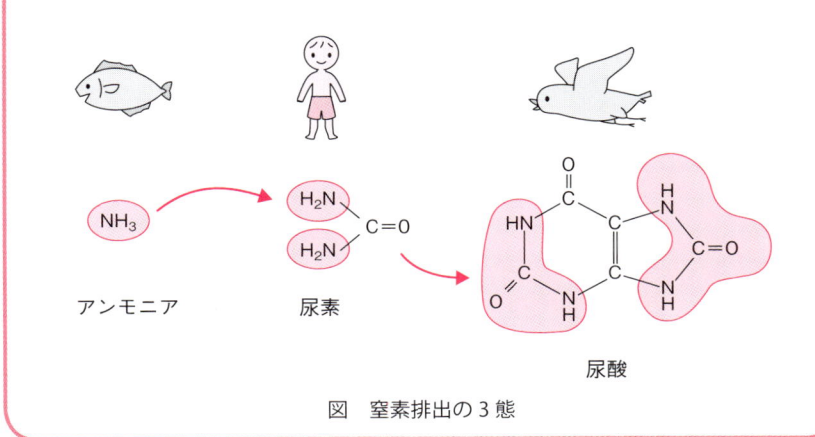

図　窒素排出の3態

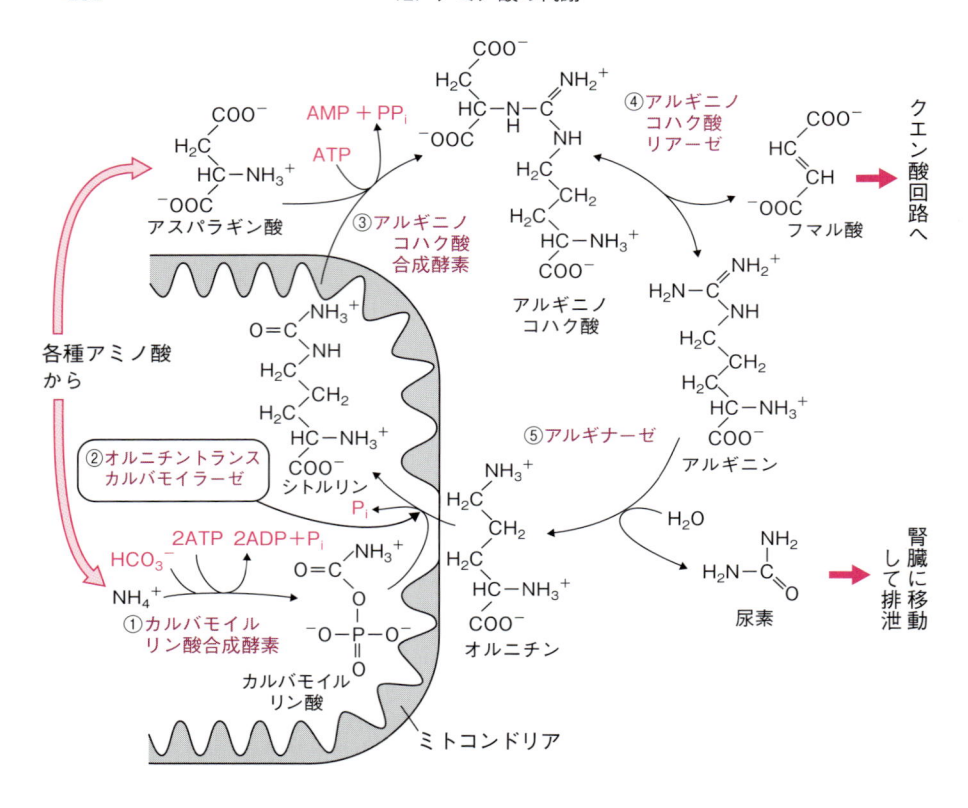

図12.4 尿素回路

うち1つ（①）は、NH_4^+ をカルバモイルリン酸に活性化する。残りの4つ（②〜⑤）は回路状の代謝経路をなす。この経路を**尿素回路**（urea cycle）とよぶ。中間体の名をとってオルニチン回路、あるいは発見者の名をとって**クレブス-ヘンゼライト回路**とも称される。

① **カルバモイルリン酸合成酵素Ⅰ**；2分子のATPを消費して、NH_4^+ を炭酸水素イオン（HCO_3^-）に結合し、カルバモイルリン酸（C_1N_1化合物）を生成する。この酵素はミトコンドリアのマトリクスにあるが、同じ反応を触媒する別の酵素が細胞質ゾル（**豆知識 5-5**）にもある。ミトコンドリア型の本酵素をⅠ型、細胞質ゾル型をⅡ型と区別する。反応が同じでも細胞内局在

が異なれば機能も異なり、Ⅱ型はピリミジンの生合成（13.2節）にはたらく。

② **オルニチントランスカルバモイラーゼ**；①で生成されたカルバモイル基（C_1N_1）をオルニチン（C_5N_2）に縮合し、シトルリン（C_6N_3）を生成する。オルニチンは、回路の1巡ごとに素材を受け取る物質であり、クエン酸回路にたとえるならオキサロ酢酸にあたる（図10.3）。

オルニチンとシトルリンはいずれもアミノ基とカルボキシ基をもつ α-アミノ酸（3.4節）だが、タンパク質を構成する標準20アミノ酸には入らない。シトルリンは次に、ミトコンドリアから細胞質ゾルへ輸送される。

③ **アルギニノコハク酸合成酵素**：細胞質ゾルに出たシトルリンは、2つめの素材であるアスパラギン酸（C_4N_1）を受け取り、アルギニノコハク酸（$C_{10}N_4$）を生成する。①の合成反応と同様、ここでもATPが加水分解される。反応するATPは1分子だが、AMPとPP_iに分解されるので、これはエネルギー論的にはATP 2分子分の消費にあたる（**11.1.2項末尾**）。

④ **アルギニノコハク酸リアーゼ**；③で生成したアルギニノコハク酸を、アルギニン（C_6N_4）とフマル酸（C_4）に開裂する。開裂して二重結合を残すリアーゼ反応である（5.2節④）。尿素回路で唯一の可逆反応である。その逆反応は、高エネルギーリン酸化合物の消費を伴わずに、二重結合への付加反応によって実現される合成反応である。正反応で生成されるフマル酸は、ミトコンドリアに取り込まれクエン酸回路の中間体となる。

⑤ **アルギナーゼ**；アルギニンが加水分解され、オルニチンと尿素（C_1N_2）ができる。オルニチンは、②の反応でカルバモイルリン酸を受け取る物質である。それが再生されることが、回路状経路の意味である。もう一方の尿素は、窒素を排泄するための化合物であり、尿素回路の目的産物である。

尿素回路に③の段階で投入されるアスパラギン酸は、クエン酸回路の中間代謝物であるオキサロ酢酸から生成される（図12.3）。また④の段階で生成

されるフマル酸は、クエン酸回路の中間体でもある。したがって尿素回路とクエン酸回路は、連携してはたらきうる代謝経路である（図 12.2）。アミノ酸が分割されて生じるアミノ基は尿素回路で処理され、炭素骨格の方はクエン酸回路で処理される。両回路ともクレブスらが発見したことから、合わせて**クレブス二重回路**とよばれることもある。

　尿素1分子の生成のために、4分子ものATPが消費される（図 12.4、①と③で2分子ずつ。③のAMPへの分解はATP2分子の消費に相当する。**11.1.2 項末尾参照**）。しかし④で生じたフマル酸が、クレブス二重回路によってアスパラギン酸に変えられ③で回路にもどされるなら、その再生過程でNADHが1分子生成される（図 12.2）。これは細胞呼吸で2.5分子のATPに相当する（**10.3 節末尾**）。したがってクレブス二重回路は、尿素生成に要するエネルギーコストを半分以下に抑える合理的なしくみである。

　毒性の高いアンモニウムを処理するための代替経路は他にないので、肝臓の尿素回路の進行が阻止されると破滅的な結果をもたらす。血中アンモニウム濃度が高まる症状を**高アンモニア血症**（豆知識 12-2）という。

豆知識 12-2　高アンモニア血症（hyperammonemia）

　血中のアンモニウムイオン（NH_4^+）濃度が異常に高い状態（60 μM 以上）。肝臓の疾患（肝硬変）や遺伝的欠陥による。無気力・振戦・嘔吐・昏睡・死などをもたらす。症状の多くが脳で生じるのは、アンモニアが神経毒であるせいだと考えられる。尿素回路の酵素の遺伝子が欠損していると、先天的な高アンモニア血症となり、生後1～2日で判明する。完全な欠如なら出生後すぐ死亡するが、部分的な欠陥であれば、タンパク質摂取量を極端に制限するなどの積極的な治療で、脳障害を抑えることができる。

12.1.3　炭素骨格の分解

　アミノ酸は、標準分子だけでも20種類もあるため、その炭素骨格の異化には多数の酵素がはたらく。あまりに繁雑なため、ここではその代謝経路の詳細は示さない。概略のみ図 12.5 に示す。炭素原子数などの近いグループごとに6つの代謝中間体に収束し、クエン酸回路に入って分解される。

12.1 アミノ酸の分解

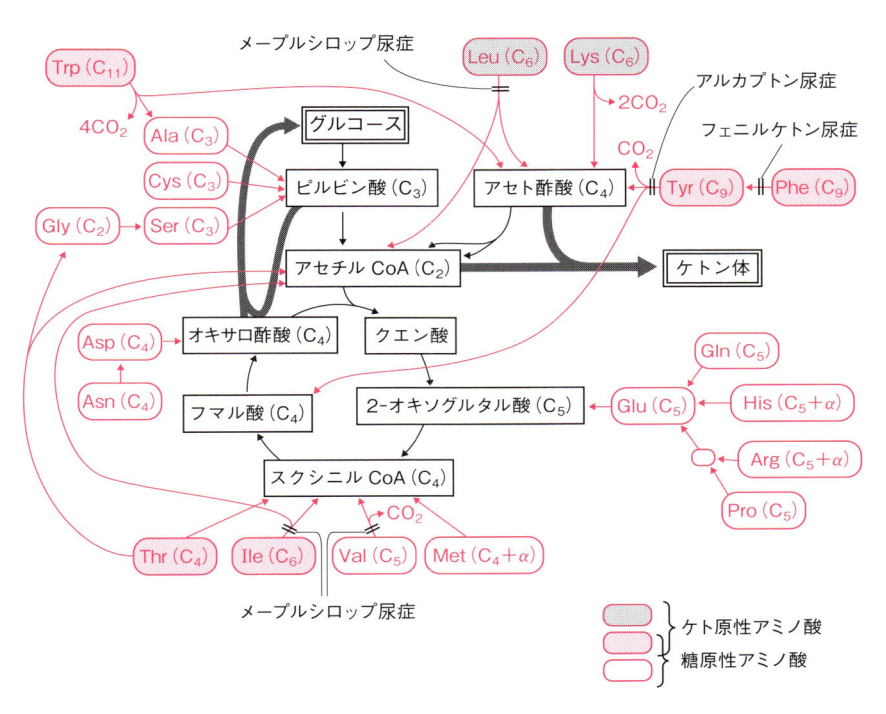

図12.5 アミノ酸の炭素骨格の分解経路

(a) C_3 アミノ酸など6つ（図の左上など）→ ピルビン酸；C_3 化合物のアラニンが酸化的に脱アミノ化された炭素骨格（2-オキソ酸）は、クエン酸回路の基質になるピルビン酸そのものである。同じく C_3 化合物であるセリンとシステインも、修飾を受けた上でピルビン酸に収束する。C_{11} 化合物のトリプトファンは、分子構造の一部がアラニンに変換される。C_2 化合物であるグリシンの多くは開裂して、炭素原子の一方は C_1 運搬体である葉酸（**8.2.2** 項）に結合し、他方は CO_2 として遊離する。グリシンの一部は、この葉酸の C_1 基を付加されてセリンに変わり、上述のようにピルビン酸となる。C_4 化合物のトレオニンの代謝は複雑だが、構造の一部が上述のグリシン・セリンを経てピルビン酸に転じる。

(b) C_4 アミノ酸2つ（図の左横）→ オキサロ酢酸；C_4 化合物のアスパラ

ギン酸が酸化的に脱アミノ化された炭素骨格（2-オキソ酸）は、クエン酸回路の中間体のオキサロ酢酸そのものである。アスパラギンも、アミド基が加水分解されてアスパラギン酸となり、同様に処理される。

(c) C_5 アミノ酸など5つ（図の右下）→ 2-オキソグルタル酸；C_5 化合物のグルタミン酸が酸化的に脱アミノ化された炭素骨格（2-オキソ酸）は、クエン酸回路の中間体の 2-オキソグルタル酸そのものである。グルタミンもアミド基が加水分解されてグルタミン酸となり、共通に処理される。アルギニン・ヒスチジン・プロリンの3つも、側鎖の窒素原子から先を除いた残りの炭素骨格は C_5 であり、やはりグルタミン酸に変換されて処理される。

(d) メチオニン・イソロイシン・バリン＋既出トレオニン（図の下部）→ スクシニル CoA；これら4つのアミノ酸では、それぞれの分子構造のうち4つの炭素原子（C_4）がスクシニル CoA に変換されて、クエン酸回路で処理される。トレオニンの分解には (a) と (d) の2つの経路がある。(a) に既出の経路の寄与は3分の1程度で、大半はこちらの (d) で処理される。

(e) 残り4アミノ酸（図の右上）＋既出3アミノ酸 → アセチル CoA など；7つのアミノ酸はそれぞれの部分構造から、アセト酢酸（C_4）を経てあるいは直接に、アセチル CoA（C_2）が1〜3分子できる。リシン（C_6）からは2分子、ロイシン（C_6）からは3分子のアセチル CoA が生成される。C_9 芳香族化合物のチロシンとフェニルアラニンからは、2分子のアセチル CoA とともにフマル酸（C_4）が形成される。既出の3アミノ酸のうち、トリプトファンからはピルビン酸 (a) とともにアセチル CoA が2分子、イソロイシンからはスクシニル CoA (d) とアセチル CoA が1分子、トレオニンからはピルビン酸 (a) とアセチル CoA が1分子が、それぞれ生成される。

12.1.4　炭素骨格分解と病気

これらアミノ酸のうち、炭素骨格の酸化的分解によってアセト酢酸やアセチル CoA を生じるものは、肝臓でケトン体（11.1.4 項）を生成しうる。こ

のようなアミノ酸を**ケト原性アミノ酸**という（図 12.5）。一方、ピルビン酸や 2-オキソグルタル酸などを生じるものは、オキサロ酢酸を経て糖新生（9.2 節）によりグルコースを生成しうる。このようなものを**糖原性アミノ酸**という。ヒトには、アセチル CoA から糖を新生する経路が欠けていることに注意が必要である。とはいえケト原性アミノ酸 7 つのうち 5 つは、ケトン体とグルコース両方の素材になるので、糖原性でもある。

ヒトが飢餓状態に置かれた場合や、高タンパク食に偏っている場合には、アミノ酸はエネルギー源としての重みが高まる。純粋なケト原性アミノ酸は、ロイシンとリシンの 2 つしかないが、これらはタンパク質における含量が高い。糖尿病や飢餓状態でおこるケトーシス（11.1.4 項）に、これらのアミノ酸の分解は大きな影響を与える。

アミノ酸側鎖の代謝で特徴的なことの 1 つは、芳香環（ベンゼン環）の開裂に**オキシゲナーゼ**（5.2 節①）がはたらくことである。オキシゲナーゼとは、酸素 O_2 の酸素原子を基質に付加する酵素であり、これが芳香族アミノ酸の異化の鍵酵素（7.1.1 項）になっている。

先天性代謝異常症（9.1.3 項）の 1 つである**アルカプトン尿症**は、フェニルアラニンやチロシンの芳香環を開裂させるオキシゲナーゼの遺伝子が欠損した病気である（図 12.5）。この病気では、開裂前の芳香族中間体であるホモゲンチジン酸が異常に蓄積し、尿中に排泄される。ホモゲンチジン酸は酸化されて重合し、メラニン様物質になるため尿が黒く変色するが、症状は比較的軽微である。

先天性アミノ酸代謝異常症には、より重篤なものもある。**フェニルケトン尿症**は、フェニルアラニンをチロシンに変換する酵素 モノオキシゲナーゼ（ヒドロキシラーゼ）かその補酵素の欠損により、フェニルアラニンの副代謝産物が蓄積しておこる病気である。未治療だと重度の精神遅滞となる。しかし新生児期のスクリーニングにより発見できるので、フェニルアラニン含量を低く抑える食事療法により、発症を防ぐことができる。

もう 1 つの先天性代謝異常症である**メープルシロップ尿症**は、分枝鎖アミノ酸（BCAA、3.1.2 項）であるバリン・ロイシン・イソロイシンの分解が滞って発症する（図 12.5）。これらのアミノ酸から生じる 2-オキソ酸を酸

化的に脱炭酸する脱水素酵素が欠損しているため、これら 2-オキソ酸やもとの BCAA が血中に蓄積する。未治療だと通常は精神的・身体的発達障害がおこる。この病名は、尿がメープルシロップ（サトウカエデからとれる糖蜜）の臭いがすることに由来する。新生児の尿試料で患児は簡単に発見できるため、低 BCAA 含量の特別食により発症を予防できる。なお、カナダ国旗の図柄はサトウカエデである。

12.2 アミノ酸の合成

　植物や微生物の大部分は、20 種類の標準アミノ酸をすべて自ら生合成できる。しかしヒトをはじめ哺乳類は、その半数程度しか合成できず、それ以外は食べ物として取り込む必要がある。外から調達しなければならないアミノ酸を**必須アミノ酸**（essential amino acid、豆知識 3-2）といい、他の有機物から自前で合成できるアミノ酸を**非必須アミノ酸**（nonessential amino acid）という。生化学的には 20 種類のアミノ酸すべてが生物の体の構築に「必須」だが、ここでいう「必須」とは、食物として摂取する必要があるという栄養学的な意味である。ヒトの成人では 9 つが必須アミノ酸であり、子供やラットではさらに 1 つが加わる。

　20 種類のアミノ酸の合成は、それぞれ解糖系やクエン酸回路・五炭糖リン酸経路の中間代謝物を原料にして生合成される（図 12.6）。主要な原料は 6 つあることから、アミノ酸は 6 つのファミリーに分類できる。図ではアミノ酸合成の反応段階数を、赤い矢頭の数であらわしている。ただし生物界の代謝は多様なので、段階の数は種ごとで多少異なる。

　非必須アミノ酸のアラニン・アスパラギン酸・グルタミン酸の合成は単純である。これらはそれぞれ、解糖系やクエン酸回路の中間体の 2-オキソ酸であるピルビン酸・オキサロ酢酸・2-オキソグルタル酸に、アミノ基を還元的に付加する 1 段階の酵素反応で合成できる。アスパラギンやグルタミンもやはり、それぞれアスパラギン酸やグルタミン酸から、アミド化の 1 反応で

12.2 アミノ酸の合成

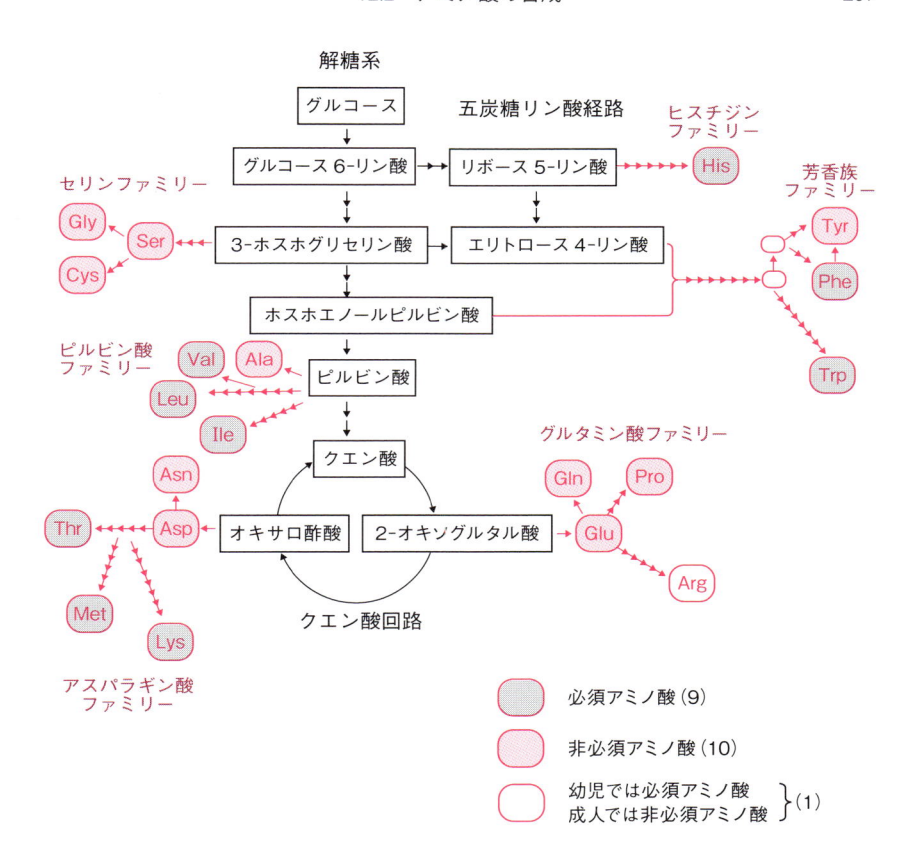

図12.6　アミノ酸の生合成経路

生成される。非必須アミノ酸はそれ以外のものも含め、1〜3程度の少ない段階数で合成される。

これに対し必須アミノ酸は、合成可能な生物でも10段階前後の長い経路をたどらなければならない。チロシン（図の右端）は、新規に合成すると長い経路が必要だが、必須アミノ酸のフェニルアラニンから1反応で変換できるので、非必須アミノ酸に数えられる。

合成経路が長いほど、多くの酵素をはたらかせ、またそれらの遺伝子をすべてゲノムに保持する必要がある。多くの代謝経路を細胞に維持することは

図 12.7　代謝の負荷

生物にとって負担だが、食物を求めて動き回ることのない植物や、栄養の貧しい環境にさらされる微生物は、その負担を甘んじて受け入れ、自前で有機物を合成するしかない（図 12.7）。一方動物は、他の生物を捕食して生きる道を進化の過程で選択した。体を移動させる負担を受け入れる代わりに、栄養素を外から取り入れるようになった動物にとっては、余分な代謝経路という負担を捨てて「身軽に」なったと考えられる。

12.3　アミノ酸からの生合成

　アミノ酸は、他の多くの窒素化合物を合成するための出発材料ともなる。そのような一群の物質に**生体アミン**（biogenic amine、生理活性アミン biologically active amine）がある。生体アミンとは、アミノ基（-NH$_2$）をもち、神経伝達物質やホルモン・オータコイド（局所ホルモン）などとしてはたらく信号物質である。生体アミンの多くは、標準アミノ酸の脱炭酸反応で合成される（図 12.8）。

　ヒスチジンを脱炭酸して生じるアミンに**ヒスタミン**（histamine）がある。ヒスタミンは、アレルギーや炎症反応を引きおこしたり、胃酸の分泌を促進したりする生体アミンである。ヒスタミンがその標的細胞の受容体に結合するのを妨げる薬を**抗ヒスタミン薬**といい、アレルギーや炎症・胃潰瘍などの治療薬として用いられる。

　グルタミン酸は脳の代表的な興奮性神経伝達物質だが、その脱炭酸で生じ

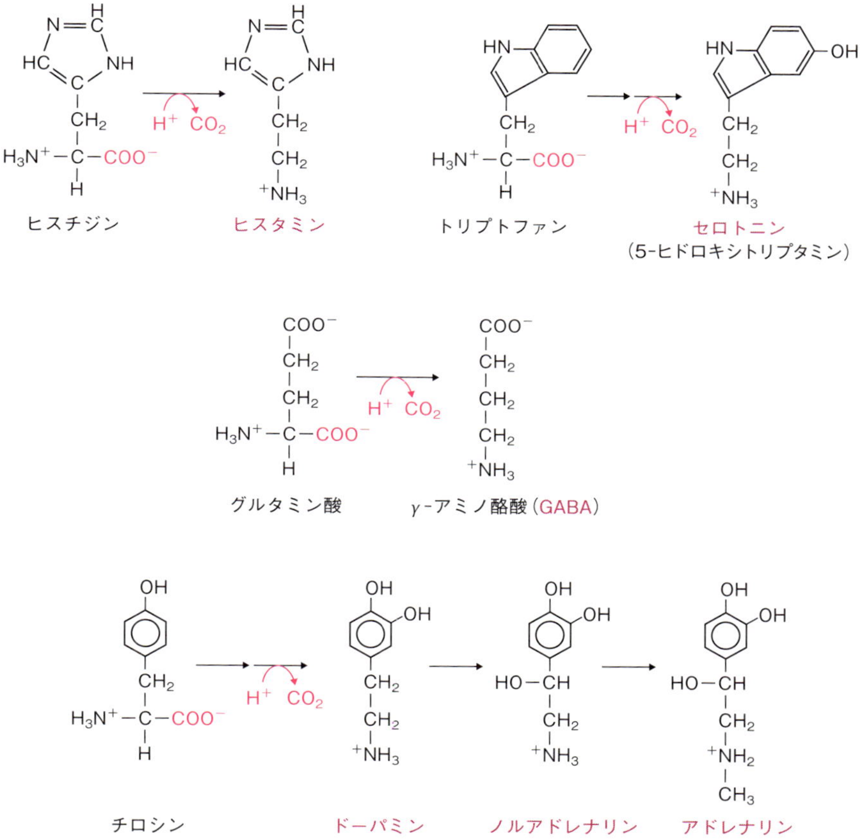

12.3 アミノ酸からの生合成

図 12.8 生体アミンの合成

る γ-アミノ酪酸（gamma-aminobutyric acid、略して **GABA**）は逆に、抑制性の神経伝達物質である（3.4 節）。ちなみにグリシンはそのままで脳の抑制性神経伝達物質としてはたらく。

　カテコールアミンと総称される一連の生体アミン、**ドーパミン・ノルアドレナリン・アドレナリン**は、チロシンの脱炭酸によって合成される。このうちドーパミンとノルアドレナリンは、中枢神経の興奮性神経伝達物質であり、それぞれ特徴的な機能を果たしている。ドーパミンの減少は**パーキンソン病**

という神経疾患の原因となる。ドーパミンの前駆体 L-ドーパは、この病気の主要な治療薬である。ノルアドレナリンとアドレナリンは末梢神経（交感神経）から遊離される神経伝達物質であり、また副腎髄質から放出されるホルモンでもある。多くの臓器に作用してからだを活動的な状態に導く。

そのほか、ヘモグロビンやシトクロムの補欠分子族であるヘムの環構造ポルフィリン（10.3 節 (a)）や、筋肉のエネルギー貯蔵物質の 1 つであるクレアチンなど、多くの窒素化合物がアミノ酸を出発物質として合成される。

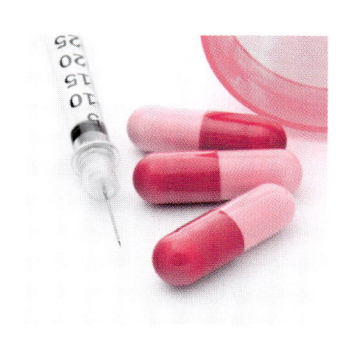

13
ヌクレオチドの代謝

　最後の章では、ヌクレオチドの分解（**13.1 節**）と合成（**13.2 節**）を取り上げる（**図 13.1**）。ヌクレオチドは、核酸の構成成分であるとともに、信号物質の材料やエネルギー運搬体としても重要である。このヌクレオチドは、アミノ酸と同じく有機窒素化合物であるため、その代謝にもアミノ酸と共通の面もあるが、一方で独特の医学的重要性もある。すなわち、ヌクレオチド代謝の酵素の遺伝子欠損が病気の遺伝的要因になっていたり、酵素の阻害剤がウイルス病やがん・生活習慣病などの治療に有効な医薬品になっていたりする（**13.3 節**）。

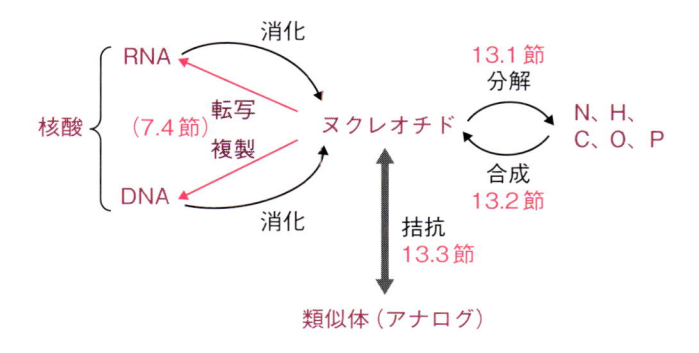

図 13.1　ヌクレオチド代謝の概要

第3部　代謝編

13.1 ヌクレオチドの分解

　食物中の核酸は、消化酵素のヌクレアーゼ（nuclease、5.2節③）によってオリゴヌクレオチドにまで分解される。オリゴヌクレオチドはさらにホスホジエステラーゼによって加水分解され、モノヌクレオチドになる。ヌクレオチドは次に、ヌクレオチダーゼ（nucleotidase）によってリン酸基を除かれ、生じたヌクレオシドはさらにヌクレオシダーゼ（nucleosidase）によって遊離の塩基とリボース（ないしはデオキシリボース）に加水分解される。あるいはホスホリラーゼによって加リン酸分解され、塩基とリボース 1-リン酸（やデオキシリボース 1-リン酸）になることもある。食物中のプリンやピリミジンは、腸でさらに分解されるため、細胞での核酸合成にはあまり使われない。

　細胞中のヌクレオチドも、やはりさかんに分解される（図 13.2、図 13.3）。糖や脂肪酸およびアミノ酸の炭素骨格などの分解は ATP の合成を伴

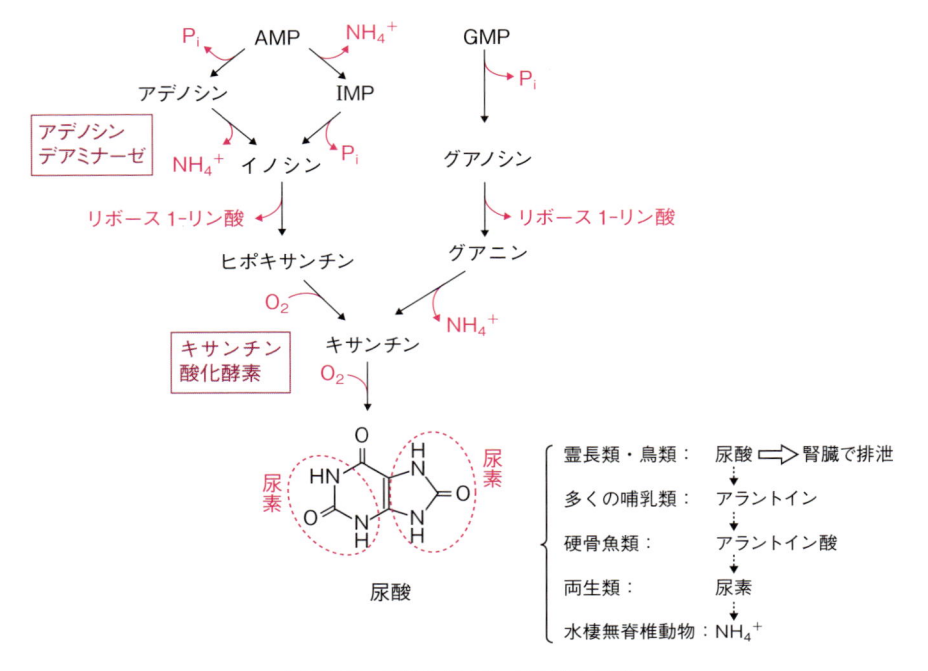

図 13.2　プリンヌクレオチドの分解

13.1 ヌクレオチドの分解

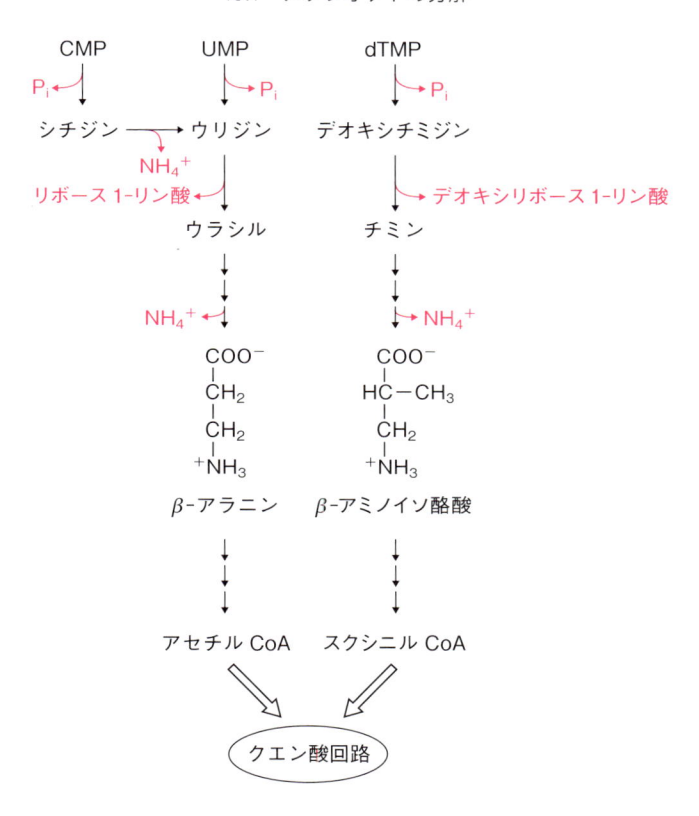

```
CMP              UMP              dTMP
 ↓ Pi             ↓ Pi             ↓ Pi
シチジン  →  ウリジン         デオキシチミジン
         NH4+  ↓
リボース 1-リン酸 ←            → デオキシリボース 1-リン酸
         ウラシル            チミン
           ↓                  ↓
         NH4+                NH4+
         COO⁻               COO⁻
         CH2                HC―CH3
         CH2                CH2
         +NH3               +NH3
        β-アラニン         β-アミノイソ酪酸
           ↓                  ↓
           ↓                  ↓
       アセチル CoA       スクシニル CoA
              ↘         ↙
              クエン酸回路
```

図 **13.3** ピリミジンヌクレオチドの分解

うが（9〜12章）、プリン塩基やピリミジン塩基の分解ではATPが生じない。

ヒトにおいてプリン環は分解されないが（**図 13.2**）、ピリミジン環は開裂され、さらに分解されてクエン酸回路で代謝される（**図 13.3**）。プリンの分解の程度は、生物種によって異なる。ヒトをはじめとする霊長類や鳥類では、プリンの最終分解物は尿酸であり、腎臓から排泄される。動物の種類によって、それぞれさらにアラントイン・アラントイン酸・尿素・アンモニウムイオンにまで分解されてから排泄される。ただしヒトにおいても、プリン環の側鎖のアミノ基や、ピリミジン環の開裂で生じたアンモニウムは、尿素に取り込まれて排泄される（**12.1.2 項**）。

プリン分解経路の不具合による病気がいくつか知られている。**痛風**は、血液中の尿酸濃度が異常に高まる**高尿酸血症**（hyperuricacidemia）を基盤としておこる疾患である。関節炎と激しい痛みがくり返されることを特徴とする。溶解度の低い尿酸が結晶化して関節などに付着し、白血球、とくにそのうちの好中球がこの結晶を捕食する活動が高じて、炎症が激化して発症する。尿酸値が上がる原因には、尿酸合成の亢進・腎機能低下による尿酸排泄障害・プリン体を多く含むビールや内臓肉の多飲多食などがある。

免疫不全症の1つ**アデノシンデアミナーゼ欠損症**（ADA欠損症）は、アデノシンからアミノ基を除いてイノシンを生成する酵素が欠けている病気である。これによってdATP濃度が上昇すると、リボヌクレオチドからデオキシリボヌクレオチドを合成するリボヌクレオチド還元酵素がフィードバック阻害され、DNA合成が抑制される。細胞増殖のさかんなリンパ球がとくにこのDNA合成抑制の影響を被り、重症複合免疫不全（severe combined immunodeficiency disease：**SCID**）を引きおこす。治療法としては、ADA酵素を外から補充するのが一般的である。世界で最初の**遺伝子治療**がほどこされたのも、このADA欠損症の患者だった。

13.2　ヌクレオチドの合成

プリンヌクレオチドの合成には、**新生経路**（*de novo* pathway）と**再利用経路**（salvage pathway）とがある。*de novo*（デノボ）はラテン語に由来する。新生合成では、リン酸基を3つ結合したリボースである 5-ホスホリボシル 1α-二リン酸（PRPP）の土台の上に、プリン環が組み上げられていく（図13.4）。プリン環の炭素原子や窒素原子は、それぞれアミノ酸や C_1 運搬体の葉酸（8.2.2項）などから供給される。プリンヌクレオチドの新生合成経路は、フィードバック阻害やフィードフォワード促進（7.3.2項①(a)）により調節されている。

再利用経路では、細胞内で核酸が分解される際に遊離される塩基が再利用される。この塩基がPRPP（リボースの土台）と結合されて、ヌクレオシド-一リン酸（NMP）が合成される（図13.5）。アデニンの再利用、すなわ

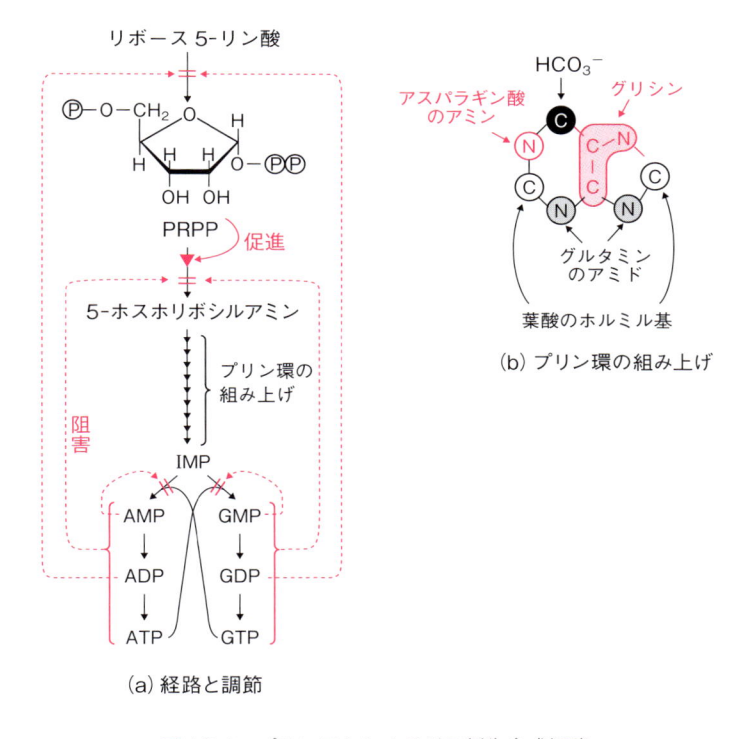

図 13.4　プリンヌクレオチドの新生合成経路

(a) 経路と調節
(b) プリン環の組み上げ

ち AMP の合成は、アデニンホスホリボシル トランスフェラーゼ（APRT）が触媒する。一方グアニンやヒポキサンチンの再利用、すなわち GMP や IMP の合成は、ヒポキサンチン-グアニンホスホリボシル トランスフェラーゼ（HGPRT）が触媒する。

　新生経路と再利用経路のどちらが重要かは明らかになっていない。しかし、X 染色体上にある HGPRT 遺伝子が欠損すると、**レッシュ-ナイハン症候群**という重篤な遺伝病を引きおこすことは、再利用経路が非常に重要であることを示している。また HGPRT 遺伝子の部分的欠損は、痛風の一因にもなっている。

　一方、ピリミジンヌクレオチドの新生合成は、プリンヌクレオチドの場合

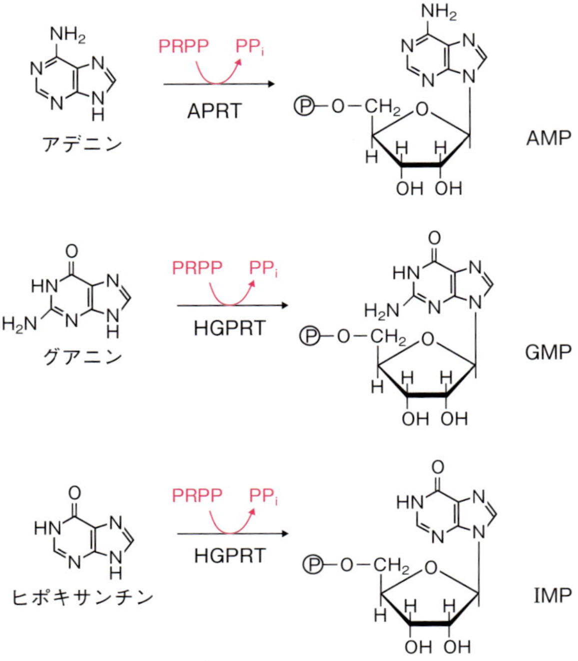

図 13.5 プリンヌクレオチドの再利用経路

とは異なり、まずピリミジンの閉環が構築された上で、PRPP（リボースの土台）と結合される（**図 13.6**）。環の6つの原子は、すべて2つの分子（アスパラギン酸とカルバモイルリン酸）だけに由来するので、5種類7分子に由来するプリン環より合成経路は単純である。フィードバック阻害やフィードフォワード活性化で調節されていることは、プリン合成の場合と同様である。

以上ここまでは、リボヌクレオチドの合成である。リボヌクレオチドは、RNA 合成の素材となったり、各種補酵素の材料として使われたりする。もう1つの核酸である DNA の合成には、デオキシリボヌクレオチドが素材となる。このデオキシリボヌクレオチドは、リボヌクレオチドと2つの点で異なる。1点めは、リボースの 2′ 位が還元され、酸素原子が除かれていることである。もう1点は、ウラシル塩基の代わりにチミン塩基が使われているこ

13.2 ヌクレオチドの合成

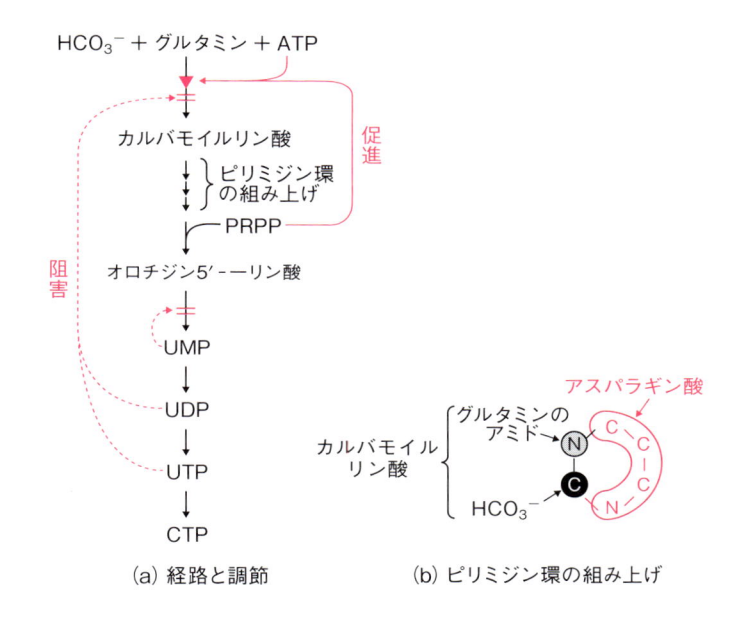

```
HCO₃⁻ ＋ グルタミン ＋ ATP
            ↓
      カルバモイルリン酸           促進
            ↓  ⎫ピリミジン環
            ↓  ⎬の組み上げ
            ↓  ⎭
           PRPP
            ↓
      オロチジン5'-一リン酸
            ↓
           UMP
            ↓
           UDP
            ↓
           UTP
            ↓
           CTP
```

（a）経路と調節　　（b）ピリミジン環の組み上げ

図 13.6　ピリミジンヌクレオチドの新生合成経路

とである（4.3 節）。チミンはウラシルの 5 位がメチル化された分子である。

1 点めのリボースの還元は、リボヌクレオチド二リン酸（NDP）を基質として、リボヌクレオチドレダクターゼが触媒する。電子はもともと NADPH から供与されるが、他の補酵素（チオレドキシン）が仲介してこの酵素に渡される。2 点めのウラシルのメチル化は、デオキシウリジル酸（dUMP）を基質として、**チミジル酸シンターゼ**が触媒する。この反応の C_1 運搬には、補酵素であるテトラヒドロ葉酸（THF）がはたらく（8.2.2 項）。N^5, N^{10}-メチル THF からメチレン基がウラシルに転移されるとメチル基に還元され、THF の方はジヒドロ葉酸（DHF）に酸化される。この DHF を THF に再生する反応は**ジヒドロ葉酸レダクターゼ**が触媒し、その還元には補酵素 NADPH が使われる。これらの酵素は、抗がん薬の代表的な標的である（次節）。

13.3　代謝拮抗薬

酵素を拮抗的に阻害し、代謝を妨げることによって薬効をあらわす薬を、**代謝拮抗薬**（antimetabolite）という。多くの代謝拮抗薬は、ヌクレオチド代謝の酵素を標的とする（図 13.7）。代謝拮抗薬は、化学的にもヌクレオチドやその一部である塩基の**類似体**（analog、アナログ）が多い。あるいは、ヌクレオチド代謝で C_1 運搬体としてはたらくビタミン、葉酸の類似体もある。

代謝拮抗薬の1つとして、痛風（13.1節）の治療に使われる**アロプリノール**（allopurinol）がある。アロプリノールは、プリンによく似た構造をしているが、環構造の中の N と C が 1 か所だけ入れ替わっている（図 13.8(a) と表 4.1 を比較）。これは、キサンチン酸化酵素（図 13.2）を阻害する。この酵素は、プリンヌクレオチドを異化して尿酸を生成する経路において、2段階の酸化反応を触媒する。これを阻害することによって、尿酸の合成が妨げられる。その結果、血漿（けっしょう）（血液の水成分）中の尿酸濃度が下がり、痛風が改善される。

がんの治療に用いられる**化学療法薬**（chemotherapeutics）や抗ウイルス薬にも、ヌクレオチド代謝を阻害する代謝拮抗薬が多い。がん細胞やウイルスは、ヒトや家畜のからだの正常細胞より増殖速度が速い。急速に増殖すること自体が、それらの有害性のおもな要因になっている。したがってヌクレオチド、ひいては核酸の合成を妨げる薬が、がんやウイルス性疾患の治療薬として有効性を示す。

代表的な抗がん薬のうち、5-フルオロウラシルはピリミジンの類似体であり、フッ素原子を含む（図 13.8(b)）。これは、チミジル酸シンターゼ（13.2節）を阻害する。またメトトレキサートは THF の構造類似体であり、ヒドロキシ基がアミノ基に置換している

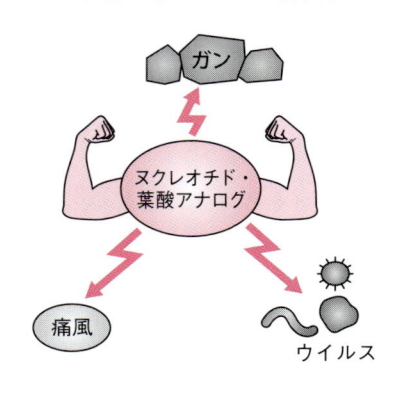

図 13.7　代謝拮抗薬のパワー

13.3 代謝拮抗薬

(a) アロプリノール　(b) 5-フルオロウラシル　(c) メトトレキサート

(d) 6-メルカプトプリン　(e) アジドチミジン　(f) イドクスウリジン

図 13.8　代謝拮抗薬の構造

（同図 (c)）。この薬は、ジヒドロ葉酸レダクターゼ（13.2 節）を阻害することによって、チミジル酸シンターゼの活性に必要な THF の再生を妨げる。6-メルカプトプリンは、メルカプト基（チオール基 -SH の別名）をもつプリン類似体である（同図 (d)）。

　抗ウイルス薬でも、後天性免疫不全症候群（エイズ）の治療薬であるアジドチミジン（別名ジドブジン）や、抗ヘルペス薬のイドクスウリジンなどは、その名称からもヌクレオシド類似体であることが容易に想像できる（同図 (e)、(f)）。このうちアジドチミジンは、エイズウイルス（HIV）のようなレトロウイルスに特有の RNA 依存性 DNA ポリメラーゼ（逆転写酵素、7.4 節）を阻害する。

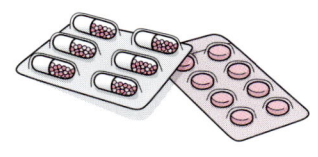

索　引

- 太字は詳しい説明のあるページを示す。
- ページの後ろのFは図中、Tは表中、Cは豆知識中にあることを示す。

記号

α ヘリックス　**64**, 69F
β 酸化　42, **229**, 242
β シート　64
β ストランド　**65**, 69F
β バレル　67
γ-アミノ酪酸　54F, **71**, 261
Δ　**45**, 130, 232

数字

3′末端　**76**, 158T
5′末端　**76**, 158T

アルファベット

ATP　**73**, 98, 133, 166, 186, 190C, 212, 229, 242, 252
BCAA　**55**, 257
bp　79
C_1 運搬体　**173**, 255, 266
cAMP　146, **208**
CoA　148, **171**, 213, 229, 237
C 末　**61**, 107F, 110, 158T
DHA　43T
D-L 表示法　**8F**, 93C
DNA　17, **78**, 158, 173, 268
EC 番号　**91**, 98, 222
EPA　43T
ES 複合体　**105**, 115, 126
FAD　77, **169**, 215, 224, 230
F_oF_1-ATP 合成酵素　218, **223**
GABA　54F, **71**, 261
GAG　25

GC 含量　79
HMG-CoA　247
IUBMB　**91**, 93C
IUPAC　**44C**, 93C
K_m　**115**, 122T
NAD　77, 166, **167**, 188, 213, 222, 232
NADP　**167**, 200, 242
Na^+,K^+-ATP アーゼ　98, **146**
N 末　**61**, 107F, 158T
PDB　**68**, 69F
pH　**37C**, 59, 99, 168, 236
pI　60
pK_a　**39**, 59
P/O 比　225C
PRPP　266
RNA　14, **78**, 169
RNA ワールド　170C
R 基　**54**, 72, 249
R 状態　155
siRNA　**77**, 83
SOD　122, **227**
S-R 表示法　93C
S 字曲線　154
TCA 回路　41C, **212**
TM　67
T 状態　155
V_{max}　**115**, 128
X 線結晶構造解析　68

あ

アガロース　24
アキシアル　13
アキラル　7C

アシドーシス　**39**, 236
アシル酵素　**109**, 110
アスコルビン酸　139T, **170**
アセタール　10F
アセチル CoA　172, **214**, 230, 236T, 246F
アセチルグルコサミン　**17**, 24, 27F
アデニル酸環化酵素　146, **208**
アデノシンデアミナーゼ欠損症　266
アドレナリン　171, 209, **261**
アナログ　**173**, 270
アノマー　10
アビジン　175
アポ酵素　**166**, 174
アミド結合　**60**, 72
アミノ基　**53C**, 75, 249
アミノ酸　**52**, 108, 249, 260
アミノ配糖体　18
アミラーゼ　191, **203**
アミロース　**22**, 203
アミロペクチン　**22**, 203
アミン　**53C**, 260
アラントイン　265
アルカプトン尿症　257
アルカローシス　39
アルギナーゼ　253
アルコール発酵　195
アルダル酸　15
アルドース　**5**, 14, 187
アルドール　**187**, 214
アルドン酸　15

索　引

あ

アルブミン　69
アロステリック　**152**, 195, 209, 217, 238
アロプリノール　270
アンモニア　**248**, 251C

い

硫黄　**55**, 174, 181T, 221
イオン駆動力　137
イオン結合　**31**, 67
異化　**140**, 210, 270
鋳型　**81**, 103, 104, 159, 184
いす形　12
異性化酵素　**96**, 124, 186, 201F, 232
異性体　**7C**, 55, 101
イソプレノイド　**177C**, 247
イソメラーゼ　96
依存性　**100**, 116
一次構造　62
一次代謝　144
一次反応　114
遺伝子　73, 76, 83, 97, **152F**, 159, 211, 266
遺伝情報　78, 84, **158**
イベリコ豚　48
イミン　53C
インスリン　**208**, 239F

う

ウイルス　77, **84**, 159, 227, 263, 270
ウロン酸　17

え

栄養素　3, 137, **161**
エキソグリコシダーゼ　203C
エクアトリアル　12
エステル結合　**76**, 158T, 172

エネルギー貯蔵　22, **47**, 186, 197, 206, 228
エネルギー通貨　**133**, 186, 189
エノール形　15F
エノラーゼ　188
エピマー　9
エピメラーゼ　**191**, 201F
エフェクター　**152**, 196
エラスターゼ　108, **111**
塩基　**36**, 73
塩基性　**37**, 55
塩基対　79
塩橋　67
エンタルピー　131
エンドグリコシダーゼ　203C
エントロピー　34, **130**

お

オキシアニオンホール　109
オキシゲナーゼ　**94**, 257
オキシダーゼ　90, **94**
オリゴ糖　**18C**, 29
オリゴヌクレオチド　76
オリゴペプチド　**61**, 71
オリゴマー　**2**, 61
オルニチン　71, **253**

か

壊血病　161, **170**
開始コドン　83
回転触媒機構　223
解糖系　95, **186**, 198, 207, 258
化学療法薬　270
化学量論　**149**, 224
鍵酵素　**144**, 198, 237, 247, 257
鍵と鍵穴説　103

可逆　101, **115**, 253
可逆阻害　126
核酸　14, 73, **78**
核磁気共鳴　68
過酸化水素　94
加水酵素　90, **96**, 214, 230
加水分解　**95**, 101, 134, 203
カスケード　157C
カタラーゼ　94, **227**
脚気　161, **174**
活性　**9C**, 88, 120, 165
活性化　**149**, 157, 167, 213, 229, 237, 243
活性化エネルギー　**106**, 147
活性酸素　226
活性中心　**104**, 123, 127, 223
過渡　117C, **123**
果糖　**13**, 191
ガラクトース　**14**, 25, 191
ガラクトース血症　14, **191**
下流　81
加リン酸分解　**204**, 264
カルシフェロール　178
カルバモイルリン酸　153, **252**, 268
カルボキシラーゼ　237
カロテノイド　177
還元酵素　**94**, 242, 247
還元糖　**14**, 19
還元末端　**21**, 158T
緩衝液　39
肝臓　22, 178, **199**, 200, 204, 207, 249
含硫アミノ酸　55

き

擬一次反応　114
基質　101, **105**, 115, 144
キシリトール　17
キチン　24

拮抗阻害 **126**, 270
基底状態 106
キナーゼ 90, **95**, 156, 186, 201F, 208, 238
機能性食品 18C
キノン 180, **221**, 246F
ギブズの自由エネルギー 105, **130**, 131
逆転写酵素 **159**, 271
吸エルゴン反応 **132**, 146
求核基 109C
求電子中心 109C
共生 **3**, 165, 212
協奏モデル 155
共同性 153
共鳴構造 **63**, 172
共役 102, 129, **135**, 147, 225C
共有結合 **31**, 66, 110
共有電子対 109C
極性 55
極性基 **33**, 48, 55
キラル 7C

く

クエン酸回路 41C, **212**, 253
グリカン 21
グリコーゲン **22**, 47, 149, 197, 204, 207
グリコサミノグリカン 25
グリコシド結合 **18**, 158T
グリセロール 17, **46**, 229
グルカゴン **208**, 239F
グルクロン酸抱合 17
グルコース **13**, 186, 200, 225T
グルコース - アラニン回路 199, **251**
くる病 178

クレブス回路 212
クレブス二重回路 254
クレブス - ヘンゼライト回路 252

け

ケタール 10F
血液型 29
血液凝固不全 179
血液検査 13C
血算 13C
血糖 **13**, 19, 21, 207, 238
ケトーシス **236**, 257
ケトース **5**, 14, 187
ケト形 15F
ケト原性アミノ酸 257
ケトン体 **233**, 256
ゲノム 84, **141**, 157, 211, 259
限界デキストリン 204
嫌気 193, **226**

こ

コイルドコイル 68
高アンモニア血症 254C
高エネルギーリン酸化合物 95, **134**, 150, 206, 230, 243
光学活性 9C
好気 **193**, 226
高級 **42**, 48
抗酸化物質 179, **227**
恒常式 116
構成酵素 151
合成酵素 89, **97**, 149, 156, 214, 239, 252
抗生物質 18, **71**
酵素 **87**, 112, 140, 165
高速混合装置 124
高尿酸血症 266
抗ヒスタミン薬 260

酵母 194
呼吸 **193**C, 223
呼吸鎖 215, **218**
国際単位系 121C
五炭糖リン酸経路 **200**, 237
骨格筋 22, **199**, 250
コドン 83
互変異性体 15C
コラーゲン 71, **170**
コリ回路 **199**, 250
孤立電子対 109C
コレステロール **45**, 126, 247
混合阻害 127
コンドロイチン硫酸 26
コンフォメーション **12**C, 63, 152
コンフォメーション変化 67, **104**

さ

細胞外マトリクス 25C
細胞質ゾル 95C, **99**C, 186, 222, 236, 252
細胞小器官 **99**C, 211
再利用経路 266
サブユニット **68**, 153, 219, 223
酸 **36**, 78, 240
酸化還元 151C, **167**, 221
酸化還元酵素 **94**, 124, 222
酸化還元電位 138
酸化酵素 69F, 90, **94**, 223, 264C
酸化ストレス 171, **227**
酸化的リン酸化 210, **218**
残基 **2**, 21, 51, 63, 76, 106, 204
三次構造 66
酸性 **37**, 55, 78, 95C

索　引

し

ジアスターゼ　203
ジアステレオマー　7C
シアノコバラミン　175
ジオキシゲナーゼ　94
脂環式　**41C**, 45
シクロデキストリン　21
脂質　**30**, 41, 67, 228
脂質二重層　**50**, 67
シス形　**43C**, 63, 232
ジスルフィド結合　**61**, 66
失活　100F, **165**
湿重量　47
至適条件　**100**, 120
シトクロム　68, 139T, **151C**, 219, **223**, 262
自発的に　70, **130**, 149, 189
ジヒドロ葉酸レダクターゼ　**269**, 270
脂肪　**46**, 197, 243
脂肪酸　**41**, 200, 229
脂肪族　4C, **41C**, 55
シャルガフの規則　**79**, 84
自由エネルギー　**130**, 195
終止コドン　83
重症複合免疫不全　266
主鎖　**61**, 76, 80
酒石酸　7C
主要栄養素　57C, **161**
純度　120
消化酵素　3, 22, **100**, 202, 249, 264
脂溶性　**35**, 176, 228
脂溶性ビタミン　177
少糖　**18**, 190
上流　81
初期速度　115
触媒　**88C**, 98, 106, 182
触媒3残基　108

触媒部位　104
食物繊維　**3**, 24
進化　**62**, 108, 211, 226
人工基質　124C
親水性　**35**, 55, 67
新生経路　266
腎臓　17, 98, **178**, 265
新陳代謝　140
浸透エネルギー　135
親和性　**9C**, 155

す

膵臓　106, 157, **207**
水素結合　**32**, 63, 79
水溶性　**35**, 167, 233
水溶性ビタミン　167
水和　67, **96**
スーパーオキシド ジスムターゼ　122T, **227**
スクラーゼ　191
スタチン　**126**, **247**
ステロイド　**45**, 200, 245
スフィンゴ脂質　51
スフィンゴ糖脂質　29
ズブチリシン　108

せ

生活習慣病　**46**, 226, 263
制限酵素　97, 101, **160**
成熟　71, **150C**
生成物　**105**, 112, 144
生体アミン　260
生体異物　144
生体エネルギー学　129
生体高分子　2
生体膜　**50C**, 95C, 135, 211
静的　104, **117C**
静電的相互作用　**31**, 110, 123
セラミド　51

セリンプロテアーゼ　106, **108**
セルロース　**22**, 206
遷移状態　**106**, 109
前駆体　**150C**, 158T, 167
旋光性　9C
先天性代謝異常症　**191**, 257

そ

双極子　33C
双曲線　**115**, 154
双性イオン　59
相同性　108C
相補性　80
阻害剤　**126**, 263
阻害定数　128
側鎖　54, **61**, 111
速度定数　36C, **113**, 127
速度論　112
束縛エネルギー　130
疎水性　17, **35**, 50, 55, 67, 106, 245
素段階　**105**, 126, 239

た

ターン構造　66
代謝　86, **140**, 184
代謝回転　**121**, 151
代謝拮抗薬　173, **270**
多価アルコール　4C
高峰譲吉　203
脱水酵素　**96**, 242
脱水素酵素　**89**, 188, 201F, 213, 222, 230
多糖　**21**, 202
多量体　**2**, 52, 78
炭化水素　41C
単純脂質　46
単純タンパク質　62
炭水化物　**3**, 96

276　　　　　　　　　　　索　引

炭素骨格　**249**, 256, 264
単糖　**4**, 21, 185, 200
タンパク質　**52**, 249
単量体　**2**, 52, 73, 158T

ち

チアミン　174
チオエステラーゼ　242
チオエステル結合　**171**, 214, 240, 242
チオラーゼ　230
逐次機構　125
逐次モデル　155
チミジル酸シンターゼ　**269**, 270
中間体　**117**, 212, 239, 252
中間代謝物　14, **144**, 188, 195, 201, 216, 218
中性　**37**, 60, 99
中性脂肪　**46**, 228, 243
調節　102, **151**, 195, 209
調節酵素　151
腸内細菌　20, **22**, 174, 179

つ

痛風　266

て

デアミナーゼ　264C
定常状態　**117C**, 151
定序逐次機構　125
デオキシリボース　**74**, 264
滴定　40
鉄-硫黄中心　221
テトロース　5
デノボ　266
デヒドロゲナーゼ　90
転移 RNA　81
転移酵素　**95**, 124, 186, 207
電気陰性度　32

電気化学ポテンシャル　**135**, 222
電子供与体　92T
電子受容体　92T
電子伝達系　151C, **218**
電子メディエーター　219
転写　82, 151, **158**
デンプン　**22**, 202
伝令 RNA　**81**, 150

と

銅　181T, **222**
糖アルコール　**17**, 75F
同化　140
糖原性アミノ酸　257
糖鎖　**25**, 28, 50C, 62
糖質　**3**, 25, 185
糖新生　**198**, 207, 257
透析　**70C**, 165
動的　**117C**, 145
等電点　60
糖尿病　235
動脈硬化　126, 227, **247**
特異性　**101**, 103, 110
トコフェロール　179
ドメイン　**67**, 239
トランスアシラーゼ　240
トランスアルドラーゼ　201F
トランス形　**43C**, 63, 232
トランスカルバモイラーゼ　253
トランスケトラーゼ　201F
トランス脂肪酸　44
トランスフェラーゼ　**95**, 153, 191, 267
トリアシルグリセロール　**46**, 229, 243
トリオース　**5**, 188
トリプシン　90, 108, **110**

トレハロース　14, **20**

な

ナイアシン　167
内在性　**67**, 223
ナトリウム駆動力　137

に

二核中心　223
二機能酵素　208
ニコチンアミド　77
ニコチン酸　167
二次構造　63
二次代謝　144
二次反応　114
二重らせん　78
乳酸発酵　195
尿酸　251C, **265**
尿素　**251C**, 265
尿素回路　252

ぬ

ヌクレアーゼ　264
ヌクレオシダーゼ　264
ヌクレオシド　**74**, 264
ヌクレオチダーゼ　264
ヌクレオチド　**73**, 263

の

脳　13, 98, 145, 236, **260**

は

パーキンソン病　261
バースト　124
ハースの投影式　10
ハーバー-ボッシュ法　99
配糖体　**18**, 75F, 96
麦芽糖　20
発エルゴン反応　84, **132**, 140, 171, 205

索 引

発現　159
発酵　57, 112, **194**
パラメーター　**115**, 122
パントテン酸　171
反応物　104, **112**
半反応　137

ひ

ヒアルロン酸　26
ビオチン　174
比活性　120
非還元糖　**14**, 18
非還元末端　**21**, 158T, 207
非拮抗阻害　127
非共有電子対　109C
ヒスタミン　260
ビタミン　14, 77, **164**
ビタミンC　17, **170**
ビタミン過剰症　176
ビタミン欠乏症　164
必須アミノ酸　**57C**, 258
必須脂肪酸　44
ヒドラターゼ　**90**, 214
ヒドロキシ基　4C, 9, 28
ヒドロニウムイオン　38
表在性　**67**, 221, 223
標準アミノ酸　**55**, 71, 258
標準状態　**131**, 138
標的　95, 157, 198, **207**, 260, 269
ピラノース　10
ピリドキシン　176
ピリミジン　**75**, 173, 264
微量栄養素　57C, **161**, 247
肥料の三大要素　248
ピルビン酸　**189**, 213, 225T, 237
貧血　**173**, 176
ピンポン機構　126

ふ

ファミリー　**108**, 157
ファンデルワールス力　**33**, 67
フィードバック阻害　**154**, 197, 217, 266
フィードフォワード活性化　**154**, 197, 266
フィッシャーの投影式　8
フィッティング　**121**, 129C
フェーリング反応　14
フェニルケトン尿症　257
フォアグラ　48
フォールディング　63
フォールド　67
不可逆　**101**, 195, 198
不可逆阻害　126
不拮抗阻害　127
複合脂質　48
複合体　213, **219**, 239
複合タンパク質　62
複製　81, **158**
不斉炭素　**7C**, 54, 93C
不対電子　226
ブドウ糖　13
舟形　12
不飽和　**41C**, 232, 242
フラノース　10
フラビン　77, **169**, 221
フリーラジカル　227
プリン　**75**, 173, 264
フルクトース　**13**, 18, 186, 191, 201
プロテアーゼ　95
プロテオグリカン　25
プロトン　**36**, 59, 109
プロトン駆動力　**137**, 222
プロビタミン　177
分枝鎖アミノ酸　**55**, 257

分子シャペロン　70

へ

平衡状態　36C, **117C**, 132
平衡定数　36C, 59, 120, 133
ヘキソース　**5**, 13, 90
ペクチン　24
ヘテロトロピック　153
ペプシン　158
ペプチジルトランスフェラーゼ　**82**, 84, 160
ペプチド　**60**, 71, 208
ペプチドグリカン　26
ペプチド結合　**60**, 72, 108, 158T
ヘミアセタール　**9**, 14, 18
ヘム　151C, **219**, 262
ヘモグロビン　**154**, 221, 262
ペルオキシダーゼ　94, **226F**
ベル形　100
変性　**68**, 80, 101
ヘンダーソン-ハッセルバルヒの式　40
ペントース　5

ほ

補因子　**182**, 222
芳香族　4C, **41C**, 55, 110, 257
飽和　41C, **116**, 232
補欠分子族　**166**, 182, 219
補酵素　**165**, 171, 182
補酵素A　150
補充反応　218
ホスファターゼ　**156**, 208, 238
ホスファチジルイノシトール　243
ホスファチジルコリン　51

索 引

ほ（続）

ホスファチジン酸　243
ホスホリラーゼ　156
ポテンシャル　136C
ホモトロピック　153
ポリグルタミン酸　72
ポリペプチド　**62**, 108
ポリメラーゼ　**159**, 271
ポルフィリン　**219**, 262
ホロ酵素　**166**, 176
翻訳　52, 71, 82, 150, **159**, 248F

ま

膜間腔　**212**, 222
膜貫通領域　**67**, 222
膜タンパク質　50C, **67**, 212, 215, 218
膜電位　136
マトリクス　**212**, 222
マルトース　14, **20**, 204
マンナン　24

み

ミオシン　88, 98, **146**
ミカエリス定数　115
ミカエリス-メンテン　**119**, 123
ミトコンドリア　99C, 193, **211**, 218, 229
ミネラル　161, **180**

む

無極性　34
ムコ多糖　25
無酸素　193
ムターゼ　**97**, 188

め

メープルシロップ尿症　257
メナキノン　139T, **179**
メバロン酸　247

も

モチーフ　**67**, 156
モノオキシゲナーゼ　**94**, 257

ゆ

有酸素　193
誘導酵素　151
誘導脂質　41
誘導適合説　104
遊離　2, 15, 34, 45, 106, 126, 134, 190, 207, 228, 264
油脂　30
ユビキノン　139T, **221**, 246F

よ

葉酸　**172**, 255, 269
四次構造　68

ら

ラインウェーバー-バークプロット　129C
ラクターゼ　191
ラクトース　14, **19**
ラクトース不耐症　20
ラジカル　227
ラセミ　97C
らせん　22, 68, **79**
らせん状　**64**, 231, 236
ランゲルハンス島　208
ランダム　**125**, 204

り

卵白障害　175
リアーゼ　**96**, 188, 253
リガーゼ　97
リガンド　153C
リソソーム　**95C**, 100
リゾチーム　90
律速　**144**, 151, 195, 237
立体配座　**12C**, 63
リビトール　**17**, 169F
リボース　**14**, 73, 264
リボザイム　**84**, 88, 161, 170C
リボソーム　82
リボソーム RNA　81
リボフラビン　169
両逆数プロット　**121**, 128
両親媒性　**35**, 50
リン酸化　**156**, 223, 238
リン酸無水物結合　**74F**, 223
リン脂質　**51**, 243

る

類似体　127, 173, **270**
ルシフェラーゼ　129

れ

零次反応　114
レダクターゼ　**94**, 242
レチノイン酸　178
レチノール　177
レッシュ-ナイハン症候群　267

ろ

ロウ　48
ロドプシン　177

著者略歴
坂本　順司
（さかもと　じゅんし）

1979年	大阪大学 理学部 生物学科 卒業
1984年	大阪大学大学院 生物化学専攻 博士後期課程 修了（理学博士）
1985年	東海大学 医学部 薬理学教室 助手
1989年	米国アイオワ大学 医学部 生理学生物物理学教室 研究員
1992年	九州工業大学 情報工学部 生物化学システム工学科 助教授
2006年	九州工業大学 情報工学部 生命情報工学科 教授
2008年	九州工業大学大学院 情報工学研究院 生命情報工学研究系 教授
2020年	九州工業大学 名誉教授

主な著書
Respiratory Chains in Selected Bacterial Model Systems（分担執筆、Springer）
Diversity of Prokaryotic Electron Transport Carriers（分担執筆、Kluwer Academic Publishers）
いちばんやさしい生化学（単著、講談社）
理工系のための生物学（改訂版）（単著、裳華房）
微生物学 ―地球と健康を守る―（単著、裳華房）
柔らかい頭のための生物化学（単著、コロナ社）

イラスト　基礎からわかる生化学 ―構造・酵素・代謝―

2012年 9月20日　第1版1刷発行
2016年 2月10日　第2版1刷発行
2021年 8月 5日　第2版4刷発行

検印省略

定価はカバーに表示してあります。

著作者	坂　本　順　司
発行者	吉　野　和　浩
発行所	東京都千代田区四番町8-1 電話　03-3262-9166(代) 郵便番号 102-0081 株式会社　裳　華　房
印刷所	株式会社　真　興　社
製本所	牧製本印刷株式会社

一般社団法人
自然科学書協会会員

JCOPY〈出版者著作権管理機構 委託出版物〉
本書の無断複製は著作権法上での例外を除き禁じられています．複製される場合は，そのつど事前に，出版者著作権管理機構（電話03-5244-5088，FAX 03-5244-5089, e-mail: info@jcopy.or.jp）の許諾を得てください．

ISBN 978-4-7853-5854-9

ⓒ 坂本順司，2012　　Printed in Japan

坂本順司先生ご執筆の書籍

ワークブックで学ぶ ヒトの生化学　構造・酵素・代謝　坂本順司 著
A 5 判／200頁／定価 1760円（税込）

生化学をきちんと習得するには，教科書を読んだり電子的資料を眺めたりするという受け身の作業だけでは不十分であり，問題を解き自己採点する能動的な活動が深い理解を助ける．本書は，取り扱う項目やその内容・構成などを親本の『イラスト 基礎からわかる生化学』に合わせたワークブックである．計算問題や記述式問題などの応用問題を多数用意した．また解答例を漏れなくつけ，詳しい解説も充実させ，親本の対応ページも付して，学習者に親切な工夫を満載した．薬剤師と管理栄養士の国家試験のうち，「生化学」分野にあたる問題に合わせて「チャレンジ問題」も設けたので，国試対策にもなるだろう．

基礎分子遺伝学・ゲノム科学　坂本順司 著
B 5 判／240頁／2色刷／定価 3080円（税込）

遺伝子研究の成果を，分子遺伝学の基礎からゲノム科学の応用まで，一貫した視点で解説した．遺伝子研究の基礎から展開までシームレスにまとめるため，3つの工夫をし，理解の助けとした．①「第Ⅰ部 基礎編」と「第Ⅱ部 応用編」を密な相互参照で結びつける．②多数の「側注」で術語の意味・由来・変遷などを解説する．③多彩な図表とイラストで視覚的な理解を助ける．

【主要目次】　第Ⅰ部　基礎編　分子遺伝学のセントラルドグマ　1. 遺伝学の基礎概念 ―トンビはタカを生まない―　2. 核酸の構造とゲノムの構成 ―静と動のヤヌス神―　3. 複製：DNAの生合成 ―生命40億年の連なり―　4. 損傷の修復と変異 ―過ちを改める勇気―　5. 転写：RNAの生合成 ―格納庫から路上ライブへ―　6. 翻訳：タンパク質の生合成 ―異なる言語の異文化体験―　7. 転写調節（基本を細菌で）―デジタル制御の生命―　第Ⅱ部　応用編　ヒトゲノム科学への展開　8. 発現調節（ヒトなど動物への拡張）―複雑系の重層的秩序―　9. 発生とエピジェネティクス ―メッセージが作る身体―　10. RNAの多様な働き ―小粒だがピリリと辛い―　11. 動く遺伝因子とウイルス ―越境するすらいの吟遊詩人―　12. ヒトゲノムの全体像 ―ジャンクな余裕が未来を拓く―　13. ゲノムの変容と進化 ―遺伝子の冒険―　14. 病気の遺伝的要因 ―ゲノムで読み解く生老病死―

理工系のための 生物学（改訂版）　坂本順司 著
B 5 判／192頁／3色刷／定価 2970円（税込）

現代生物学の粋を，本格的でしかもコンパクトに学んでもらうために次の特徴を込めた．①基礎的でオーソドックスな枠組みの中に最新の研究成果もふんだんに取り入れた．②幅広いトピックスに対する計算問題を扱うことで現代生物学の理数的性格を体得できるようにした．③多彩な手段で項目間を密に結びつけ多重・多層の相互関連を明示する．

【主要目次】1. 生命物質 ―命と物のあいだ―　2. 細胞 ―しなやかな建築ブロック―　3. 代謝 ―酵素は縁結びの神さま―　4. 遺伝 ―情報化された命綱―　5. 動物性器官 ―うごくしくみ―　6. 植物性器官 ―身体という迷宮のトポロジー―　7. ホメオスタシス ―にぎやかな無意識の対話―　8. 発生 ―兎が飛び出す手品の帽子―　9. 生物の進化と歴史 ―生物が織りなす三千万世界―　10. ヒトの進化と遺伝 ―涸れざる魅惑の源泉―　11. 脳と心 ―脳内動物園の三猛獣―　12. 生物集団と生態系 ―本当のエコとは多様性の価値―

微生物学　地球と健康を守る　坂本順司 著
B 5 判／202頁／2色刷／定価 2750円（税込）

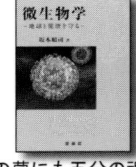

【主要目次】　第１部　基礎編　地球は微生物の惑星　1. 微生物と人類 ―世界史の中の小さな巨人―　2. 培養と滅菌 ―生きるべきか死すべきか―　3. 代謝の多様性 ―パンのみにて生くるにあらず―　第２部　分類編　微生物は分子ツールの宝庫　4. グラム陽性細菌 ―強くなければ生きていけない―　5. プロテオバクテリア ―近接する善玉菌と悪玉菌―　6. その他の細菌と古細菌 ―極限環境を生きるパイオニア―　7. 真核微生物とウイルス ―一寸の菌にも五分の魂―　第３部　応用編　赤・白・緑のテクノロジー　8. 感染症 ―病原体とヒトの攻防―　9. レッドバイオテクノロジー（医療・健康）―命を支える微生物―　10. ホワイトバイオテクノロジー（発酵工業・食品製造）―おいしい微生物―　11. グリーンバイオテクノロジー（環境・農業）―緑の地球を守る微生物―

裳華房ホームページ　https://www.shokabo.co.jp/